Ameur YAGOUB

Mesure et intégration.Cours et exercices corrigés.

Ameur YAGOUB

Mesure et intégration. Cours et exercices corrigés.

Noor Publishing

Imprint
Any brand names and product names mentioned in this book are subject to trademark, brand or patent protection and are trademarks or registered trademarks of their respective holders. The use of brand names, product names, common names, trade names, product descriptions etc. even without a particular marking in this work is in no way to be construed to mean that such names may be regarded as unrestricted in respect of trademark and brand protection legislation and could thus be used by anyone.

Cover image: www.ingimage.com

Publisher:
Noor Publishing
is a trademark of
Dodo Books Indian Ocean Ltd. and OmniScriptum S.R.L publishing group

120 High Road, East Finchley, London, N2 9ED, United Kingdom
Str. Armeneasca 28/1, office 1, Chisinau MD-2012, Republic of Moldova, Europe
Printed at: see last page
ISBN: 978-620-7-47929-0

Table des matières

Notations.

$\overline{\mathbb{R}}$ $\qquad = \mathbb{R} \cup \{+\infty, -\infty\}$.

$\mathbb{E}$ $\qquad$ un ensemble quelconque.

$\varnothing$ $\qquad$ l'ensemble vide.

$C_{\mathbb{E}}^A = A^c$ $\qquad$ complémentaire de A par rapport $\mathbb{E}$.

$\mathcal{P}(\mathbb{E})$ $\qquad$ l'ensemble des parties de $\mathbb{E}$.

$\mathfrak{T}$ $\qquad$ est une tribu sur $\mathbb{E}$.

$\sigma(\mathcal{C})$ $\qquad$ la tribu engendrée par $\mathcal{C} \subset \mathcal{P}(\mathbb{E})$.

$\mathcal{L}$ $\qquad$ Tribu de Lebesgue.

$\mathcal{T}$ $\qquad$ la topologie sur $\mathbb{E}$.

$\mathcal{B}(\mathbb{E})$ $\qquad$ la tribu borélienne de $\mathbb{E}$.

μ $\qquad$ mesure positive.

μ^* $\qquad$ mesure extérieur.

$\overline{\mu}$ $\qquad$ la mesure complétée de la mesure μ.

$\overline{\mathfrak{T}}$ $\qquad$ la tribu complète sur $\mathbb{E}$.

$\mathfrak{T}_{\mu^*} \subset \mathcal{P}(\mathbb{E})$ $\qquad$ l'ensemble des parties μ^*-mesurables de $\mathbb{E}$.

λ $\qquad$ La mesure de Lebesgue sur $\mathcal{B}\left(\mathbb{R}^N\right)$.

λ^* $\qquad$ La mesure extérieure de Lebesgue sur $\mathbb{R}$.

δ_a $\qquad$ la mesure de Dirac.

$\mathcal{N}$ $\qquad$ l'ensemble des parties négligeables.

$\mathbb{P}$ $\qquad$ mesure de probabilité.

1_A $\qquad$ fonction caractéristique d'un ensemble A.

$\mathcal{E}$ $\qquad$ l'ensemble des fonctions étagées.

$\mathcal{E}^+$ $\qquad$ l'ensemble des fonctions étagées positivées.

$\mathcal{M}(\mathbb{E}, \mathfrak{T})$ $\qquad = \{f : \mathbb{E} \to \mathbb{R}, \ mesurable\}$.

$\mathcal{M}_+(\mathbb{E}, \mathfrak{T})$ $\qquad = \{f : \mathbb{E} \to \mathbb{R}_+, \ mesurable\}$.

f^+ $\qquad = \dfrac{|f| + f}{2} = \sup(f, 0)$.

f^- $\qquad = \dfrac{|f| - f}{2} = -\inf(f, 0)$ avec $f = f^+ - f^-$, $|f| = f^+ + f^-$.

$p.p$ presque partout.

$\mathcal{L}^1(\mathbb{E}, \mathfrak{T}, \mu)$ $:= \left\{ f : \mathbb{E} \to \overline{\mathbb{R}}, \text{ mesurable}, \int_{\mathbb{D}} |f| d\mu < \infty \right\}$,

$L^1(\mathbb{E}, \mathfrak{T}, \mu)$ $:= \mathcal{L}^1(\mathbb{E}, \mathfrak{T}, \mu) \backslash_{(=p.p.)} = \{\overline{f}, f \in \mathcal{L}^1(\mathbb{E}, \mathfrak{T}, \mu)\}$.

$\mathfrak{T}_1 \otimes \mathfrak{T}_2$ la tribu produit.

λ_{N} la mesure de Lebesgue sur $\mathcal{B}\left(\mathbb{R}^{\mathrm{N}}\right)$.

$\mu_1 \otimes \mu_2$ la mesure produit.

Introduction.

Ce livre est un ouvrage, principalement destiné aux étudiants de troisième année LMD mathématiques, semestre 05. Le contenu de ce livre, correspond au programme officiel de la matière **Mesure et Intégration** enseigné en troisième année. Le livre s'articule autour de quatre chapitres. A la fin de chaque chapitre on pourra trouver une série d'exercices. A la fin de ce manuscrit, nous avons donné quelques bibliographies de base classiques. Nous espérons que ce livre réponde aux attentes des étudiants et qu'il les aidera à réussir.

Le programme du cours est le suivant.

1. Tribus et mesures.

2. Fonctions mesurables, variables aléatoires.

3. Fonctions intégrables.

4. Produit d'espaces mesurés.

Indication historique de Lebesgue (Henri Léon) 1875-1941 : mathématicien français, élève de l'école normale supérieur, il enseigna à Rennes, à la Sorbonne, puis au collège de France. Sa thèse porte sur une théorie des fonctions mesurables qui est fondée sur la théorie de la mesure de Borel. A partir de ces travaux, il développa la théorie de l'intégration qui répond aux besoins des physiciens. En-effet, elle permet de rechercher et de prouver l'existence de primitives pour des fonctions "irégulières" et recouvre entre autre l'intégrale de Riemann.

Les lettres grecques.

α alpha	ι iota	π pi	φ var phi
β beta	ε var epsilon	ρ rho	χ chi
γ gamma	ϑ var theta	ϱ var rho	ψ psi
δ delta	κ kappa	σ sigma	ω omega
ϵ epsilon	λ lambda	ς var sigma	Γ Gamma
ζ zeta	μ mu	τ tau	Δ Delta
η eta	ν nu	υ upsilon	Θ Theta
θ theta	ξ xi	φ phi	∇ nabla

Chapitre 1

Tribus et mesures.

1.1 Rappels sur la théorie des ensembles.

1.1.1 Suites de parties d'un ensemble.

Soient $(A_n)_{n\in\mathbb{N}}$ une suite de parties de l'ensemble quelconque non vide $\mathbb{E}$ et $A, B \subset \mathbb{E}$.

Définition 1.1 (Rappel sur les notions). *On note*

1. *$\mathcal{P}(\mathbb{E})$ l'ensemble des parties de $\mathbb{E}$.*

2. *$\bigcup_{n\in\mathbb{N}} A_n = \{x, \exists i \in \mathbb{N}, x \in A_i\}$.*

3. *$\bigcap_{n\in\mathbb{N}} A_n = \{x, \forall i \in \mathbb{N}, x \in A_i\}$.*

4. *$A - B = \{x, x \in A \wedge x \notin B\}$.*

5. *Complémentaire : $C_{\mathbb{E}}^A := A^c := \overline{A} = \{x \in \mathbb{E}, x \notin A\}$.*

6. *Différence symétrique : $A \triangle B = (A - B) \cup (B - A)$.*

7. *Ensembles disjoints : Les ensembles A et B sont dits disjoints si $A \cap B = \varnothing$.*

Proposition. 1.1 (propriétés). *On a*

1. *$\left(\bigcup_{n\in\mathbb{N}} A_n\right) - B = \bigcup_{n\in\mathbb{N}}(A_n - B)$ et $\left(\bigcap_{n\in\mathbb{N}} A_n\right) - B = \bigcap_{n\in\mathbb{N}}(A_n - B)$.*

2. *$B - \left(\bigcup_{n\in\mathbb{N}} A_n\right) = \bigcap_{n\in\mathbb{N}}(B - A_n)$ et $B - \left(\bigcap_{n\in\mathbb{N}} A_n\right) = \bigcup_{n\in\mathbb{N}}(B - A_n)$.*

3. *Soit $A, B, C \in \mathbb{E}$ avec $C = B \cap A$, alors $C_A^C = C_{\mathbb{E}}^B \cap A$.*

4. *Soit $A, B \in \mathbb{E}$, alors $A \cup B = [A - (A \cap B)] \cup [B - (A \cap B)] \cup [A \cap B]$.*

Nous allons définir dans ce qui suit les notions de limite, limite supérieure et limite inférieure de cette suite :

Définition 1.2. *La suite $(A_n)_{n\in\mathbb{N}}$ est dite converge vers la partie A, et on écrit $A_n \to A$, si pour tout $x \in A$ on a $x \in A_n$ pour tout n assez grand. En termes de quantificateurs, cela s'écrit :*

$$\forall x \in A, \quad \exists n_0, \quad \forall n \geq n_0, \quad x \in A_n.$$

Définition 1.3. *La suite $(A_n)_{n\in\mathbb{N}}$ est dite croissante (resp. décroissante) lorsque pour tout entier n, on a $A_n \subset A_{n+1}$ (resp. $A_{n+1} \subset A_n$). Dans ce cas, la limite de cette suite est définie naturellement comme la réunion (resp. l'intersection) de tous les A_n*

$$\lim_{n\to\infty} A_n = \bigcup_{n\geqslant 0} A_n (\ resp.\ \lim_{n\to\infty} A_n = \bigcap_{n\geqslant 0} A_n).$$

Définition 1.4. *On définit la limite supérieure de $(A_n)_{n\in\mathbb{N}}$, notée $\lim_{n\to\infty} \sup A_n$ ou $\overline{\lim} A_n$, par*

$$\lim_{n\to\infty} \sup A_n = \overline{\lim} A_n = \lim \downarrow (\bigcup_{k\geqslant n} A_n) = \bigcap_{n\geqslant 0}(\bigcup_{k\geqslant n} A_k).$$

$$(x \in \lim_{n\to\infty} \sup A_n \Leftrightarrow \forall n, \exists k \geq n, x \in A_k \Leftrightarrow \{n, x \in A_n\} \text{ est infini.})$$

On définit la limite inférieure de $(A_n)_{n\in\mathbb{N}}$, notée $\lim_{n\to\infty} \inf A_n$ ou $\underline{\lim} A_n$, par

$$\lim_{n\to\infty} \inf A_n = \underline{\lim} A_n = \lim \uparrow (\bigcap_{k\geqslant n} A_n) = \bigcup_{n\geqslant 0}(\bigcap_{k\geqslant n} A_k).$$

$$(x \in \lim_{n\to\infty} \inf A_n \Leftrightarrow \exists n, \forall k \geq n, x \in A_k \Leftrightarrow \{n, x \notin A_n\} \text{ est fini.})$$

La notation $\lim \downarrow$ (resp. $\lim \uparrow$) fait référence que la suite est croissant (resp. décroissante).

Remarque 1.1. *1. On a toujours $\lim_{n\to\infty} \inf A_n \subseteq \lim_{n\to\infty} \sup A_n$.*

2. On a aussi

$$\lim_{n\to\infty} \inf A_n = (\lim_{n\to\infty} \sup(A_n)^c)^c \quad et \quad \lim_{n\to\infty} \sup A_n = (\lim_{n\to\infty} \inf(A_n)^c)^c.$$

Définition 1.5 (Suite convergente d'ensembles). *La suite $(A_n)_{n\in\mathbb{N}}$ est dite convergente si*

$$\lim_{n\to\infty} \inf A_n = \lim_{n\to\infty} \sup A_n.$$

1.1.2 Suites et fonctions.

Définition 1.6. *Si $(x_n)_{n\in\mathbb{N}}$ est une suite d'éléments de $\overline{\mathbb{R}}$, on note $\overline{\lim} x_n = \lim_{n\to\infty} \sup x_n$ et $\underline{\lim} x_n = \lim_{n\to\infty} \inf x_n$ les éléments de $\overline{\mathbb{R}}$ définis par*

$$\overline{\lim} x_n = \inf_{m\in\mathbb{N}} \sup_{n\geq m} x_n \quad et \quad \underline{\lim} x_n = \sup_{m\in\mathbb{N}} \inf_{n\geq m} x_n.$$

On dit que $\overline{\lim} x_n$ est la limite supérieure de la suite $(x_n)_{n \in \mathbb{N}}$, et que $\underline{\lim} x_n$ est sa limite inférieure.

La suite $(x_n)_{n \in \mathbb{N}}$ converge dans $\overline{\mathbb{R}}$ si et seulement si $\overline{\lim} x_n = \underline{\lim} x_n$.

En plus, en changeant le signe, les limites inférieure et supérieure s'échangent :

$$\lim_{n \to \infty} \sup -x_n = - \lim_{n \to \infty} \inf x_n$$

$$\lim_{n \to \infty} \inf -x_n = - \lim_{n \to \infty} \sup x_n$$

Soient X et Y deux ensembles, $f : X \to Y$ une application de X dans Y et $A \subset X$. $f(A) = \{f(x)/x \in A\} \subset Y$. $Y = \{y \in B/\exists x \in A,\ f(x) = y\}$.

Soit $B \subset Y$. $f^{-1}(B) = \{x \in X/f(x) \in B\}$.

Remarque 1.2. *f^{-1} c'est une notation, car en général, l'application f^{-1} n'existe pas, sauf si f est une bijection.*

Proposition. 1.2. *Propriétés*

1. $f(\cup A_i) \subset \cup f(A_i)$

2. $f(\cap A_i) \subset \cap f(A_i)$

3. $A \subset B \Rightarrow f(A) \subset f(B)$

4. $f^{-1}(\cup A_i) = \cup f^{-1}(A_i)$

5. $f^{-1}(\cap A_i) = \cap f^{-1}(A_i)$

6. $(f^{-1}(A))^c = f^{-1}(A^c)$

Les notions de structures images sont donc définies à l'aide de f^{-1}.

1.1.3 Dénombrabilité.

Dans la suite de ce cours, la dénombrabilité est une notion fondamentale. De nombreuses propriétés feront intervenir des familles dénombrables.

Définition 1.7 (Ensemble dénombrable). *On dit qu'un ensemble $\mathbb{E}$ est dénombrable s'il existe une bijection de $\mathbb{E}$ sur l'ensemble des entiers naturels $\mathbb{N}$. On dit que $\mathbb{N}$ est au plus dénombrable s'il existe une bijection de $\mathbb{E}$ sur une partie de $\mathbb{N}$. Autrement dit, on peut numéroter les éléments de $\mathbb{E}$, i.e. écrire $\mathbb{E} = \{e_0, e_1, ..., e_n, ...\}$.*

Remarque 1.3. *Si on peut écrire $\mathbb{E} = \{x_i, i \in I\}$ avec un ensemble d'indices I dénombrable, alors $\mathbb{E}$ est dénombrable.*

Exemple 1.1. *1. les ensembles finis sont dénombrables.*

2. Les ensembles $\mathbb{N}$, $\mathbb{N}^*$ et $\mathbb{Z}$ sont dénombrables.

3. Une partie infinie de $\mathbb{N}$ est dénombrable.

4. Une partie infinie de ensemble dénombrable est dénombrable.

5. Le produit cartésien d'un nombre fini d'ensembles dénombrables est dénombrable.

6. L'ensemble $\mathbb{Z} \times \mathbb{N}^*$ est dénombrable, donc $\mathbb{Q}$ est aussi dénombrable.

7. L'ensemble des nombres réels $\mathbb{R}$ est un ensemble infini non dénombrable.

8. L'ensemble $[0,1]$ est un ensemble infini non dénombrable.

9. L'ensemble $\mathcal{P}(\mathbb{E})$ est un ensemble non dénombrable.

10. $\{0,1\}^{\mathbb{N}}$ n'est pas dénombrable.

11. $\mathbb{N}^{\mathbb{N}}$ n'est pas dénombrable.

12. Un produit dénombrable d'ensemble dénombrables n'est pas dénombrables.

Exemple 1.2. *$\mathbb{Z}$ est dénombrable car l'application*

$$
\begin{aligned}
f : \mathbb{Z} \;&\to\; \mathbb{N} \\
k \;&\mapsto\; \begin{cases} 2n & si\ n \geq 0 \\ -2n - 1 & si\ n < 0 \end{cases}
\end{aligned}
$$

est bijective.

Exemple 1.3. *$\mathbb{N} \times \mathbb{N}$ est dénombrable car l'application*

$$
\begin{aligned}
f : \mathbb{N} \times \mathbb{N} \;&\to\; \mathbb{N} \\
(p,q) \;&\mapsto\; \frac{(p+q)(p+q+1)}{2} + q
\end{aligned}
$$

est bijective.

Proposition. 1.3. *Si on a E_0, E_1, ..., E_n, ... des ensembles dénombrables alors $E = E_0 \cup E_1 \cup E_2 \cup \cdots = \underset{n \geq 0}{\cup} E_n$ est un ensemble dénombrable.*
(En d'autres termes, une réunion dénombrable d'ensembles dénombrables est dénombrable.)

Démonstration. Pour tout $i \geq 0$, E_i est dénombrable donc $\exists f_i : E_i \to \mathbb{N}$ injective. Soit

$$
\begin{aligned}
F : \underset{n \geq 0}{\cup} E_n \;&\to\; \mathbb{N} \times \mathbb{N} \\
x \;&\mapsto\; (i, f_i(x)) \text{ si } x \in E_i
\end{aligned}
$$

Cette application F est injective. L'ensemble $\mathbb{N} \times \mathbb{N}$ est dénombrable donc il existe $g : \mathbb{N} \times \mathbb{N} \to \mathbb{N}$ injective. $g \circ F$ est injective. Donc $\underset{n \geq 0}{\cup} E_n$ est dénombrable. $\qquad\square$

Notation 1.1. *En général, les familles dénombrables ou les propriétés qui s'expriment en termes de dénombrabilité sont notées avec le préfixe σ pour témoigner de leur caractère dénombrable (exemples : σ-algèbre, σ-additivité).*

Théorème 1.1 (Bernstein). *Soient E et F deux ensembles quelconques, il existe une bijection de E dans F si et seulement s'il existe une injection de E dans F et une injection de F dans E.*

Définition 1.8 (Axiome du choix dénombrable). *L' axiome du choix dénombrable, notée AC_ω, est un axiome de la théorie des ensembles qui stipule que toute dénombrable collection de non-vides ensembles doivent avoir une fonction de choix. Autrement dit, étant donné une fonction F de domaine $\mathbb{N}$ telle que $F(n)$ est un ensemble non vide pour tout $n \in \mathbb{N}$, il existe une fonction f avec le domaine $\mathbb{N}$ de telle sorte que $f(n) \in F(n)$ pour tout $n \in \mathbb{N}$.*

1.1.4 Espaces topologiques.

Définition 1.9. *Une topologie sur $\mathbb{E}$ est une famille $\mathcal{T}$ de parties de $\mathbb{E}$ telles que :*

1. *$\varnothing \in \mathcal{T}$, et $\mathbb{E} \in \mathcal{T}$.*

2. *Si $O_1, O_2 \in \mathcal{T}$, alors $O_1 \cap O_2 \in \mathcal{T}$.*

3. *Si $\{O_i\}_{i \in I}$ est une famille quelconque d'éléments de $\mathcal{T}$ alors*

$$\bigcup_{i \in I} O_i \in \mathcal{T}.$$

Les éléments de $\mathcal{T}$ s'appellent les ouverts de $\mathbb{E}$. On dit que $(\mathbb{E}, \mathcal{T})$ est un espace topologique. Un sous-ensemble $F \subset \mathbb{E}$ est fermé si son complémentaire F^c est ouvert.

Proposition. 1.4 (Propriétés). *Soit $(\mathbb{E}, \mathcal{T})$ un espace topologique.*

1. *On dit que $A \subset \mathbb{E}$ est dense dans $\mathbb{E}$ si $\overline{A} = \mathbb{E}$. (Souvent, on dit qu'un ensemble A est dense).*

2. *On dit que $\mathbb{E}$ est séparable s'il existe un ensemble dénombrable $A \subset \mathbb{E}$ qui est dense dans $\mathbb{E}$.*

3. *$f : (\mathbb{E}_1, \mathcal{T}_1) \to (\mathbb{E}_2, \mathcal{T}_2)$ est continue $\Leftrightarrow$ pour tout ouvert $O \subset \mathbb{E}_2, f^{-1}(O)$ est un ouvert de $\mathbb{E}_2$.*

1.2   Algèbres et tribus.

Dans toute la suite, $\mathbb{E}$ sera un ensemble quelconque non vide.

Définition 1.10 (Tribu). *Soit $\mathfrak{T}$ une famille de sous-ensembles de $\mathbb{E}$, i.e. $\mathfrak{T} \subset \mathcal{P}(\mathbb{E})$. On dit que $\mathfrak{T}$ est une tribu (on dit aussi une σ-algèbre) de $\mathbb{E}$ si on a les propriétés suivantes :*

1. *$\varnothing \in \mathfrak{T}$, $\mathbb{E} \in \mathfrak{T}$.*

2. *$\mathfrak{T}$ est stable par union dénombrable : pour toute famille dénombrable (A_n) d'éléments de $\mathfrak{T}$, on a*
$$\bigcup_{n\in\mathbb{N}} A_n \in \mathfrak{T}.$$

3. *$\mathfrak{T}$ est stable par intersection dénombrable : pour toute famille dénombrable (A_n) d'éléments de $\mathfrak{T}$, on a*
$$\bigcap_{n\in\mathbb{N}} A_n \in \mathfrak{T}.$$

4. *$\mathfrak{T}$ est stable par passage au complémentaire : pour tout $A \in \mathfrak{T}$, on a $C_{\mathbb{E}}^A \in \mathfrak{T}$.*

Remarque 1.4.   *1. En pratique, pour montrer que $\mathfrak{T}$ est une tribu, il suffit de vérifier certaines propriétés, par exemple, $\varnothing \in \mathfrak{T}$ (ou $\mathbb{E} \in \mathfrak{T}$), 2 (ou 3) et 4. Car $C_{\mathbb{E}}^{\varnothing} = \mathbb{E}$ et*
$$C_{\mathbb{E}}^{\bigcup_{n\in\mathbb{N}} A_n} = \bigcap_{n\in\mathbb{N}} C_{\mathbb{E}}^{A_n}.$$

2. *Cette définition a quelques conséquences immédiates :*
   -stabilité par différence car $A - B = A \cup B^c$.
   - stabilité par différence symétrique car $A \triangle B = (A - B) \cup (B - A)$.

3. *En général, une union quelconque d'ensembles de $\mathfrak{T}$ n'est pas dans $\mathfrak{T}$.*

4. *Si les A_n sont dans une tribu $\mathfrak{T}$ et si $A_n \to A$, alors $A \in \mathfrak{T}$.*

Définition 1.11 (Langage probabiliste). *Soient $\mathbb{E}$ un ensemble quelconque (parfois appelé l'univers des possibles) et $\mathfrak{T}$ une tribu, on appelle éventualités les éléments de $\mathbb{E}$ et événements les éléments de $\mathfrak{T}$. On appelle événement élémentaire un singleton appartenant à $\mathfrak{T}$. On dit que deux événements $A, B \in \mathfrak{T}$ sont incompatibles si $A \cap B = \varnothing$.*

Définition 1.12 (Espace mesurable ou probabilisable). *Un ensemble $\mathbb{E}$ muni d'une tribu $\mathfrak{T}$ est appelé espace mesurable ou (en langage probabiliste) espace probabilisable, et noté $(\mathbb{E}, \mathfrak{T})$. Les parties de $\mathbb{E}$ qui sont (resp. ne sont pas) des éléments de $\mathfrak{T}$ sont dites mesurables ou probabilisables (resp. non mesurables, non probabilisables).*

Remarque 1.5. *La question $A \subset \mathbb{E}$ est-il mesurable ? n'a pas de sens. La réponse dépend de $\mathfrak{T}$.*

Exemple 1.4. *Tout ensemble $\mathbb{E}$ possède des tribus, par exemple :*

1. *La plus petite tribu de $\mathbb{E}$ est la tribu triviale $\mathfrak{T} = \{\mathbb{E}, \varnothing\}$ (tribu grossière).*

2. *La plus grande tribu de $\mathbb{E}$ est $\mathcal{P}(\mathbb{E})$ (tribu discrète).*

3. *Si A est une quelconque partie de $\mathbb{E}$ alors $\mathfrak{T} = \{\mathbb{E}, \varnothing, A, C_{\mathbb{E}}^{A}\}$ est une tribu.*

Exemple 1.5. *L'ensemble des parties finies de $\mathbb{E}$ est tribu si $\mathbb{E}$ fini, et n'est pas tribu si $\mathbb{E}$ infini. En-effet : si $\mathbb{E}$ est fini, l'ensemble des parties finies de $\mathbb{E}$ est une tribu, c'est la tribu $\mathcal{P}(\mathbb{E})$. Si $\mathbb{E}$ est infini, l'ensemble des parties finies de $\mathbb{E}$ n'est pas une tribu. Il suffit par exemple de remarquer que $\mathbb{E}$ n'est pas une partie finie (et une tribu sur $\mathbb{E}$ contient toujours $\mathbb{E}$ comme élément).*

Proposition. 1.5. *L'intersection d'une famille arbitraire de tribus, est encore une tribu.*

Démonstration. Soit $\mathfrak{T}_i, i \in I$, des tribus. On montre que $\mathfrak{T} = \bigcap_{i \in I} \mathfrak{T}_i$ en est une aussi.

1. D'abord $\mathbb{E} \in \mathfrak{T}_i$ pour tout $i \in I$ donc $\mathbb{E} \in \bigcap_{i \in I} \mathfrak{T}_i = \mathfrak{T}$.

2. Soit $A \in \mathfrak{T}$ alors pour tout $i \in I$, $A \in \mathfrak{T}_i$, stable par complémentaire donc $C_{\mathbb{E}}^{A} \in \mathfrak{T}_i$ pour chaque $i \in I$. Mais alors, $C_{\mathbb{E}}^{A} \in \bigcap_{i \in I} \mathfrak{T}_i = \mathfrak{T}_i$. La famille $\mathfrak{T}$ est donc stable par complémentaire.

3. Soit pour $j \geq 1, A_j \in \mathfrak{T} = \bigcap_{i \in I} \mathfrak{T}_i$. Pour chaque $i \in I, A_j \in \mathfrak{T}_i$ donc $\bigcap_{j \geq 1} A_j \in \mathfrak{T}_i$ car A_i est une tribu. Finalement, $\bigcap_{j \geq 1} A_j \in \bigcap_{i \in I} \mathfrak{T}_i = \mathfrak{T}$, qui est stable par réunion dénombrable.

La famille $\mathfrak{T}$ satisfait tous les axiomes caractéristiques d'une tribu.

Remarque 1.6. *La réunion de tribus d'un même ensemble, n'est pas forcément une tribu. Cela se voit aisément sur l'exemple suivant : $\mathfrak{T}_1 = \{\mathbb{E}, \varnothing, A, C_{\mathbb{E}}^{A}\}$, $\mathfrak{T}_2 = \{\mathbb{E}, \varnothing, B, C_{\mathbb{E}}^{B}\}$ avec $A \cup B \notin \mathfrak{T}_1 \cup \mathfrak{T}_2$. Par conséquent, $\mathfrak{T}_1 \cup \mathfrak{T}_2$ n'est pas une tribu.*

La proposition précédente nous permet de définir la notion de tribu engendrée.

Définition 1.13 (Tribu engendrée). *Soit $\mathcal{C} \subset \mathcal{P}(\mathbb{E})$. On appelle tribu engendrée par $\mathcal{C}$ la plus petite tribu qui contient $\mathcal{C}$. Cette tribu est noté $\sigma(\mathcal{C})$. La tribu $\sigma(\mathcal{C})$ est l'intersection des tribus qui contiennent $\mathcal{C}$. (Cette intersection est non vide car $\mathcal{P}(\mathbb{E})$ est une tribu contenant $\mathcal{C}$).*

Remarque 1.7. *Par définition*

- pour toute classe $\mathcal{C}$ de parties de $\mathbb{E}$, $\mathcal{C} \subset \sigma(\mathcal{C})$.

- Si $\mathcal{C} \subset \mathcal{P}(\mathbb{E})$ et $\mathfrak{T}$ est une tribu de $\mathbb{E}$ telle que $\mathcal{C} \subset \mathfrak{T}$, alors $\sigma(\mathcal{C}) \subset \mathfrak{T}$.

Proposition. 1.6. *Soient $\mathcal{C}$ et $\mathcal{C}_1$ des familles d'ensembles de $\mathbb{E}$.*

1. *$\sigma(\mathcal{C}) = \bigcap_{\mathfrak{T} \; tribu \; ,\mathcal{C} \subset \mathfrak{T}} \mathfrak{T}$.*

2. *Si $\mathcal{C} \subset \mathcal{C}_1$ alors $\sigma(\mathcal{C}) \subset \sigma(\mathcal{C}_1)$.*

3. *$\sigma(\mathcal{C}) = \sigma(\sigma(\mathcal{C}))$*

4. *Si $\mathcal{C}$ est une tribu, on a $\mathcal{C} = \sigma(\mathcal{C})$.*

Démonstration. Soient $\mathcal{C}$ et $\mathcal{C}_1$ dans $\mathcal{P}(\mathbb{E})$.

1. D'après proposition ▉▉, $\bigcap_{\mathfrak{T} \; tribu \; ,\mathcal{C} \subset \mathfrak{T}} \mathfrak{T}$ est une tribu de $\mathbb{E}$ et $\mathcal{C} \subset \bigcap_{\mathfrak{T} \; tribu \; ,\mathcal{C} \subset \mathfrak{T}} \mathfrak{T}$, alors $\sigma(\mathcal{C}) \subset \bigcap_{\mathfrak{T} \; tribu \; ,\mathcal{C} \subset \mathfrak{T}} \mathfrak{T}$. D'autre par $\sigma(\mathcal{C})$ est une tribu contenant $\mathcal{C}$ donc par définition de $\bigcap_{\mathfrak{T} \; tribu \; ,\mathcal{C} \subset \mathfrak{T}} \mathfrak{T}$ intersection de telles tribus, on a $\bigcap_{\mathfrak{T} \; tribu \; ,\mathcal{C} \subset \mathfrak{T}} \mathfrak{T} \subset \sigma(\mathcal{C})$. Finalement, on a bien $\sigma(\mathcal{C}) = \bigcap_{\mathfrak{T} \; tribu \; ,\mathcal{C} \subset \mathfrak{T}} \mathfrak{T}$.

2. Nous avons $\mathcal{C} \subset \mathcal{C}_1 \subset \sigma(\mathcal{C}_1)$. Donc $\sigma(\mathcal{C}_1)$ est une tribu contenant $\mathcal{C}$. Par conséquent $\sigma(\mathcal{C}) \subset \sigma(\mathcal{C}_1)$.

3. Nous avons d'après la définition précédente $\sigma(\mathcal{C}) \subset \sigma(\sigma(\mathcal{C}))$. De plus, $\sigma(\mathcal{C})$ est une tribu contenant $\sigma(\mathcal{C})$. donc $\sigma(\sigma(\mathcal{C})) \subset \sigma(\mathcal{C})$, car $\sigma(\sigma(\mathcal{C}))$ est la plus petite tribu contenant $\sigma(\mathcal{C})$. D'où l'égalité.

4. Si $\mathcal{C}$ est une tribu, on a $\sigma(\mathcal{C}) = \bigcap_{\mathfrak{T} \; tribu \; ,\mathcal{C} \subset \mathfrak{T}} \mathfrak{T} = \mathcal{C}$.

Remarque 1.8 (Méthodologie). *Par proposition précédente on a :*

- si $\mathfrak{T}$ est une tribu, pour montrer que $\mathfrak{T} = \sigma(\mathcal{C})$, on montre que $\mathfrak{T} \subset \sigma(\mathcal{C})$ et que $\mathcal{C} \subset \mathfrak{T}$.

- Pour montrer que $\sigma(\mathcal{C}_1) = \sigma(\mathcal{C}_2)$, on montre que $\mathcal{C}_1 \subset \sigma(\mathcal{C}_2)$ et que $\mathcal{C}_2 \subset \sigma(\mathcal{C}_1)$.

Exemple 1.6.   *1. La tribu engendrée par $\{A\}$ est $\mathfrak{T} = \{\mathbb{E}, \varnothing, A, C_{\mathbb{E}}^{A}\} (\sigma(\{A\}) = \mathfrak{T})$.*

2. *La tribu engendrée par les singletons est l'ensemble des parties finies ou dénombrables de $\mathbb{E}$, et de leurs complémentaires.*

3. *Bien entendu, on peut avoir $\sigma(\mathcal{C}_1) = \sigma(\mathcal{C}_2)$ pour deux classes différentes $\mathcal{C}_1$ et $\mathcal{C}_2$, par exemple, si $\mathcal{C} = \{A\}$ et $\mathcal{C} = C_{\mathcal{P}(\mathbb{E})}^{\{A\}}$, on a $\sigma(\mathcal{C}) = \sigma(\mathcal{C}^c) = \{\mathbb{E}, \varnothing, A, C_{\mathbb{E}}^{A}\}$.*

Il est parfois utile d'utiliser la notion d'algèbre, qui est identique à celle de tribu en remplaçant dénombrable par finie.

Définition 1.14 (Algèbre). *Soit $\mathcal{A}$ une famille de sous-ensembles de $\mathbb{E}$, i.e. $\mathcal{A} \subset \mathcal{P}(\mathbb{E})$. La famille $\mathcal{A}$ est une algèbre (ou de Boole) sur $\mathbb{E}$ si $\mathcal{A}$ vérifie :*

1. *$\varnothing \in \mathcal{A}$, $\mathbb{E} \in \mathcal{A}$.*

2. *$\mathcal{A}$ est stable par union finie, c'est-à-dire que pour tout A, B d'éléments de A, on a $A \cup B \in \mathcal{A}$.*

3. *$\mathcal{A}$ est stable par intersection finie, c'est-à-dire que pour tout A, B d'éléments de A, on a $A \cap B \in \mathcal{A}$.*

4. *$\mathcal{A}$ est stable par passage au complémentaire : pour tout $A \in \mathcal{A}$, on a $C_{\mathbb{E}}^{A} \in \mathcal{A}$.*

Remarque 1.9. *Toute tribu est une Algèbre. La réciproque est fausse.*

Exemple 1.7.   1. *$\sigma(\varnothing) = \{\varnothing, \mathbb{E}\}$ est une algèbre appelée algèbre triviale.*

2. *Prenons $\mathbb{E} = [0, 1]$ et A l'ensemble des réunions finies d'intervalles (pas nécessairement ouverts). Alors A est une algèbre mais n'est pas une tribu.*

3. *$\{A \in \mathcal{P}(\mathbb{E}), A \text{ ou } A^c \text{ fini}\}$ est une algèbre mais pas une tribu.*

Définition 1.15 (Algèbre engendrée). *Soit $\mathbb{E}$ un ensemble et $\mathcal{C} \subset \mathcal{P}(\mathbb{E})$. Comme pour les tribus, on peut définir l'algèbre engendrée par $\mathcal{C}$. C'est la plus petite algèbre contenant $\mathcal{C}$, c'est-à-dire l'intersection de toutes les algèbres contenant $\mathcal{C}$.*

Dans ce paragraphe, on donne un exemple important de tribu engendrée. Celle-ci est induite par une topologie.

Définition 1.16 (Tribu borélienne). *Soit $(\mathbb{E}, \mathcal{T})$ un espace topologique. On appelle tribu borélienne de $\mathbb{E}$ la plus petite tribu qui contient $\mathcal{T}$. On désigne par $\mathcal{B}(\mathbb{E})$ la tribu borélienne de $\mathbb{E}$. Un élément de $\mathcal{B}(\mathbb{E})$ s'appelle un borélien.*

$$\mathcal{B}(\mathbb{E}) = \sigma(\{O \in \mathcal{T}, O \text{ ouvert}\}).$$

Il s'agit de la plus petite tribu contenant tous les ouverts de $\mathbb{E}$.

Remarque 1.10.   1. *En générale $\mathcal{B}(\mathbb{E}) \neq \mathcal{P}(\mathbb{E})$. Il existe des parties de $\mathbb{R}$ non boréliennes. En revanche, si $\mathbb{E}$ est dénombrable, muni de la topologie discrète : toute partie est ouverte (et fermée), donc borélienne, $\mathcal{B}(\mathbb{E}) = \mathcal{P}(\mathbb{E})$.*

2. *Un borélien (élément de $\mathcal{B}(\mathbb{E})$) ne peut pas, en général, être décrit d'une façon concrète.*

3. *La tribu borélienne $\mathcal{B}(\mathbb{E})$ de $\mathbb{E}$ contient*

    - les ouverts O_i,

- *les intersections $\bigcap_{i \in I} O_i$ d'ouverts (I dénombrable),*

- *les réunions d'intersection $\bigcup_{j \in J} \bigcap_{i \in I} O_{i,j}$ d'ouverts (I, J dénombrable).*

Exemple 1.8. *1. Soit $(\mathbb{E}, \mathcal{T}) = (\mathbb{R}, |.|)$. Alors $\mathcal{B}(\mathbb{R})$ est la tribu borélienne de $\mathbb{R}$.*

2. Soit $(\mathbb{E}, \mathcal{T}) = (\mathbb{N}, \mathcal{P}(\mathbb{N}))$. Alors $\mathcal{B}(\mathbb{N}) = \mathcal{P}(\mathbb{N})$.

3. Tout intervalle semi-ouvert $]a, b]$ est un élément de $\mathcal{B}(\mathbb{R})$. ($]a, b] = \bigcap_{n \geqslant 1}]a, b + \frac{1}{n}[.)$

4. La tribu de Borel sur $\overline{\mathbb{R}}$, $(\mathcal{B}(\overline{\mathbb{R}}))$, est l'ensemble des parties de $\mathbb{R}$ prenant l'une des formes A, $A \cup \{+\infty\}$, $A \cup \{-\infty\}$, ou $A \cup \{-\infty, +\infty\}$, où $A \in \mathcal{B}(\mathbb{R})$.

5. $\mathcal{B}(\mathbb{R}^d)$ est engendrée par les pavés ouverts de $\mathbb{R}^d$, c'est-à-dire les ensembles P de la forme $P = I_1 \times I_2 \times ... \times I_d$, avec I_j intervalle ouvert dans $\mathbb{R}$, $\forall j \in \{1, 2, ..., d\}$.

Proposition. 1.7. *La tribu borélienne $\mathcal{B}(\mathbb{R})$ de $\mathbb{R}$ contient, tout intervalle ouvert, fermé, ou semi-ouvert, semi-fermé, borné, non borné, en est de même de toute réunion finie ou dénombrable d'intervalles (ouverts, fermés, ou semi-ouverts), tout singleton , $\{a\}$, tout ensemble dénombrable $\{a_i, i \in I, I \in \mathbb{N}, a_i \in \mathbb{R}\}$.*

Démonstration. On a $]a, b[\in \mathcal{B}(\mathbb{R})$ par définition, et de-plus, on a

$$[a, b] = \bigcap_{n \in \mathbb{N}}]a - \frac{1}{n}, b + \frac{1}{n}[\in \mathcal{B}(\mathbb{R}), (\ interdiction\ dénombrable\ des\ éléments\ de\ \mathfrak{T}),$$

$$]a, b] = \bigcap_{n \in \mathbb{N}}]a, b + \frac{1}{n}[\in \mathcal{B}(\mathbb{R}), \quad [a, b[= \bigcap_{n \in \mathbb{N}}]a - \frac{1}{n}, b[\in \mathcal{B}(\mathbb{R}), \{a\} = \bigcap_{n \in \mathbb{N}}]a - \frac{1}{n}, a + \frac{1}{n}[\in \mathcal{B}(\mathbb{R})$$

$$]-\infty, a] = \left[\bigcap_{n \in \mathbb{Z}, n \leq [a]}]n - 1, n[\right] \cup [a], a[\in \mathcal{B}(\mathbb{R}),]-\infty, a[= \left[\bigcap_{n \in \mathbb{Z}, n \leq [a]}]n - 1, n[\right] \cup [a], a] \in \mathcal{B}(\mathbb{R})$$

$$]a, +\infty[^c =]-\infty, a] \in \mathcal{B}(\mathbb{R}), [a, +\infty[^c =]-\infty, a[\in \mathcal{B}(\mathbb{R}).$$

Comme $[a, b],]a, b], [a, b[$ et $\{a\}$ sont boréliennes, on déduit, par définition du $\mathcal{B}(\mathbb{R})$, que les réunions finies ou dénombrables de ces intervalles sont boréliennes.

Exemple 1.9. $\mathbb{Q}$, *est un borélien de $\mathbb{R}$ puisque réunion dénombrable de singletons. $\mathbb{R} - \mathbb{Q}$ est également un borélien par prise du complémentaire de $\mathbb{Q}$.*

Remarque 1.11. *En pratique, il est difficile de donner des exemples d'ensembles non boréliens. Pourtant, ces ensembles sont plus nombreux dans le sens où on peut montrer que $\mathcal{B}(\mathbb{R})$ est en bijection avec $\mathbb{R}$, alors que $\mathcal{P}(\mathbb{R})$ n'est pas en bijection avec $\mathbb{R}$. En particulier, le cardinal de $\mathcal{B}(\mathbb{R})$ est strictement inférieure à celui de $\mathcal{P}(\mathbb{R})$, la collection $\mathcal{B}(\mathbb{R})$ est incluse dans $\mathcal{P}(\mathbb{R})$ mais il n'existe pas d'injection de $\mathcal{P}(\mathbb{R})$ dans $\mathcal{B}(\mathbb{R})$.*

Proposition. 1.8. *On note C_1 l'ensemble des ouverts de $\mathbb{R}$, $C_2 = \{]a,b[, a, b \in \mathbb{R}, a < b\}$ et $C_3 = \{]a, +\infty[, a \in \mathbb{R}\}$. Alors $\sigma(C_1) = \sigma(C_2) = \sigma(C_3) = \mathcal{B}(\mathbb{R})$.*

Démonstration. On a, par définition de $\mathcal{B}(\mathbb{R})$, $C_1 = \mathcal{B}(\mathbb{R})$. On va démontrer ci-après que $\sigma(C_1) = \sigma(C_2)$. Comme $C_2 \subset C_1$, on a $\sigma(C_1) \supset \sigma(C_2)$. Il suffit donc de démontrer l'inclusion inverse. On va montrer que $C_1 \subset \sigma(C_2)$, on aura alors que $\sigma(C_1) \subset \sigma(C_2)$. Soit O un ouvert de $\mathbb{R}$. On suppose $O \neq \varnothing$ (on sait déjà que $\varnothing \in \sigma(C_2)$). Donc $\exists i \in I, O = \bigcup_{i \in I} J_i$, J_i sont des intervalles ouverts, Comme $J_i \in C_2 \subset \sigma(C_2)$ pour tout $i \in I$, on en déduit, par stabilité dénombrable d'une tribu, que $O \in \sigma(C_2)$. Donc, $C_1 \subset \sigma(C_2)$ et donc $\sigma(C_1) \subset \sigma(C_2)$. On a bien montré que $\sigma(C_1) = \sigma(C_2)$.

On va démontrer $\sigma(C_2) = \sigma(C_3)$. Comme $]a, +\infty[\in \mathcal{B}(\mathbb{R}) = C_2$ on a $\sigma(C_2) \supset \sigma(C_3)$. Soit $]a, b[\in C_2, a < b, a, b \in \mathbb{R}$, on a $]a, b[=]a, +\infty[\cap(\bigcup_{n \in \mathbb{N}}]b - \frac{1}{n}, +\infty[)^c$, alors $C_2 \subset \sigma(C_3)$, on a $\sigma(C_2) \supset \sigma(C_3)$.

Proposition. 1.9. *La tribu borélienne $\mathcal{B}(\mathbb{E})$ est aussi engendrée par la classe $\mathcal{F}$ les fermés de l'espace topologique $\mathbb{E}$.*

Démonstration. $\mathcal{F} \subset \mathcal{B}(\mathbb{E})$ (donc $\sigma(\mathcal{F}) \subset \mathcal{B}(\mathbb{E})$) car tout fermé est le complémentaire d'un ouvert, qui appartient à $\mathcal{B}(\mathbb{E})$, donc appartient aussi à $\mathcal{B}(\mathbb{E})$.
$\mathcal{T} \subset \sigma(\mathcal{F})$(donc $\sigma(\mathcal{T}) \subset \sigma(\mathcal{F})$) car tout ouvert est le complémentaire d'un fermé, qui appartient à $\sigma(\mathcal{F})$, donc appartient aussi à $\sigma(\mathcal{F})$.

Proposition. 1.10. *Tout ouvert non vide de $\mathbb{R}$ est réunion au plus dénombrable d'intervalles ouverts bornés.*

Démonstration. Soit O un ouvert de $\mathbb{R}$, $O \neq \varnothing$. On pose $A = \{(\alpha, \beta), \in \mathbb{Q}^2, \alpha < \beta,]\alpha, \beta[\subset O\}$, On va montrer que $O \subset \bigcup_{(\alpha,\beta) \in A}]\alpha, \beta[$ (et donc que $O = \bigcup_{(\alpha,\beta) \in A}]\alpha, \beta[$).
Soit $x \in O$, il existe $\gamma_x > 0$ tel que $]x - \gamma_x, x + \gamma_x[\subset O$. En prenant $\alpha_x \in \mathbb{Q}\cap]x - \gamma_x, x[$ et $\beta_x \in \mathbb{Q}\cap]x, x + \gamma_x[$ (de tels α_x et β_x existent) on a donc $x \in]\alpha_x, \beta_x[\subset O$ et donc $(\alpha_x, \beta_x) \in A$. D'où $x \in]\alpha_x, \beta_x[\subset \bigcup_{(\alpha,\beta) \in A}]\alpha, \beta[$. On a bien montré que $O \subset \bigcup_{(\alpha,\beta) \in A}]\alpha, \beta[$. Comme $\mathbb{Q}^2$ est dénombrable, A est au plus dénombrable.

Définition 1.17 (Boréliens d'un sous-espace.). *Soit $F \subset \mathbb{E}$. Un ensemble $A \subset F$ est un borélien de F si et seulement si il est de la forme*

$$A = B \cap F \text{ où } B \text{ est un borélien de } \mathbb{E}.$$

On désigne par $\mathcal{B}(F)$, ou $\mathcal{B}(\mathbb{E})_F$, la tribu borélienne de F.

Proposition. 1.11. *Soit $F \subset \mathbb{E}$ est borélien, alors un ensemble $A \subset F$ est borélien dans F si et seulement si il est borélien dans $\mathbb{E}$.*

Démonstration. Voir Exercice 1.7.

1.3 Mesures positives, probabilité.

Définition 1.18. *Soit $(\mathbb{E}, \mathfrak{T})$ un espace mesurable. On appelle mesure (ou mesure positive) sur $\mathbb{E}$ toute application,*

$$\mu : \mathfrak{T} \longrightarrow \overline{\mathbb{R}}_+$$

telle que,

1. *$\mu(\varnothing) = 0$.*

2. *μ est σ-additive, i.e. pour toute famille $(A_n)_{n \in \mathbb{N}}$ d'éléments de $\mathfrak{T}$ disjoints deux à deux (i.e $A_n \cap A_m = \varnothing$ pour tout $n \neq m$) alors*

$$\mu(\bigcup_{n \in \mathbb{N}} A_n) = \sum_{n \in \mathbb{N}} \mu(A_n).$$

Remarque 1.12. 1. *Dans la définition précédente, la condition 1, peut être remplacée par la condition : $\exists A \in \mathfrak{T}, \mu(A) < \infty$. En-effet : une mesure n'est pas constante égale à $+\infty$ donc il existe A, $\mu(A) < +\infty$. De $\mu(A) = \mu(A \cup \varnothing) = \mu(A) + \mu(\varnothing) = \mu(A)$ on déduit $\mu(\varnothing) = 0$.*

2. *La condition $\mu(\varnothing) = 0$ est nécessaire pour éviter des situations triviales. En effet, $\forall A \in \mathfrak{T}$, on a $A = A \cup \varnothing \cup \varnothing \cup \dots$, donc $\mu(A) = \mu(A) + \sum_{n \in \mathbb{N}} \mu(\varnothing)$.*

3. *L'ensemble $\overline{\mathbb{R}}_+$ est muni de l'addition et de la multiplication, avec les conventions $0 + \infty = +\infty$ et $0 \times (+\infty) = +\infty$.*

Exemple 1.10. 1. *La mesure nulle est celle qui vaut $\mu(A) = 0$ pour tout $A \in \mathfrak{T}$.*

1. *Soit $(\mathbb{E}, \mathfrak{T})$ un espace mesurable, on définit la mesure de Dirac en un point a par :*

$$\delta_a : \mathfrak{T} \longrightarrow \mathbb{R}_+$$
$$A \longmapsto \delta_a(A) = \begin{cases} 1 & si\ a \in A, \\ 0 & si\ a \notin A \end{cases},$$

Par exemple, sur $(\mathbb{R}, \mathcal{B}(\mathbb{R}))$, on a $\delta_0([-1, 1]) = 1, \delta_0(]0, 1]) = \delta_0(\mathbb{R}^*) = 0, \delta_0(\mathbb{N}) = 1, \delta_\pi(\mathbb{Q}) = 0$.

2. *On définit la mesure de comptage sur $(\mathbb{E}, \mathcal{P}(\mathbb{E}))$ par :*

$$\mu : \mathcal{P}(\mathbb{E}) \longrightarrow \mathbb{R}_+$$

$$A \longmapsto \mu(A) = \begin{cases} Card(A) & si \ A \ fini, \\ \infty & si \ non. \end{cases}$$

Cette mesure est généralement utilisée sur des ensemble discrets.

3. *$(\mu_n)_{n \geq 0}$ est une suite de mesures sur $(\mathbb{E}, \mathcal{P}(\mathbb{E}))$ et $(\alpha_n)_{n \geq 0}$ une suite de réels positifs, alors on peut définir la mesure $\mu = \sum_{n \geq 0} \alpha_n \mu_n$.*

Exemple 1.11. *Soient $(\mathbb{E}, \mathfrak{T})$ un espace mesurable, μ est une mesure, et $A \subset \mathfrak{T}$. Montrer que $\nu(B) := \mu(A \cap B)$ pour $B \in \mathfrak{T}$ définit une mesure sur $(\mathbb{E}, \mathfrak{T})$. On l'appelle la restriction de μ à A. En-effet :*

1. *$\nu(\varnothing) := \mu(A \cap \varnothing) = \mu(\varnothing) = 0$.*

2. *Pour toute famille $(B_n)_{n \in \mathbb{N}}$ d'éléments de $\mathfrak{T}$ disjoints deux à deux, puisque $A \cap B_n \in \mathfrak{T}, \forall n$, alors*

$$\nu(\bigcup_{n \in \mathbb{N}} B_n) = \mu(A \cap (\bigcup_{n \in \mathbb{N}} B_n)) = \mu(\bigcup_{n \in \mathbb{N}} (A \cap B_n)) = \sum_{n \in \mathbb{N}} \mu(A \cap B_n) = \sum_{n \in \mathbb{N}} \nu(B_n).$$

Nous introduisons ci-dessous des cas particuliers de mesures.

Définition 1.19 (Mesure finie, σ-finie et probabilité). *Soit $(\mathbb{E}, \mathfrak{T})$ un espace mesurable.*

1. *On appelle mesure finie une mesure μ sur $\mathfrak{T}$ telle que $\mu(\mathbb{E}) < \infty$.*

2. *On dit que μ est σ-finie s'il existe une suite de sous-ensembles mesurables (A_n) (i.e. $A_n \in \mathfrak{T}$) telle que*

$$\mu(A_n) < \infty \ et , \forall n \in \mathbb{N}, \ et \ \mathbb{E} = \bigcup_{n \in \mathbb{N}} A_n.$$

3. *On appelle probabilité une mesure $\mathbb{P}$ sur $\mathfrak{T}$ telle que $\mathbb{P}(\mathbb{E}) = 1$.*

Exemple 1.12. 1. *Soient $(\mathbb{E}, \mathfrak{T})$ un espace mesurable et $a \in \mathbb{E}$. La mesure de Dirac δ_a est une probabilité.*

2. *La mesure de comptage sur $\mathbb{E}$ est :*

   (a) *finie si et seulement si $\mathbb{E}$ est fini.*

   (b) *σ-finie si et seulement si $\mathbb{E}$ est dénombrable.*

3. Si $\mathbb{E}$ est une ensemble fini non vide, muni de la tribu $\mathcal{P}(\mathbb{E})$, on peut considérer la mesure μ_1 définie par

$$\mu_1(A) = \frac{Card(A)}{Card(\mathbb{E})}.$$

On a μ_1 est une mesure de probabilité.

Définition 1.20 (Espace mesuré, espace probabilisé). *Soient $(\mathbb{E}, \mathfrak{T})$ un espace mesurable, et μ une mesure (resp. $\mathbb{P}$ une probabilité) sur $\mathfrak{T}$. Le triplet $(\mathbb{E}, \mathfrak{T}, \mu)$ (resp. $(\mathbb{E}, \mathfrak{T}, \mathbb{P})$)est appelé espace mesuré (resp. espace probabilisé).*

1.4 Propriétés des mesures, mesures extérieurs, mesures complètes.

1.4.1 Propriétés des mesures.

Dans ce paragraphe, nous présentons quelques propriétés fondamentales des mesures. Celles qui sont énoncées ci-dessous sont des conséquences immédiates de la définition de mesure.

Proposition. 1.12. *Soit $(\mathbb{E}, \mathfrak{T}, \mu)$ un espace mesuré. La mesure μ vérifie les propriétés suivantes :*

1. Additivité forte : Soit $A, B \in \mathfrak{T}$, alors

$$\mu(A \cup B) + \mu(A \cap B) = \mu(A) + \mu(B).$$

2. Monotonie : Soit $A, B \in \mathfrak{T}$, $A \subset B$, alors

$$\mu(A) \leq \mu(B).$$

De-plus, si $\mu(B) < +\infty$, alors $\mu(B - A) = \mu(B) - \mu(A)$.

3. σ-sous-additivité : Soit $(A_n)_{n \in \mathbb{N}} \subset \mathfrak{T}$, alors

$$\mu\left(\bigcup_{n \in \mathbb{N}} A_n\right) \leq \sum_{n \in \mathbb{N}} \mu(A_n).$$

4. Continuité croissante : Soit $(A_n)_{n \in \mathbb{N}} \subset \mathfrak{T}$, tel que $A_n \subset A_{n+1}$, pour tout $n \in \mathbb{N}$, alors

$$\mu\left(\bigcup_{n \in \mathbb{N}} A_n\right) = \lim_{n \to \infty} \mu(A_n) = \sup_{n \in \mathbb{N}} \mu(A_n).$$

5. *Continuité décroissante : Soit $(A_n)_{n\in\mathbb{N}} \subset \mathfrak{T}$, tel que $A_{n+1} \subset A_n$, pour tout $n \in \mathbb{N}$, et il existe $n_0 \in \mathbb{N}, \mu(A_{n_0}) < +\infty$, alors*

$$\mu(\bigcap_{n\in\mathbb{N}} A_n) = \lim_{n\to\infty} \mu(A_n) = \inf_{n\in\mathbb{N}} \mu(A_n).$$

Démonstration. 1. On a $A \cup B = (A \cap C_{\mathbb{E}}^B) \cup B$, comme $(A \cap C_{\mathbb{E}}^B) \cap B = \varnothing$ on a $\mu(A \cup B) = \mu(A \cap C_{\mathbb{E}}^B) + \mu(B)$ d'où

$$\mu(A \cup B) + \mu(A \cap B) = \underbrace{\mu(A \cap B) + \mu(A \cap C_{\mathbb{E}}^B)}_{\mu(A)} + \mu(B).$$

2. Soit $A \subset B$, alors $B = A \cup (B - A)$, comme $A \cap (B - A) = \varnothing$ on déduit :

$$\mu(B) = \mu(A) + \mu(B - A) \geqslant \mu(A).$$

Dans le cas particulier où $\mu(B) < +\infty$, nous avons également $\mu(B - A) < +\infty$, d'où $\mu(B - A) = \mu(B) - \mu(A)$.

3. Posons $B_0 = A_0$ et, pour $\forall n$, $B_n = A_n - (A_0 \cup A_2 \cup ... \cup A_{n-1})$. Les B_n sont disjoints deux à deux puisque, si $n < m$, on a

$$B_n \cap B_m = A_n \cap A_0^c \cap A_2^c \cap ... \cap A_{n-1}^c \cap A_m \cap A_0^c \cap A_1^c \cap ... \cap A_n^c \cap ... \cap A_{m-1}^c = \varnothing.$$

$(A_n \cap A_n^c = \varnothing)$. De plus, $B_n \subset A_n$ et $\bigcup_{n\in\mathbb{N}} A_n = \bigcup_{n\in\mathbb{N}} B_n$. Il s'ensuit que

$$\mu(\bigcup_{n\in\mathbb{N}} A_n) = \mu(\bigcup_{n\in\mathbb{N}} B_n) \leq \sum_{n\in\mathbb{N}} \mu(A_n),$$

4. Soit $(A_n)_{n\in\mathbb{N}} \subset \mathfrak{T}$, tel que $A_n \subset A_{n+1}$. Posons $B_0 = A_0$ et, pour $\forall n$, $B_n = A_n - A_{n-1}$. Les B_n sont deux à deux disjoints, de plus, et $A_n = \bigcup_{k\geq 0}^n B_k$. Ainsi,

$$\mu(A_n) = \sum_{k\geq 0}^n \mu(B_k) \xrightarrow{}_{n\to\infty} \sum_{n\in\mathbb{N}} \mu(B_n) = \mu(\bigcup_{n\in\mathbb{N}} B_n) = \mu(\bigcup_{n\in\mathbb{N}} A_n).$$

ce qui donne bien $\mu(\bigcup_{n\in\mathbb{N}} A_n) = \lim_n \uparrow (\mu(A_n))$.

5. Par hypothèse, il existe n_0 tel que pour tout $n \geq n_0$, $\mu(A_n) < +\infty$. Soit alors

$$B_n := A_{n_0} - A_n = A_{n_0} \cap C_{\mathbb{E}}^{A_n}.$$

La suite (B_n) est croissante et converge vers $A_{n_0} - \bigcap_{n\in\mathbb{N}} A_n$, donc

$$\mu(A_{n_0}) - \mu(\bigcap_{n\in\mathbb{N}} A_n) = \mu(\lim_n \uparrow B_n) =$$

$$\lim_n \uparrow \mu(B_n) = \lim_n \uparrow (\mu(A_{n_0}) - \mu(A_n)) = \mu(A_{n_0}) - \lim_n \downarrow (\mu(A_n)),$$

ce qui donne bien $\mu(\bigcap_{n\in\mathbb{N}} A_n) = \lim_n \downarrow (\mu(A_n))$.

$\square$

Remarque 1.13. *La condition $n_0 \in \mathbb{N}, \mu(A_{n_0}) < \infty$ du (5) de la proposition présidente est nécessaire. En effet, considérons $(\mathbb{N}, \mathcal{P}(\mathbb{N}))$ muni de la mesure de comptage et considérons $A_n = \{n, n+1, n+2, ...\}$, alors $A_n \supset A_{n+1}$ et $\bigcap_{n \in \mathbb{N}} A_n = \varnothing$, mais $\forall n \in \mathbb{N}, \mu(A_n) = +\infty$.*

La proposition suivante permet de traiter le cas général où la suite $(A_n)_{n \in \mathbb{N}}$ n'est pas nécessairement croissante ou décroissante.

Proposition. 1.13 (Convergence dominée pour les mesures). *Soit $(A_n)_{n \in \mathbb{N}}$ une suite d'éléments de $\mathfrak{T}$. On suppose que :*

1. il existe $B \in \mathfrak{T}$ de mesure finie tel que $A_n \subset B$ pour tout $n \in \mathbb{N}$,

2. $A = \lim_{n \to \infty} A_n$ existe.

Alors on a

$$\mu(A) = \lim_{n \to \infty} \mu(A_n).$$

Démonstration. On écrit que la limite A est aussi égale à la limite supérieure de la suite $(A_n)_{n \in \mathbb{N}}$,

$$A = \limsup A_n = lim_{n \longrightarrow +\infty} \underbrace{\bigcup_{k \geq n} A_k}_{C_n},$$

La suite $(C_n)_{n \in \mathbb{N}}$ vérifie les hypothèses de la continuité croissante. Donc, pour tout $\epsilon > 0$, il existe un rang n_0 à partir duquel on a $\mu(A) + \epsilon \geq \mu(C_n) \geq \mu(A_n)$. De même,

$$A = \liminf A_n = lim_{n \longrightarrow +\infty} \underbrace{\bigcap_{k \geq n} A_k}_{D_n},$$

donc par le premier cas $\mu(A) - \epsilon \leq \mu(D_n) \leq \mu(A_n)$ pour n assez grand. Donc la limite existe bien et vaut $\mu(A)$. $\qquad \square$

Remarque 1.14. *L'hypothèse $A_n \subset B$ avec $\mu(B) < \infty$ est indispensable. Exemple : $A_n = \{n\}$ et $\mathbb{E} = \mathbb{N}$ avec μ mesure de comptage de $\mathbb{N}$. L'ensemble limite est vide, donc est de mesure nulle, mais $\mu(A_n) = 1$ pour tout $n \in \mathbb{N}$.*

1.4.2 Mesures extérieurs.

Définition 1.21 (Mesure extérieur). *Soit $(\mathbb{E}, \mathcal{P}(\mathbb{E}))$ un espace mesurable. On appelle mesure extérieur sur $\mathbb{E}$ toute application,*

$$\mu^* : \mathcal{P}(\mathbb{E}) \longrightarrow \overline{\mathbb{R}}_+$$

telle que,

1. $\mu^*(\varnothing) = 0$.

2. *Si* $A \subset B \subset \mathbb{E}$ *alors* $\mu^*(A) \leq \mu^*(B)$.

3. *Pour toute famille* $(A_n)_{n \in \mathbb{N}}$ *d'éléments de* $\mathcal{P}(\mathbb{E})$ *on a*

$$\mu^*(\bigcup_{n=1}^{\infty} A_n) \leq \sum_{n=1}^{\infty} \mu^*(A_n).$$

Exemple 1.13.   *1.* $\mu^*(A) = 0$ *pour tout* $A \subset \mathbb{E}$ *est une mesure extérieure.*

2. $\mu^* : \mathcal{P}(\mathbb{E}) \longrightarrow \overline{\mathbb{R}}_+, \mu^*(A) = \begin{cases} Card(A) & si\ A\ fini, \\ \infty & si\ non. \end{cases}$ *est une mesure extérieure.*

3. $\mu^* : \mathcal{P}(\mathbb{E}) \longrightarrow \mathbb{R}_+, \mu^*(A) = \begin{cases} 0 & si\ A = \varnothing\ , \\ 1 & si\ non. \end{cases}$ *est une mesure extérieure.*

Remarque 1.15.   *1. Le domaine de définition d'une mesure extérieure est toujours* $\mathcal{P}(\mathbb{E})$.

2. Il est clair que toute mesure positive sur $(\mathbb{E}, \mathcal{P}(\mathbb{E}))$ *est une mesure extérieure sur* $\mathbb{E}$. *Mais la réciproque n'est pas vraie en général, comme le montre l'exemple suivant.*

Exemple 1.14. *Soit* $\mathbb{E}$ *un ensemble non-vide. L'application :* $\mu^* : \mathcal{P}(\mathbb{E}) \longrightarrow \{0,1\}$ *définie par* $\mu^*(\varnothing) = 0$ *et* $\mu^*(A) = 1$, *si* $A \neq \varnothing$ *est une mesure extérieure sur* $\mathbb{E}$. *De plus si* $Card(\mathbb{E}) > 1$, *l'application* μ^* *n'est pas une mesure positive sur* $(\mathbb{E}, \mathcal{P}(\mathbb{E}))$.

En-effet : Soit $A \subset B \subset \mathbb{E}$, *si* $A = \varnothing$ *alors* $\mu^*(A) = 0 \leq \mu^*(B)$, *et si* $A \neq \varnothing$ *alors* $B \neq \varnothing$ *donc* $\mu^*(A) = 1 = \mu^*(B)$.

Soit maintenant $(A_n)_{n \in \mathbb{N}}$ *une suite de parties de* $\mathbb{E}$. *Si tous les* A_n *sont vides on a*

$$\mu^*(\bigcup_{n=1}^{\infty} A_n) = \mu^*(\varnothing) = 0 = \sum_{n=1}^{\infty} \mu^*(A_n).$$

Pour le contraire, s'il existe $j \in \mathbb{N}$ *tel que* $A_j \neq \varnothing$ *on a* $\bigcup_{n=1}^{\infty} A_n \neq \varnothing$, *et alors*

$$\mu^*(\bigcup_{n=1}^{\infty} A_n) = 1 = \mu^*(A_j) \leq \sum_{n=1}^{\infty} \mu^*(A_n).$$

Ce que signifie que μ^* *est une mesure extérieure sur* $\mathbb{E}$.

Du fait que $Card(\mathbb{E}) > 1$, *on peut choisir* $a, b \in \mathbb{E}$ *avec* $a \neq b$. *On pose* $A = \{a\}$ *et* $B = \{b\}$. *Dans ce cas* μ^* *n'est pas additive car*

$$\mu^*(A \cup B) = 1 \neq \mu^*(A) + \mu^*(B) = 2.$$

Alors μ^* *n'est pas une mesure positive sur* $(\mathbb{E}, \mathcal{P}(\mathbb{E}))$.

Nous allons voir que pour chaque mesure extérieure on peut trouver une sous tribu de $\mathcal{P}(\mathbb{E})$ sur la quelle μ devient une vraie mesure. D'autre part pour chaque mesure positive on peut lui associer une mesure extérieure notée μ^*, sa va être l'objet du théorème de Carathéodory.

Définition 1.22 (Mesure extérieur associée à μ). *Soit $(\mathbb{E}, \mathfrak{T}, \mu)$ un espace mesuré. Alors*

$$\mu^* : \mathcal{P}(\mathbb{E}) \longrightarrow \overline{\mathbb{R}}_+$$
$$A \longmapsto \mu^*(A) = \inf_{\{A \subset B, B \in \mathfrak{T}\}} \mu(B)$$

est appelée mesure extérieure associée à μ sur $\mathbb{E}$. Si A n'est contenu dans aucune élément de $\mathfrak{T}$, nous posons $\mu^*(A) = +\infty$.

Proposition. 1.14. *La mesure extérieure associée à μ, μ^* est une mesure extérieure au sens de la définition 1.21.*

Démonstration.   1. Il est clair que $\mu^*(\varnothing) = 0$ puisque $\mu(\varnothing) = 0$.

2. Si $A_1 \subset A_2 \subset \mathbb{E}$ alors pour $B \in \mathfrak{T}$, on a : $A_2 \subset B \Rightarrow A_1 \subset B$, donc :

$$\inf_{\{A_1 \subset B, B \in \mathfrak{T}\}} \mu(B) \leq \inf_{\{A_2 \subset B, B \in \mathfrak{T}\}} \mu(B),$$

c'est-à-dire $\mu^*(A_1) \leq \mu^*(A_2)$.

3. Soit $(A_n)_{n \geq 1}$ une suite de parties de $\mathbb{E}$. S'il existe un indice $n_0 \geq 1$ pour lequel $\mu^*(A_{n_0}) = +\infty$, on a $\sum_{n=1}^{\infty} \mu^*(A_n) = +\infty$, de sorte que l'inégalité $\mu^*(\bigcup_{n=1}^{\infty} A_n) \leq \sum_{n=1}^{\infty} \mu^*(A_n)$ est évidente.

Supposons donc que $\mu^*(A_n) < +\infty$ pour tout $n \geq 1$. Soit $\varepsilon > 0$, et pour tout n, soit $B_n \in \mathfrak{T}$ un ensemble comprenant A_n et vérifiant $\mu(B_n) \leq \mu^*(A_n) + \frac{\varepsilon}{2^n}$. L'ensemble $B = \bigcup_n B_n$ appartient à $\mathfrak{T}$, inclus $A_n = \bigcup_n A_n$ et vérifie $\mu(B) \leq \sum_n \mu^*(A_n) + \varepsilon$. Dès lors, $\mu^*(\bigcup_n A_n) \leq \sum_n \mu^*(A_n) + \varepsilon$, ce qui termine la preuve, puisque ε est arbitraire.

On associe à une mesure extérieure une notion de mesurabilité.

Définition 1.23 (μ^*-mesurabilité). *Soit $\mathbb{E}$ un ensemble non-vide et soit μ^* une mesure extérieure sur $\mathbb{E}$. Une partie A de $\mathbb{E}$ est dite μ^*-mesurable si pour tout $B \subset \mathbb{E}$ on a*

$$\mu^*(B) = \mu^*(B \cap A) + \mu^*(B \cap A^c).$$

On dit aussi que A est mesurable au sens de Carathéodory (par rapport à μ^*).
On note $\mathfrak{T}_{\mu^*} \subset \mathcal{P}(\mathbb{E})$ l'ensemble des parties μ^*-mesurables de $\mathbb{E}$.

Remarque 1.16. *Pour tout $B \subset \mathbb{E}$ on peut écrire*

$$B = B \cap (A \cup A^c) = (B \cap A) \cup (B \cap A^c)$$

par la sous-additivité de la mesure extérieure, on a toujours

$$\mu^*(B) \leq \mu^*(B \cap A) + \mu^*(B \cap A^c).$$

Alors pour montrer qu'une partie $A \subset \mathbb{E}$ est μ^*-mesurable, il suffit de montrer que

$$\mu^*(B) \geq \mu^*(B \cap A) + \mu^*(B \cap A^c).$$

Proposition. 1.15. *Soient $\mathbb{E}$ un ensemble non-vide, μ^* une mesure extérieure sur $\mathbb{E}$, et A un sous-ensemble de $\mathbb{E}$. Si $\mu^*(A) = 0$, alors A est μ^*-mesurable.*

Démonstration. Soit $B \subset \mathbb{E}$, alors $B \cap A \subseteq A$, d'où $\mu^*(B \cap A) \leq \mu^*(A) = 0$, et $B \cap A^c \subseteq B$, d'où $\mu^*(B \cap A^c) \leq \mu^*(B)$, donc

$$\mu^*(B) \geq \mu^*(B \cap A) + \mu^*(B \cap A^c),$$

et donc, A est μ^*-mesurable.

Proposition. 1.16. $\forall A \in \mathfrak{T}$, *on a $\mu(A) = \mu^*(A)$.*

Démonstration. Soit A_n un recouvrement quelconque de A $(A \subset \bigcup_{n \in \mathbb{N}} A_n, A_n \in \mathfrak{T})$. Alors

$$\mu(A) = \mu(\bigcup_{n \in \mathbb{N}}(A \cap A_n)) \leq \sum_{n \in \mathbb{N}} \mu(A \cap A_n) \leq \sum_{n \in \mathbb{N}} \mu(A_n),$$

donc $\mu(A) \leq \mu^*(A)$.

De plus, la famille $A_1 = A$, $A_2 = A_3 = \ldots = \varnothing$ est un recouvrement de A donc $\mu^*(A) \leq \sum_{n \in \mathbb{N}} \mu(A_n) \leq \mu(A)$.

Théorème 1.2 (Carathéodory). *Soit μ^* une mesure extérieure sur $\mathbb{E}$, alors*

1. $\mathfrak{T}_{\mu^*}$ *est une tribu .*

2. $\mu = \mu^* |_{\mathfrak{T}_{\mu^*}}$ *est une mesure sur $(\mathbb{E}, \mathfrak{T}_{\mu^*})$.*

Démonstration. Soit μ^* une mesure extérieure sur $\mathbb{E}$.

1. (a) $\varnothing \in \mathfrak{T}_{\mu^*}$, car pour tout $B \subset \mathbb{E}$ on a

$$\mu^*(B \cap \varnothing) + \mu^*(B \cap \mathbb{E}) = \mu^*(B).$$

(b) Soit $A \in \mathfrak{T}_{\mu^*}$, alors pour tout $B \subset \mathbb{E}$, $\mu^*(B) = \mu^*(B \cap A) + \mu^*(B \cap A^c) \Rightarrow A^c \in \mathfrak{T}_{\mu^*}$.

(c) Montrons pour commencer $\mathfrak{T}_{\mu^*}$ est une algèbre, c.-à-d. $\mathfrak{T}_{\mu^*}$ est stable par unions finies. Soient $A_1, A_2 \in \mathfrak{T}_{\mu^*}$ et $B \subset \mathbb{E}$ quelconque. Alors, par sous-additivité de μ^* et des simples manipulations d'ensembles (plus précisément par $(A_1 \cap B) \cup (A_1^c \cap A_2 \cap B) = (A_1 \cup A_2) \cap B$) on obtient

$$\mu^*((A_1 \cup A_2) \cap B) + \mu^*((A_1 \cup A_2)^c \cap B)$$

$$\begin{aligned}
&\leq \quad \mu^*(A_1 \cap B) + \mu^*((A_1^c \cap A_2 \cap B) + \mu^*(A_1^c \cap A_2^c \cap B), \quad sous\text{-}additivité \\
&\leq \quad \mu^*(A_1 \cap B) + \mu^*(A_1^c \cap B), \ car \ A_2 \in \mathfrak{T}_{\mu^*} \\
&\leq \quad \mu^*(B), \ car \ A_1 \in \mathfrak{T}_{\mu^*}.
\end{aligned}$$

L'inégalité inverse suit directement de la sous-additivité. On conclut que

$$\mu^*((A_1 \cup A_2) \cap B) + \mu^*((A_1 \cup A_2)^c \cap B) = \mu^*(B).$$

d'où $A_1 \cup A_2 \in \mathfrak{T}_{\mu^*}$.

Montrons maintenant que μ^* est additive sur $\mathfrak{T}_{\mu^*}$. Soient $A_1, A_2 \in \mathfrak{T}_{\mu^*}$ disjoints. Alors

$$\begin{aligned}
\mu^*(A_1 \cup A_2) &= \mu^*((A_1 \cup A_2) \cap A_1) + \mu^*((A_1 \cup A_2) \cap A_1^c), \quad car \ A_1 \in \mathfrak{T}_{\mu^*} \\
&= \mu^*(A_1) + \mu^*(A_2). \quad car \ A_1 \cap A_2 = \varnothing.
\end{aligned}$$

Remarquons que, par le même raisonnement, on peut même montrer que pour tout $B \subset \mathbb{E}$,

$$\begin{aligned}
\mu^*((A_1 \cup A_2) \cap B) &= \mu^*((A_1 \cup A_2) \cap B \cap A_1) + \mu^*(((A_1 \cup A_2) \cap B \cap A_1^c), \\
&= \mu^*(A_1 \cap B) + \mu^*(A_2 \cap B).
\end{aligned}$$

$$\tag{1.1}$$

Montrons que $\mathfrak{T}_{\mu^*}$ est une σ-algèbre. Comme on a déjà montré que $\mathfrak{T}_{\mu^*}$ est une algèbre, il suffit de prouver que $\mathfrak{T}_{\mu^*}$ est stable par union dénombrable disjointe. Soient $A_1, A_2, \ldots \in \mathfrak{T}_{\mu^*}$ deux à deux disjoints. Notre but est de montrer que $\bigcup_{n \in \mathbb{N}} A_n \in \mathfrak{T}_{\mu^*}$, donc que, pour tout $B \subset \mathbb{E}$, Observons que, pour tout N fini, on a $\bigcup_{n=1}^N A_n \in \mathfrak{T}_{\mu^*}$. Ainsi

$$\begin{aligned}
\mu^*(B) &= \mu^*((B \cap \bigcup_{n=1}^N A_n) + \mu^*(B \cap (\bigcup_{n=1}^N A_n)^c) \\
&\geq \sum_{n=1}^N \mu^*(B \cap A_n) + \mu^*(B \cap (\bigcup_{n \in \mathbb{N}} A_n)^c). \quad par \ (\boxed{}) \ et \ monotonie.
\end{aligned}$$

27

En prenant $N \to +\infty$, on conclut par σ-sous-additivité que

$$
\begin{aligned}
\mu^*(B) &\geq \sum_{n \geq 1}' \mu^*(B \cap A_n) + \mu^*(B \cap (\bigcup_{n \geq 1} A_n)^c) \\
&\geq \mu^*((B \cap \bigcup_{n \geq 1} A_n) + \mu^*(B \cap (\bigcup_{n \geq 1} A_n)^c).
\end{aligned}
$$

$$(1.2)$$

D'où $\bigcup_{n \geq 1} A_n \in \mathfrak{T}_{\mu^*}$.

2. Montrons que μ^* est σ-additive sur $\mathfrak{T}_{\mu^*}$. Soient $A_1, A_2, \dots \in \mathfrak{T}_{\mu^*}$ deux à deux disjoints. Par la σ-sous-additivité de μ^*, il suffit de montrer que

$$
\mu^*(\bigcup_{n \geq 1} A_n) \geq \sum_{n \geq 1} \mu^*(A_n),
$$

En posant $B = \bigcup_{n \geq 1} A_n$ dans (1.2) on obtient le résultat désiré (puisque $\bigcup_{n \geq 1} A_n \cap A_n = A_n$).

Remarque 1.17. *Ce théorème est donc une machine qui fait correspondre à tout ensemble $\mathbb{E}$ muni d'une mesure extérieure un espace mesuré.*

Définition 1.24. *Soit μ^* une mesure extérieure sur un espace topologique $(\mathbb{E}, \mathcal{T})$. On dit que μ^* une mesure extérieure borélienne si tout borélien est μ^*-mesurable, i.e. $\mathcal{B}(\mathbb{E}) \subset \mathfrak{T}_{\mu^*}$.*

1.4.3 Mesures complètes.

Nous introduisons la notion d'ensemble négligeable et montrons comment rajouter ces ensembles à une tribu donnée. Contrairement à la notion d'ensemble mesurable, qui repose sur une tribu, celle d'ensemble négligeable est relative à une tribu et une mesure.

Définition 1.25 (Partie négligeable). *Soient $(\mathbb{E}, \mathfrak{T}, \mu)$ un espace mesuré et $A \subset \mathbb{E}$.*

1. *On dit que A est μ-négligeable (ou de mesure nulle) s'il existe un ensemble $B \in \mathfrak{T}$ tel que $A \subset B$ et $\mu(B) = 0$. On note par $\mathcal{N}$ l'ensemble des parties négligeables.*

2. *Si une propriété P_x est vraie pour tout $x \in A$, où $C_{\mathbb{E}}^A$ est négligeable pour la mesure μ, on dit que P_x est vraie pour presque tout x, ou encore que P_x est vraie presque partout. On peut préciser μ-presque partout, presque partout pour la mesure μ, si la mesure n'est pas claire d'après le contexte.*

Remarque 1.18. *1. A n'est pas forcément mesurable donc on ne peut pas dire $\mu(A) = 0$.*

2. Si $(B_n)_{n \geqslant 0} \subset \mathcal{N}$ une suite de parties négligeables dans $(\mathbb{E}, \mathfrak{T}, \mu)$ alors $\bigcup_{n=0}^{\infty} B_n$ est négligeable. En effet, pour tout $n \geqslant 0$ il existe $A_n \in \mathfrak{T}$ tel que $B_n \subset A_n$ et $\mu(A_n) = 0$. Or

$$\bigcup_{n=0}^{\infty} B_n \subset \bigcup_{n=0}^{\infty} A_n \ \textbf{\textit{et}} \ \mu(\bigcup_{n=0}^{\infty} A_n) \leqslant \sum_{n=0}^{\infty} \mu(A_n) = 0.$$

Donc $\bigcup_{n=0}^{\infty} B_n$ est négligeable.

Définition 1.26 (Mesure complète). *Soit $(\mathbb{E}, \mathfrak{T}, \mu)$ un espace mesuré, on dit que μ est complète (ou que l'espace $(\mathbb{E}, \mathfrak{T}, \mu)$ est complet) si toutes les parties négligeables sont mesurables, c'est-à-dire appartiennent à $\mathfrak{T}$.*

Le théorème suivant garantit qu'on peut étendre une mesure en une mesure complète.

Théorème 1.3 (Mesure complétée). *Soient $(\mathbb{E}, \mathfrak{T}, \mu)$ un espace mesuré et $\mathcal{N}$ l'ensemble des parties négligeables. On pose $\overline{\mathfrak{T}} = \{A \cup N, A \in \mathfrak{T}, N \in \mathcal{N}\}$. Alors*

1. $\overline{\mathfrak{T}}$ est une tribu de $\mathbb{E}$.

2. Il existe une unique mesure complète $\overline{\mu} : \overline{\mathfrak{T}} \to \overline{\mathbb{R}}_+$, telle que $\overline{\mu}(A) = \mu(A)$, pour tout $A \in \mathfrak{T}$. De plus, un sous-ensemble $A \subset \mathbb{E}$ est négligeable pour la mesure $\overline{\mu}$ si et seulement si elle est négligeable pour la mesure μ. L'espace mesuré $(\mathbb{E}, \overline{\mathfrak{T}}, \overline{\mu})$ s'appelle le complété de $(\mathbb{E}, \mathfrak{T}, \mu)$, La mesure $\overline{\mu}$ s'appelle la mesure complétée de la mesure μ.

Démonstration. Soit $(\mathbb{E}, \mathfrak{T}, \mu)$ un espace mesuré.

1. Soit $\overline{\mathfrak{T}} = \{A \cup N, A \in \mathfrak{T}, N \in \mathcal{N}\}$. On montre d'abord que $\overline{\mathfrak{T}}$ est une tribu.

   (a) $\varnothing \in \overline{\mathfrak{T}}$ car $\varnothing = \varnothing \cup \varnothing$ et $\varnothing$ appartient à $\mathfrak{T}$ et $\mathcal{N}$ (car il est de mesure nulle).

   (b) $\overline{\mathfrak{T}}$ est stable par passage au complémentaire : soit $C \in \overline{\mathfrak{T}}$, alors il existe $A \in \mathfrak{T}$ et $N \in \mathcal{N}$ tels que $C = A \cup N$. Comme $N \in \mathcal{N}$, il existe $B \in \mathfrak{T}$ tel que $N \subset B$ et $\mu(B) = 0$. On remarque alors que $C^c = (A \cup N)^c = A^c \cap N^c = (A^c \cap B^c) \cup (A^c \cap N^c \cap B)$. Comme $A^c \cap B^c \in \mathfrak{T}$ (par les propriétés de stabilité de $\mathfrak{T}$) et $(A^c \cap N^c \cap B) \in \mathcal{N}$ (car inclus dans B), on en déduit que $C^c \in \overline{\mathfrak{T}}$.

   (c) $\overline{\mathfrak{T}}$ est stable par union dénombrable : Soit $(C_n)_{n \in \mathbb{N}} \in \overline{\mathfrak{T}}$. Il existe $(A_n)_{n \in \mathbb{N}} \subset \mathfrak{T}$ et $(N_n)_{n \in \mathbb{N}} \subset \mathcal{N}$ tels que $C_n = A_n \cup N_n$ pour tout $n \in \mathbb{N}$. Comme, pour tout $n \in \mathbb{N}$, $N_n \in \mathcal{N}$, il existe $B_n \in \mathfrak{T}$ tel que $N_n \subset B_n$ et $\mu(B_n) = 0$. On a alors

$$\bigcup_{n \in \mathbb{N}} (C_n) = \bigcup_{n \in \mathbb{N}} (A_n) \cup \bigcup_{n \in \mathbb{N}} (N_n).$$

On remarque que

$$\bigcup_{n\in\mathbb{N}}(N_n) \subset B = \bigcup_{n\in\mathbb{N}}(B_n) \in \mathfrak{T},$$

et $\mu(B) = 0$ par σ-sous additivité de μ. Donc, $\bigcup_{n\in\mathbb{N}}(N_n) \in \mathcal{N}$ comme $\bigcup_{n\in\mathbb{N}}(A_n) \in \mathfrak{T}$, on a finalement $\bigcup_{n\in\mathbb{N}}(C_n) \in \overline{\mathfrak{T}}$.

Donc $\overline{\mathfrak{T}}$ est une tribu de $\mathbb{E}$.

2. (a) Pour $B \in \overline{\mathfrak{T}}$, soit $A \in \mathfrak{T}$ et $N \in \mathcal{N}$ tel que $B = A\cup N$, on pose $\overline{\mu}(B) = \mu(A)$. Pour montrer que cette définition est cohérente, il faut de montrer que $\mu(A_1) = \mu(A_2)$, tel que $A_1, A_2 \in \mathfrak{T}$ et $N_1, N_2 \in \mathcal{N}$ et $A_1 \cup N_1 = A_2 \cup N_2$. En-effet : Soit $B_2 \in \mathfrak{T}$ tel que $N_2 \subset B_2$ et $\mu(B_2) = 0$. On a :

$$A_1 \subset A_1 \cup N_1 = A_2 \cup N_2 \subset A_2 \cup B_2,$$

Donc, par monotonie et sous additivité de μ, $\mu(A_1) \le \mu(A_2 \cup B2) \le \mu(A_2) + \mu(B_2) = \mu(A_2)$. En changeant les rôles de A_1 et A_2, on a aussi $\mu(A_2) \le \mu(A_1)$. On a donc $\mu(A_1) = \mu(A_2)$.

(b) Montrer que $\overline{\mu}$ est une mesure sur $\overline{\mathfrak{T}}$ et $\overline{\mu}\mid_{\mathfrak{T}}= \mu$. Montrer que $\overline{\mu}$ est la seule mesure sur $\overline{\mathfrak{T}}$ égale à μ sur $\mathfrak{T}$.

-) On montre d'abord que $\overline{\mu}$ est une mesure sur $\overline{\mathfrak{T}}$. Comme $\varnothing = \varnothing \cup \varnothing$ et $\varnothing \in \mathfrak{T} \cap \mathcal{N}$, on a $\overline{\mu}(\varnothing) = \mu(\varnothing) = 0$.

Soit maintenant $(C_n)_{n\in\mathbb{N}} \subset \overline{\mathfrak{T}}$ telle que $C_n \cap C_m = \varnothing$ si $n \ne m$. Il existe des suites $(A_n)_{n\in\mathbb{N}} \subset \mathfrak{T}$ et $(N_n)_{n\in\mathbb{N}} \subset \mathcal{N}$ tels que $C_n = A_n \cup N_n$ pour tout $n \in \mathbb{N}$. Comme, pour tout $n \in \mathbb{N}$, $N_n \in \mathcal{N}$, il existe $B_n \in \mathfrak{T}$ tel que $N_n \subset B_n$ et $\mu(B_n) = 0$. On a donc

$$\bigcup_{n\in\mathbb{N}}(C_n) = \bigcup_{n\in\mathbb{N}}(A_n) \cup \bigcup_{n\in\mathbb{N}}(N_n).$$

On a déjà vu que $\bigcup_{n\in\mathbb{N}}(N_n) \in \mathcal{N}$. Par définition de $\overline{\mu}$, on a donc

$$\overline{\mu}(\bigcup_{n\in\mathbb{N}}(C_n)) = \mu(\bigcup_{n\in\mathbb{N}}(A_n)).$$

Comme $C_n \cap C_m = \varnothing$ si $n \ne m$, on a aussi $A_n \cap A_m = \varnothing$ si $n \ne m$ (car $A_p \subset C_p$ pour tout p). La σ-additivité de μ (et la définition de $\overline{\mu}(C_n)$) donnent alors :

$$\overline{\mu}(\bigcup_{n\in\mathbb{N}}(C_n)) = \mu(\bigcup_{n\in\mathbb{N}}(A_n)) = \sum_{n\in\mathbb{N}}\mu((A_n)) = \sum_{n\in\mathbb{N}}\overline{\mu}(C_n).$$

Ce qui prouve la σ-additivité de $\overline{\mu}$.

-) On montre maintenant que $\overline{\mu}\mid_{\mathfrak{T}}= \mu$. Si $A \in \mathfrak{T}$, on a $A = A \cap \varnothing$. Comme

$\varnothing \in \mathcal{N}$, on a donc ($A \in \overline{\mathfrak{T}}$, on le savait déjà, et) $\overline{\mu}(A) = \mu(A)$. Donc, $\overline{\mu}\mid_{\mathfrak{T}} = \mu$.

-) Enfin, on montre que $\overline{\mu}$ est la seule mesure sur $\overline{\mathfrak{T}}$ égale à μ sur $\mathfrak{T}$. Soit $\widehat{\mu}$ une mesure $\overline{\mathfrak{T}}$ égale à μ sur $\mathfrak{T}$. Soit $C \in \overline{\mathfrak{T}}$. Il existe $A \in \mathfrak{T}$ et $N \in \mathcal{N}$ tel que $C = A \cup N$. Comme $N \in \mathcal{N}$, il existe $B \in \mathfrak{T}$ tel que $N \subset B$ et $\mu(B) = 0$. On a alors $A \subset C \subset A \cup B$. La monotonie de $\widehat{\mu}$, le fait que $\widehat{\mu} = \mu$ sur $\mathfrak{T}$ et la sous additivité de μ donnent :

$$\mu(A) = \widehat{\mu}(A) \leq \widehat{\mu}(C) \leq \widehat{\mu}(A \cup B) = \mu(A \cup B) \leq \mu(A) + \mu(B) = \mu(A).$$

On a donc $\widehat{\mu}(C) = \mu(A) = \overline{\mu}(C)$. Ce qui prouve que $\widehat{\mu} = \overline{\mu}$.

(c) On pose $\mathcal{N}_{\overline{\mu}}$ l'ensemble des parties négligeables pour la mesure $\overline{\mu}$. Montrer que $\mathcal{N}_{\overline{\mu}} = \mathcal{N}$. On a $\mathcal{N} \subset \overline{\mathfrak{T}}$.

$\supset$) Soit $N \in \mathcal{N}$. Il existe $B \in \mathfrak{T}$ tel que $N \subset B$ et $\mu(B) = 0$. Comme $\mathfrak{T} \subset \overline{\mathfrak{T}}$ et que $\mu = \overline{\mu}$ sur $\mathfrak{T}$, on a donc aussi $B \in \overline{\mathfrak{T}}$ et $\overline{\mu}(B) = 0$, ce qui prouve que $N \in \mathcal{N}_{\overline{\mu}}$.

$\subset$) Soit maintenant $N \in \mathcal{N}_{\overline{\mu}}$. Il existe $C \in \overline{\mathfrak{T}}$ tel que $N \subset C$ et $\overline{\mu}(C) = 0$. Comme $C \in \overline{\mathfrak{T}}$, il existe $A \in \mathfrak{T}$, $M \in \mathcal{N}$ et $B \in \mathfrak{T}$ tel que $\mu(B) = 0$ et $C = A \cup M \subset A \cup B$. La définition de $\overline{\mu}$ donne que $\overline{\mu}(C) = \mu(A)$, on a donc $\mu(A) = 0$. On en déduit $\mu(A \cup B) \leq \mu(A) + \mu(B) = 0$, et donc, comme $C \subset A \cup B$, on a bien $C \in \mathcal{N}$.

Remarque 1.19. *$\overline{\mathfrak{T}}$ dépend à la fois de $\mathfrak{T}$ et μ.*

Le résultat suivant décrit tous les éléments de $\overline{\mathfrak{T}}$.

Proposition. 1.17. *Nous avons*

$$\overline{\mathfrak{T}} = \{A \subset \mathbb{E}, \exists B_A, C_A \in \mathfrak{T}, \ tel \ que \ B_A \subset A \subset C_A \ et \ \mu(C_A - B_A) = 0\}.$$

Démonstration. Soient A une partie de $\mathbb{E}$, et

$$\overline{\mathfrak{T}} = \{A \cup N, A \in \mathfrak{T}, N \in \mathcal{N}\} = \mathfrak{T} \cup \mathcal{N}.$$

Nous allons noter $B_A, C_A \in \mathfrak{T}$, *tel que* $B_A \subset A \subset C_A$ *et* $\mu(C_A - B_A) = 0$, et

$$M = \{A \subset \mathbb{E}, \exists B_A, C_A \in \mathfrak{T}, \ tel \ que \ B_A \subset A \subset C_A \ et \ \mu(C_A - B_A) = 0\}.$$

Si $A \in M$, alors $A = B_A \cup (A - B_A)$, avec $B_A \in \mathfrak{T}$ et $(A - B_A)$ (qui est contenu dans $(C_A - B_A)$) négligeable, d'où $A \in \overline{\mathfrak{T}}$. Donc $M \subset \overline{\mathfrak{T}}$.

Si $A \in \overline{\mathfrak{T}}$, si $A \in \mathfrak{T}$, il suffit de prendre $B_A = C_A = A$. Si $A \in \mathcal{N}$, nous pouvons prendre

$B_A = \varnothing$ et $C_A \in \mathfrak{T}$ tel que $A \subset C_A$ et $\mu(C_A) = 0$. Ceci montre que M contient $\mathfrak{T}$ et les ensembles négligeables

Il reste à montrer que M est une tribu.

1. Nous avons $\varnothing \in \mathfrak{T}$, et donc $\varnothing \in M$.

2. Soit $A \in M$ ($B_A \subset A \subset C_A$). Nous avons $C_{\mathbb{E}}^{C_A} \subset C_{\mathbb{E}}^{A} \subset C_{\mathbb{E}}^{B_A}$, avec

$$\mu(C_{\mathbb{E}}^{B_A} - C_{\mathbb{E}}^{C_A}) = \mu(C_A - B_A) = 0,$$

   il s'ensuit que $C_{\mathbb{E}}^{A} \in M$.

3. Si $(A_n)_{n \in \mathbb{N}} \subset M$ ($B_{A_n} \subset A_n \subset C_{A_n}$). Nous avons

$$\bigcup_{n=0}^{\infty} B_{A_n} \subset \bigcup_{n=0}^{\infty} A_n \subset \bigcup_{n=0}^{\infty} C_{A_n}$$

   et

$$\mu(\bigcup_{n=0}^{\infty} C_{A_n} - \bigcup_{n=0}^{\infty} B_{A_n}) \le \sum_{n=0}^{\infty} \mu(C_{A_n} - B_{A_n}) = 0.$$

Il s'ensuit que $\bigcup_{n=0}^{\infty} A_n \in M$.

Exemple 1.15. *L'espace mesuré* $(\mathbb{E}, \mathfrak{T}_{\mu^*}, \mu^* \mid_{\mathfrak{T}_{\mu^*}})$ *est complet. En-effet : soit N un ensemble* $\mu^* \mid_{\mathfrak{T}_{\mu^*}}$*-négligeable. Il existe $A \in \mathfrak{T}_{\mu^*}$ tel que $\mu^* \mid_{\mathfrak{T}_{\mu^*}} (A) = 0$ et $N \subset A$. Comme $\mu^*(N) \le \mu^*(A) = \mu^* \mid_{\mathfrak{T}_{\mu^*}} (A) = 0$, on a $\mu^*(N) = 0$. Cela entraîne que $N \in \mathfrak{T}_{\mu^*}$, puisque, pour tout $X \subseteq \mathbb{E}$, on a : $X \cap N \subset N \Rightarrow \mu^*(X \cap N) = 0$, et $X \cap N^c \subset X \Rightarrow \mu^*(X \cap N) \le \mu^*(X)$, d'où $\mu^*(X \cap N) + \mu^*(X \cap N) \le \mu^*(X)$. De-plus, $\mathfrak{T} \subseteq \mathfrak{T}_{\mu^*}$.*

Proposition. 1.18. *Soit $(\mathbb{E}, \mathfrak{T}, \mu)$ un espace mesuré σ-fini, et soit μ^* la mesure extérieure associée à μ sur $\mathbb{E}$. Alors l'espace mesuré $(\mathbb{E}, \mathfrak{T}_{\mu^*}, \mu^* \mid_{\mathfrak{T}_{\mu^*}})$ obtenu à partir de μ^* par le Théorème de Carathéodory est égal au complété $(\mathbb{E}, \overline{\mathfrak{T}}, \overline{\mu})$ de $(\mathbb{E}, \mathfrak{T}, \mu)$.*

Démonstration. Il est évident que $\overline{\mathfrak{T}} \subset \mathfrak{T}_{\mu^*}$ (proposition **1.16** et la définition des parties négligeables). Comme $\mathfrak{T}_{\mu^*}$ est $\mu^* \mid_{\mathfrak{T}_{\mu^*}}$-complète (Exemple **1.15**), par le Théorème de Carathéodory, et que $\mu(A) = \mu^*(A)$ pour tout $A \in \mathfrak{T}$, on a $(\mathbb{E}, \overline{\mathfrak{T}}, \overline{\mu}) \subset (\mathbb{E}, \mathfrak{T}_{\mu^*}, \mu^* \mid_{\mathfrak{T}_{\mu^*}})$.

Pour l'inclusion inverse, si $X \in \mathfrak{T}_{\mu^*}$ montrons que $X \in \overline{\mathfrak{T}}$. Séparons deux cas.

1) Si $\mu^* \mid_{\mathfrak{T}_{\mu^*}} (X) = \mu^*(X) < +\infty$, il existe une partie $A \in \mathfrak{T}$ telle que $X \subseteq A$ et $\mu^*(X) = \mu(A)$. En-effet : par définition de μ^*, pour tout $n \geqslant 1$, il existe $A_n \in \mathfrak{T}$ tel que $X \subseteq A_n$ et $\mu(A_n) \leqslant \mu^*(X) + 1/2^n$. Si $A = \bigcap_{n \geqslant 1} A_n$, on a $A \in \mathfrak{T}, X \subseteq A$ et, pour tout $n \geqslant 1 : \mu(A) \leqslant \mu(A_n) \leqslant \mu^*(X) + 1/2^n$, donc $\mu(A) \leqslant \mu^*(X)$. Comme $X \subseteq A$, on

a aussi $\mu^*(X) \leqslant \mu(A)$, d'où l'égalité. En suite, comme $\mathfrak{T} \subseteq \mathfrak{T}_{\mu^*}$ et que $\mu = (\mu^* \mid_{\mathfrak{T}_{\mu^*}})_{\mid \mathscr{T}}$, on a $\mu^* \mid_{\mathfrak{T}_{\mu^*}} (X) = \mu^* \mid_{\mathfrak{T}_{\mu^*}} (A)$. Alors, puisque $\mu^* \mid_{\mathfrak{T}_{\mu^*}}$ est une mesure positive et que $\mu^* \mid_{\mathfrak{T}_{\mu^*}} (X) < +\infty$, on a $\mu^* \mid_{\mathfrak{T}_{\mu^*}} (A \backslash X) = 0$. Mais cela s'écrit aussi $\mu^*(A \backslash X) = 0$. Pour voir qu'alors $X \in \overline{\mathfrak{T}}$, il existe $B \in \mathfrak{T}$ tel que $A \backslash X \subseteq B$ et $\mu^*(A \backslash X) = \mu(B)$. Cela entraîne en particulier que $\mu(B) = 0$ et, puisque $A \backslash X \subseteq B$, que $A \backslash X$ est μ-négligeable, c'est-à-dire que $A \backslash X \in \overline{\mathfrak{T}}$. Mais $\overline{\mathfrak{T}}$ est une tribu contenant $\mathfrak{T}$, comme $A \in \mathfrak{T}$, cela entraîne que $X \in \overline{\mathfrak{T}}$.

2) Si $\mu^* \mid_{\mathfrak{T}_{\mu^*}} (X) = \mu^*(X) = +\infty$, puisque $(\mathbb{E}, \mathfrak{T}, \mu)$ est σ-fini, alors l'espace mesuré $(\mathbb{E}, \mathfrak{T}_{\mu^*}, \mu^* \mid_{\mathfrak{T}_{\mu^*}})$ est σ-fini. En-effet : si $(\mathbb{E}, \mathfrak{T}, \mu)$ est σ-fini, alors, il existe une suite croissante $(S_n)_{n \geqslant 1}$ d'éléments de $\mathfrak{T}$ telle que $S = \lim_{n \to +\infty} S_n$ et $\mu(S_n) < +\infty$ pour tout $n \geqslant 1$. Comme $\mathfrak{T} \subseteq \mathfrak{T}_{\mu^*}$, on a $S_n \in \mathfrak{T}_{\mu^*}$ et $\mu^* \mid_{\mathfrak{T}_{\mu^*}} (S_n) = \mu(S_n) < +\infty$ pour tout $n \geqslant 1$. D'autre par, il existe donc une suite croissante $(S_n)_{n \geqslant 1}$ d'éléments de $\mathfrak{T}_{\mu^*}$ telle que $S = \lim_{n \to +\infty} \uparrow S_n$ et $\mu^* \mid_{\mathfrak{T}_{\mu^*}} (S_n) < +\infty$ pour tout $n \geqslant 1$. Alors, pour tout $n \geqslant 1$, on a $X \cap S_n \in \mathfrak{T}_{\mu^*}$ et $\mu^* \mid_{\mathfrak{T}_{\mu^*}} (X \cap S_n) < +\infty$. Il résulte de la partie 1) de la preuve que $X \cap S_n \in \overline{\mathfrak{T}}$. Alors $X = \bigcup_{n \geqslant 1} (X \cap S_n) \in \overline{\mathfrak{T}}$.

On a donc $\mathfrak{T}_{\mu^*} = \overline{\mathfrak{T}}$. De plus $\mu^* \mid_{\mathfrak{T}_{\mu^*}} = \overline{\mu}$ puisque $(\mu^* \mid_{\mathfrak{T}_{\mu^*}})_{\mid \mathscr{T}} = \overline{\mu}_{\mid \mathscr{T}} = \mu$ et que le prolongement de μ à $\overline{\mathfrak{T}}$ est unique.

Remarque 1.20. *Notons que $(\mathbb{E}, \overline{\mathfrak{T}}, \overline{\mu}) \subset (\mathbb{E}, \mathfrak{T}_{\mu^*}, \mu^* \mid_{\mathfrak{T}_{\mu^*}})$ est vraie même sans l'hypothèse de σ-finitude de μ.*

1.4.4 Classes particulières de mesures.

Définition 1.27 (Mesure absolument continue, mesure étrangère). *Soient $(\mathbb{E}, \mathfrak{T})$ un espace mesurable et μ et ν des mesures (positives) sur $\mathfrak{T}$.*

1. *On dit que la mesure μ est absolument continue par rapport à la mesure ν (et on note $\mu \ll \nu$) si pour tout $A \in \mathfrak{T}$ tel que $\nu(A) = 0$, alors $\mu(A) = 0$.*

2. *On dit que la mesure μ est étrangère à la mesure ν (et note $\mu \perp \nu$) s'il existe $A \in \mathfrak{T}$ tel que $\mu(A) = 0$ et $\nu(C_{\mathbb{E}}^A) = 0$.*

Définition 1.28 (Mesure de Radon). *On dit qu'une mesure est de Radon si elle est finie sur les compacts.*

Définition 1.29 (mesure de Borel). *Une mesure μ est dite mesure de Borel si $\mathbb{E}$ est un espace topologique localement compact séparable et $\mathfrak{T} = \mathcal{B}(\mathbb{E})$, avec $\mu(K) < +\infty$ pour tout compact K de $\mathbb{E}$.*

Remarque 1.21. *Soit μ une mesure de Borel, alors elle est σ finie. En-effet, $\mathbb{E}$ est localement compact et séparable, alors $E = \bigcup_{n \in \mathbb{N}} E_n$ où les E_n sont tous des compacts, ce qui nous permet décrire que $\mu(E_n) < +\infty$, pour tout n.*

Définition 1.30 (Restriction). *Soit $B \in \mathfrak{T}$ et μ une mesure sur $(\mathbb{E}, \mathfrak{T})$. On définit la restriction μ_B de μ sur la tribu $\mathfrak{T}_B$ restreinte à B c'est-à-dire sur l'ensemble des $\{A \cap B, A \in \mathfrak{T}\}$ par*

$$\mu_B(A) = \mu(A \cap B) \text{ pour tout } A \in \mathfrak{T}.$$

Définition 1.31. *Soit $(\mathbb{E}, \mathfrak{T}, \mu)$ un espace mesuré. On dit que μ est diffuse si $\{x\} \in \mathfrak{T}$ et $\mu(\{x\}) = 0$ pour tout $x \in \mathbb{E}$.*

1.5   La mesure de Lebesgue sur la tribu des boréliens.

Dans ce paragraphe nous définissons la mesure qui est de loin la plus importante en analyse (et en probabilités), qui est la mesure de Lebesgue (mesurant la "longueur" dans le cas de $\mathbb{R}$, la "surface" dans $\mathbb{R}^2$, le "volume" dans $\mathbb{R}^3$, etc...) Nous commençons par le cas de $\mathbb{R}$, qu'on munit de la tribu borélienne $\mathcal{B}(\mathbb{R})$.

Théorème 1.4 (Mesure de Lebesgue sur $\mathbb{R}$). *Il existe une unique mesure positive sur $(\mathbb{R}, \mathcal{B}(\mathbb{R}))$, notée λ, telle que*

$$\lambda(]a, b[) = b - a, \forall a, b \in \mathbb{R}, a < b.$$

Cette mesure, appelée mesure de Lebesgue sur $\mathbb{R}$.

La mesure de Lebesgue λ généralise la notion de longueur d'un intervalle à tous les boréliens $A \in \mathcal{B}(\mathbb{R})$.

Démonstration. Voir Exercice 1.29.

Définition 1.32 (Mesure de Lebesgue sur un borélien de $\mathbb{R}$). *Soit I un intervalle de $\mathbb{R}$ (ou, plus généralement, $I \in \mathcal{B}(\mathbb{R})$) et*

$$T = \{B \in \mathcal{B}(\mathbb{R}), B \subset I\},$$

(on peut montrer que $T = \mathcal{B}(I)$, où I est muni de la topologie induite par celle de $\mathbb{R}$. Il est facile de voir que T est une tribu sur I et que la restriction de λ (définie dans le théorème précédent) à T est une mesure sur T, donc sur les boréliens de I. On note toujours par λ cette mesure.

Remarque 1.22 (Propriétés).   *1. La mesure de Lebesgue est diffuse :* $\lambda(\{a\}) = 0, \forall a \in \mathbb{R}$. *En effet,* $\{a\} = \bigcup_{n\in\mathbb{N}}]a - \frac{1}{n}, a + \frac{1}{n}[$, *donc, par la proposition* 1.12, *on a :*

$$\lambda(\{a\}) = \lim_{n\to\infty} \lambda(]a - \frac{1}{n}, a + \frac{1}{n}[) = \lim_{n\to\infty} \frac{2}{n} = 0.$$

2. $\lambda(]a,b[) = \lambda([a,b[) = \lambda(]a,b]) = \lambda([a,b]) = b - a, \forall a, b \in \mathbb{R}, a < b$. *Cela reste vrai pour les intervalles non bornées puisque leur mesure sont toute* $+\infty$.

$$\lambda(]a, +\infty[) = \lambda(\bigcup_{n>[a]}]a, n[) = \lim_{n\to+\infty} \lambda(]a, n[) = \lim_{n\to+\infty} (n - a) = +\infty.$$

3. Les ensembles finis ou dénombrables sont de mesure nulle. En particulier $\lambda(\mathbb{Q}) = 0$.

4. la mesure de Lebesgue est une mesure σ-finie, mais n'est pas une mesure finie. Car $\mathbb{R} = \bigcup_{n\in\mathbb{N}}] - n, n[$ *et* $\lambda(] - n, n[) = 2n$.

5. λ est une mesure de Borel car pour tout compact K, il existe n tel que $K \subset [-n, n]$ et $\lambda(K) \leq \lambda([-n, n]) = 2n$.

6. $([0, 1], \mathcal{B}([0, 1], \lambda)$ est un espace de probabilité car $\lambda([0, 1]) = 1$.

Remarque 1.23. *Il existe des ensembles non dénombrables de mesure de Lebesgue nulle. L'exemple typique est le triadique de Cantor qui est une partie compacte non dénombrable de $[0, 1]$, vérifiant $\lambda(K) = 0$. La mesure de Lebesgue λ sur $\mathcal{B}(\mathbb{R})$ n'est pas complète (voir Exemple 1.27).*

Définition 1.33. *La mesure extérieure de Lebesgue sur $\mathbb{R}$ qui est la fonction*

$$\lambda^* : \mathcal{P}(\mathbb{E}) \longrightarrow \overline{\mathbb{R}}_+$$
$$A \longmapsto \lambda^*(A) = \inf_{\{(A_i)_{i\in\mathbb{N}}\in E_A\}} \sum_{i=1}^{n} \ell(A_i).$$

où E_A est l'ensemble des familles dénombrables d'intervalles ouverts dont l'union contient A, et $\ell(A_i)$ représente la longueur de l'intervalle A_i.

Proposition. 1.19 (Propriétés de λ^*). *L'application $\lambda^* : \mathcal{P}(\mathbb{R}) \to \overline{\mathbb{R}}_+$ vérifie les propriétés suivantes :*

1. $\lambda^*(\emptyset) = 0$,

2. (Monotonie) $\lambda^*(A) \leq \lambda^*(B)$*, pour tout* $A, B \in \mathcal{P}(\mathbb{R})$ *tel que* $A \subset B$,

3. ($\sigma-$ sous additivité) Soit $(A_n)_{n\in\mathbb{N}} \subset \mathcal{P}(\mathbb{R})$ *et* $A = \bigcup_{n\in\mathbb{N}} A_n$*, alors*

$$\lambda^*(A) \leq \sum_{n\in\mathbb{N}} \lambda^*(A_n)$$

4. $\lambda^*(]a,b[) = b - a$ *pour tout* $(a,b) \in \mathbb{R}^2$ *tel que* $-\infty < a < b < +\infty$.

Démonstration. On remarque tout d'abord que $\lambda^*(\mathrm{A}) \in \mathbb{R}_+$ pour tout $\mathrm{A} \in \mathcal{P}(\mathbb{R})$ (car $\lambda^*(\mathrm{A})$ est la borne inférieure d'une partie de $\overline{\mathbb{R}}_+$).

1. Pour montrer que $\lambda^*(\emptyset) = 0$, il suffit de remarquer que $(\mathrm{I}_n)_{n\in\mathbb{N}} \in \mathrm{E}_\emptyset$ avec $\mathrm{I}_n = \emptyset$ pour tout $n \in \mathbb{N}$, et donc $0 \le \lambda^*(\emptyset) \le \sum_{n\in\mathbb{N}} \ell(\mathrm{I}_n) = 0$.

2. Soit $\mathrm{A},\mathrm{B} \in \mathcal{P}(\mathbb{R})$ tels que $\mathrm{A} \subset \mathrm{B}$. On a $\mathrm{E}_\mathrm{B} \subset \mathrm{E}_\mathrm{A}$ et donc $\lambda^*(\mathrm{A}) \le \lambda^*(\mathrm{B})$.

3. Soit $(\mathrm{A}_n)_{n\in\mathbb{N}} \subset \mathcal{P}(\mathbb{R})$ et $\mathrm{A} = \bigcup_{n\in\mathbb{N}} \mathrm{A}_n$. Il suffit de considérer le cas où $\lambda^*(\mathrm{A}_n) < +\infty$ pour tout $n \in \mathbb{N}$ (sinon, l'inégalité est immédiate). Soit $\varepsilon > 0$. Pour tout $n \in \mathbb{N}$, il existe $(\mathrm{I}_{n,m})_{m\in\mathbb{N}} \in \mathrm{E}_{\mathrm{A}_n}$ telle que

$$\sum_{m\in\mathbb{N}} \ell(\mathrm{I}_{n,m}) \le \lambda^*(\mathrm{A}_n) + \frac{\varepsilon}{2^n}$$

On remarque alors que $(\mathrm{I}_{n,m})_{(n,m)\in\mathbb{N}^2}$ est un recouvrement de A par des intervalles ouverts et donc que :

$$\lambda^*(\mathrm{A}) \le \sum_{(n,m)\in\mathbb{N}^2} \ell(\mathrm{I}_{n,m})$$

Noter que $\sum_{(n,m)\in\mathbb{N}^2} \ell(\mathrm{I}_{n,m}) = \sum_{n\in\mathbb{N}} \ell(\mathrm{I}_{\varphi(n)})$, où φ est une bijection de $\mathbb{N}$ dans $\mathbb{N}^2$ (cette somme ne dépend pas de la bijection choisie). On déduit que :

$$\lambda^*(\mathrm{A}) \le \sum_{n\in\mathbb{N}} \left(\sum_{m\in\mathbb{N}} \ell(\mathrm{I}_{n,m})\right) \le \sum_{n\in\mathbb{N}} \lambda^*(\mathrm{A}_n) + 2\varepsilon$$

ce qui donne bien, en faisant tendre ε vers 0 :

$$\lambda^*(\mathrm{A}) \le \sum_{n\in\mathbb{N}} \lambda^*(\mathrm{A}_n).$$

4. Montrons que

$$\lambda^*([a,b]) = b - a, \forall a, b \in \mathbb{R}, a < b.$$

Soit donc $a, b \in \mathbb{R}, a < b$. Comme $[a,b] \subset]a-\varepsilon, b+\varepsilon[$, pour tout $\varepsilon > 0$, on a $\lambda^*([a,b]) \le b - a + 2\varepsilon$. On en déduit $\lambda^*([a,b]) \le b - a$. Pour démontrer l'inégalité inverse, soit $(\mathrm{I}_n)_{n\in\mathbb{N}} \in \mathrm{E}_{[a,b]}$. Par compacité de $[a,b]$, il existe $n \in \mathbb{N}$ tel que $[a,b] \subset \bigcup_{p=0}^n \mathrm{I}_p$. On peut alors construire (par récurrence) $i_0, i_1, \ldots, i_q \in \{0,\ldots,n\}$ tels que $a_{i_0} < a, a_{i_{p+1}} < b_{i_p}$ pour tout $p \in \{0,\ldots,q-1\}, b < b_{i_q}$. On en déduit que

$$b - a < \sum_{p=0}^q b_{i_p} - a_{i_p} \le \sum_{n\in\mathbb{N}} \ell(\mathrm{I}_n),$$

et donc $b - a \leq \lambda^*([a,b])$. En remarquant que $[a + \varepsilon, b - \varepsilon] \subset]a,b[\subset [a,b]$ pour tout $a,b \in \mathbb{R}, a < b$, et $0 < \varepsilon < (b-a)/2$, la monotonie de λ^* donne que $\lambda^*(]a,b[) = b - a$ pour tout $a,b \in \mathbb{R}, a < b$. La monotonie de λ^* donne alors aussi que

$$\lambda^*([a,b[) = \lambda^*(]a,b]) = \lambda^*(]a,b[) = b - a \text{ pour tout } a,b \in \mathbb{R}, a < b,$$

et enfin que

$$l^*(]-\infty,a]) = \lambda^*(]-\infty,a[) = \lambda^*(]a,+\infty[) = \lambda^*([a,+\infty]) = +\infty \text{ pour tout } a \in \mathbb{R}.$$

On donne maintenant une propriété, spécifique à la mesure de Lebesgue, qui est à la base de toutes les formules de changement de variable pour l'intégrale de Lebesgue.

Proposition. 1.20 (Mesure de Lebesgue λ est invariante par translation et invariante par symétrie). *Pour tout $A \in \mathcal{B}(\mathbb{R})$ et $\alpha, \beta \in \mathbb{R}$,*

$$\lambda(\alpha A + \beta) = \lambda(\{\alpha a + \beta, a \in A\}) = |\alpha|\lambda(A). \tag{1.3}$$

De plus, si μ est une mesure sur $(\mathbb{R}, \mathcal{B}(\mathbb{R}))$ invariante par translations et telle que $\mu([0,1]) < \infty$, alors μ est un multiple de la mesure de Lebesgue. Si $\alpha = 1$, on dit que λ est invariante par translation, et si $\alpha = -1$ et $\beta = 0$, on dit que λ est invariante par symétrie.

Démonstration. Commençons par montrer (1.3). Soient $\alpha, \beta \in \mathbb{R}$. On peut supposer $\alpha \neq 0$, sinon la conclusion est évidente. Notons, pour $A \in \mathcal{B}(\mathbb{R})$, $\mu(A) := \frac{1}{|\alpha|}\lambda(\alpha A + \beta)$. Alors μ est une mesure sur $(\mathbb{R}, \mathcal{B}(\mathbb{R}))$ avec

$$\mu([a,b]) = \frac{1}{|\alpha|}\lambda([\alpha a - \beta, \alpha b + \beta]) = b - a.$$

Par l'unicité de la mesure de Lebesgue, $\lambda = \mu$, donc $\lambda(\alpha A + \beta) = |\alpha|\lambda(A)$ pour tout $A \in \mathcal{B}(\mathbb{R})$.

Passons au second point. Soit μ une mesure sur $(\mathbb{R}, \mathcal{B}(\mathbb{R}))$ invariante par translation, avec $\mu([0,1[) = \alpha < \infty$. Alors $\mu([0,\frac{1}{n}[) = \mu([\frac{1}{n},\frac{2}{n}[) = ... = \mu([\frac{n-1}{n},1[) = \frac{\alpha}{n}$. En utilisant à nouveau l'invariance par translation, on trouve, pour $k \leq l, k,l \in \mathbb{Z}$ et $n \in \mathbb{N}^*$

$$\mu([\frac{k}{n},\frac{l}{n}[) = \sum_{j=k}^{l-1} \mu([\frac{j}{n},\frac{j+1}{n}[) = \alpha\frac{l-k}{n}.$$

En d'autres mots $\mu([a,b[) = \alpha(b - a)$ pour tous $a,b \in \mathbb{Q}$. Cela implique facilement que $\mu([a,b]) = \alpha(b-a)$ pour tous $a < b$ réels. Enfin, l'unicité de la mesure de Lebesgue implique alors que $\mu = \lambda$. $\qquad\square$

La mesure de Lebesgue n'est pas complète sur $\mathcal{B}(\mathbb{R})$ mais, en utilisant le Théorème **1.3**, on peut la compléter sur une tribu $\overline{\mathcal{B}(\mathbb{R})}$. La tribu $\overline{\mathcal{B}(\mathbb{R})}$ consiste en les ensembles $B \cup N$ avec $B \in \mathcal{B}(\mathbb{R})$ et $N \in \mathcal{N}$. La tribu $\overline{\mathcal{B}(\mathbb{R})}$ s'appelle la tribu de Lebesgue, on la note $\mathcal{L}$ dans la suite. On persiste à appeler mesure de Lebesgue la complétée $\overline{\lambda}$ qu'on continue également à noter λ. Le contexte doit faire comprendre si on considère la mesure de Lebesgue complétée (sur $\mathcal{L}$) ou pas (sur $\mathcal{B}(\mathbb{R})$). Instruit de ces subtilités, on note que

$$\mathcal{B}(\mathbb{R}) \subsetneqq \mathcal{L} \subsetneqq \mathcal{P}(\mathbb{R}).$$

On introduit maintenant la tribu de Lebesgue, sur laquelle on montrera que λ^* est une mesure.

Définition 1.34. *([Tribu de Lebesgue] On pose*

$$\mathcal{L} = \{A \in \mathcal{P}(\mathbb{R}), \lambda^*(B) = \lambda^*(B \cap A) + \lambda^*(B \cap A^c), \forall B \in \mathcal{P}(\mathbb{R})\}.$$

Cet ensemble de parties de $\mathbb{R}$, s'appelle tribu de Lebesgue.

Proposition. 1.21 (Propriétés de la tribu de Lebesgue $\mathcal{L}$).　　*1. $\mathcal{L}$ est une tribu sur $\mathbb{R}$ et $\lambda^* \mid_{\mathcal{L}}$ est une mesure.*

2. *La tribu de Lebesgue $\mathcal{L}$ contient la tribu des boréliens $\mathcal{B}(\mathbb{R})$.*

3. *Il existe des ensembles $M \subset \mathbb{R}$ non mesurables au sens de Lebesgue, autrement dit, $\mathcal{L} \neq \mathcal{P}(\mathbb{R})$.*

Démonstration.　　1. Il est immédiat que $\emptyset \in \mathcal{L}$ et que $\mathcal{L}$ est stable par passage au complémentaire. On sait aussi que $\lambda^*(\emptyset) = 0$. Montrons que $\mathcal{L}$ est stable par union dénombrable et que la restriction de λ^* à $\mathcal{L}$ est une mesure.

- Montrons que $\mathcal{L}$ est stable par union finie, et montrons que, si $n \geq 2$ et $(E_i)_{i=1,\ldots,n} \subset \mathcal{L}$ est telle que $E_i \cap E_j = \emptyset$ si $i \neq j$, alors on a :

$$\lambda^*\left(A \cap \left(\bigcup_{i=1}^{n} E_i\right)\right) = \sum_{i=1}^{n} \lambda^*(A \cap E_i), \forall A \in \mathcal{P}(\mathbb{R}). \tag{1.4}$$

Cette dernière propriété donne l'additivité de λ^* sur $\mathcal{L}$ en prenant $A = \mathbb{R}$. Par une récurrence, il suffit de montrer que $E_1 \cup E_2 \in \mathcal{L}$ si $E_1, E_2 \in \mathcal{L}$ et de montrer la propriété (**1.4**) pour $n = 2$. Soit donc $E_1, E_2 \in \mathcal{L}$. On pose $E = E_1 \cup E_2$. Pour montrer que $E \in \mathcal{L}$, il suffit de montrer que

$$\lambda^*(A) \geq \lambda^*(A \cap E) + \lambda^*(A \cap E^c), \text{ pour tout } A \in \mathcal{P}(\mathbb{R}).$$

Soit $A \in \mathcal{P}(\mathbb{R})$. Par σ-sous-additivité de λ^* on a

$$\lambda^* \left(A \cap (E_1 \cup E_2) \right) = \lambda^* \left((A \cap E_1) \cup (A \cap E_1^c \cap E_2) \right) \leq \lambda^* \left(A \cap E_1 \right) + \lambda^* \left(A \cap E_1^c \cap E_2 \right),$$

et donc

$$\lambda^* \left(A \cap (E_1 \cup E_2) \right) + \lambda^* \left(A \cap (E_1 \cup E_2)^c \right) \leq \lambda^* \left(A \cap E_1 \right)$$
$$+ \lambda^* \left(A \cap E_1^c \cap E_2 \right) + \lambda^* \left(A \cap E_1^c \cap E_2^c \right).$$

Comme $E_2 \in \mathcal{L}$, on a

$$\lambda^* \left(A \cap E_1^c \right) = \lambda^* \left(A \cap E_1^c \cap E_2 \right) + \lambda^* \left(A \cap E_1^c \cap E_2^c \right).$$

Puis, comme $E_1 \in \mathcal{L}$, on a

$$\lambda^* \left(A \right) = \lambda^* \left(A \cap E_1 \right) + \lambda^* \left(A \cap E_1^c \right).$$

On en déduit

$$\lambda^* \left(A \cap (E_1 \cup E_2) \right) + \lambda^* \left(A \cap (E_1 \cup E_2)^c \right) \leq \lambda^* \left(A \right).$$

Ce qui prouve que $E \in \mathcal{L}$. Pour montrer (1.4) avec $n = 2$, on a, si $E_1, E_2 \in \mathcal{L}$ avec $E_1 \cap E_2 = \emptyset$, $E_1 \in \mathcal{L}$ et $\forall A \in \mathcal{P}(\mathbb{R})$, alors

$$\lambda^* \left(A \cap (E_1 \cup E_2) \right) = \lambda^* \left((A \cap E_1) \cup (A \cap E_2) \right)$$
$$= \lambda^* \left([(A \cap E_1) \cup (A \cap E_2)] \cap E_1 \right) + \lambda^* \left([(A \cap E_1) \cup (A \cap E_2)] \cap E_1^c \right)$$
$$= \lambda^* \left(A \cap E_1 \right) + \lambda^* \left(A \cap E_2 \right).$$

On montre que $\mathcal{L}$ est stable par union dénombrable et la restriction de λ^* à $\mathcal{L}$ est une mesure. Soit $(E_n)_{n \in \mathbb{N}} \subset \mathcal{L}$ et $E = \bigcup_{n \in \mathbb{N}} E_n$. On veut montrer que $E \in \mathcal{L}$. On commence par remarquer que $E = \bigcup_{n \in \mathbb{N}} F_n$ avec $F_0 = E_0$ et, par récurrence, pour $n \geq 1$, $F_n = E_n \setminus \bigcup_{p=0}^{n-1} F_p$. d'après la stabilité par union finie, nous donne que $(F_n)_{n \in \mathbb{N}} \subset \mathcal{L}$ et, comme $F_n \cap F_m = \emptyset$ si $n \neq m$, on peut utiliser (1.4). Pour tout $A \in \mathcal{P}(\mathbb{R})$, on a donc :

$$\lambda^* \left(A \right) = \lambda^* \left(A \cap \left(\bigcup_{p=0}^{n} F_p \right) \right) + \lambda^* \left(A \cap \left(\bigcup_{p=0}^{n} F_p \right)^c \right)$$
$$= \sum_{p=0}^{n} \lambda^* \left(A \cap F_p \right) + \lambda^* \left(A \cap \left(\bigcup_{p=0}^{n} F_p \right)^c \right).$$

En utilisant le fait que $E^c \subset \left(\bigcup_{p=0}^{n} F_p\right)^c$ et la monotonie de λ^*, on a

$$\lambda^*\left(A \cap \left(\bigcup_{p=0}^{n} F_p\right)^c\right) \geq \lambda^*(A \cap E^c).$$

En faisant tendre n vers $+\infty$ et en utilisant la σ-sous additivité de λ^*, on en déduit

$$\lambda^*(A) \geq \lambda^*(A \cap E) + \lambda^*(A \cap E^c).$$

d'où $E \in \mathcal{L}$ et donc que $\mathcal{L}$ est une tribu. Il reste à montrer que λ^* est une mesure sur $\mathcal{L}$. Soit $(E_n)_{n \in \mathbb{N}} \subset \mathcal{L}$ telle que $E_i \cap E_j = \emptyset$ si $i \neq j$ et $E = \bigcup_{n \in \mathbb{N}} E_n$. Par monotonie de λ^* on a, pour tout $n \in \mathbb{N}$,

$$\lambda^*\left(\bigcup_{p=0}^{n} E_p\right) \leq \lambda^*(E) \text{ pour tout } n \in \mathbb{N},$$

et donc, en utilisant l'additivité de λ^* sur $\mathcal{L}$ (voir (1.4) avec $A = E$), $\sum_{p=0}^{n} \lambda^*(E_p) \leq \lambda^*(E)$. En passant à la limite quand $n \to +\infty$, on obtient que

$$\sum_{p=0}^{+\infty} \lambda^*(E_p) \leq \lambda^*(E).$$

D'autre part, $\lambda^*(E) \leq \sum_{p=0}^{+\infty} \lambda^*(E_p)$, par σ-sous additivité de λ^*. On a donc

$$\lambda^*(E) = \sum_{p=0}^{+\infty} \lambda^*(E_p).$$

Ceci prouve que $\lambda^*_{|\mathcal{L}}$ est une mesure.

2. montrons que $]a, +\infty[\in \mathcal{L}$ pour tout $a \in \mathbb{R}$(car$\{]a, +\infty[, a \in \mathbb{R}\}$ engendre $\mathcal{B}(\mathbb{R})$). Soit donc $a \in \mathbb{R}$ et $E =]a, +\infty[$ et $A \in \mathcal{P}(\mathbb{R})$, on veut montrer que

$$\lambda^*(A) \geq \lambda^*(A \cap E) + \lambda^*(A \cap E^c)$$

On peut supposer que $\lambda^*(A) < +\infty$ (sinon l'inégalité est immédiate). Soit $\varepsilon > 0$. Par la définition de $\lambda^*(A)$, il existe $(I_n)_{n \in \mathbb{N}} \in E_A$ telle que $\lambda^*(A) \geq \sum_{n \in \mathbb{N}} \ell(I_n) - \varepsilon$. Comme $A \cap E \subset \left(\bigcup_{n \in \mathbb{N}} (I_n \cap E)\right)$ et $A \cap E^c \subset \left(\bigcup_{n \in \mathbb{N}} (I_n \cap E^c)\right)$, la σ-sous additivité de λ^* donne

$$\lambda^*(A \cap E) \leq \sum_{n \in \mathbb{N}} \lambda^*(I_n \cap E) \quad \text{et} \quad \lambda^*(A \cap E^c) \leq \sum_{n \in \mathbb{N}} \lambda^*(I_n \cap E^c).$$

Comme $I_n \cap E$ et $I_n \cap E^c$ sont des intervalles, la fin de la démonstration de la proposition ▮▮▮ donne $\lambda^*\left(I_n \cap E\right) = \ell\left(I_n \cap E\right)$ et $\lambda^*\left(I_n \cap E^c\right) = \ell\left(I_n \cap E^c\right)$. On en déduit

$$\lambda^*\left(A \cap E\right) + \lambda^*\left(A \cap E^c\right) \leq \sum_{n \in \mathbb{N}} \left(\ell\left(I_n \cap E\right) + \ell\left(I_n \cap E^c\right)\right) = \sum_{n \in \mathbb{N}} \ell\left(I_n\right)$$

(car $\ell\left(I_n \cap E\right) + \ell\left(I_n \cap E^c\right) = \ell\left(I_n\right)$) et donc $\lambda^*\left(A \cap E\right) + \lambda^*\left(A \cap E^c\right) \leq \lambda^*\left(A\right) + \varepsilon$. Quand $\varepsilon \to 0$ on trouve l'inégalité recherchée. On a bien montré que $E \in \mathcal{L}$.

3. Voir Exercice ▮▮▮.

Remarque 1.24. *1. L'espace mesuré $(\mathbb{R}, \mathcal{L}, \lambda^*\mid_{\mathcal{L}})$ est le complété de $(\mathbb{R}, \mathcal{B}(\mathbb{R}), \lambda)$.*

2. $\mathcal{L} = \mathfrak{T}_{\lambda^*}$.

3. La mesure $\overline{\lambda}$ concide avec λ^* sur $\mathcal{L} = \mathfrak{T}_{\lambda^*}$.

1.6 Exercices avec solutions.

Exercice 1.1. *1. Déterminer la limite des suites $(A_n)_{n \geq 1}$ et $(A'_n)_{n \geq 1}$ de parties de $\mathbb{R}$ définies par*

$$A_n = \left[\frac{-1}{n}, 1\right] \quad et \quad A'_n = \left]\frac{-1}{n}, 1\right].$$

2. Donner un exemple de suite non constante de parties de $\mathbb{R}$ dont la limite est $]0, 1]$.

3. Déterminer les limites supérieure et inférieure de la suite $(B_n)_{n \geq 1}$ de parties de $\mathbb{R}$ définie par

$$B_{2n-1} = \left]-2 - \frac{1}{n}, 1\right] \quad et \quad B_{2n} = \left[-1, 2 + \frac{1}{n^2}\right[.$$

4. Existe-t-il une suite $(C_n)_{n \geq 1}$ de parties de $\mathbb{R}$ telle que

$$\limsup_n C_n = [-1, 2] \quad et \quad \liminf_n C_n = [-2, 1] \; ?$$

5. Soient $(a_n)_{n \in \mathbb{N}}$ et $(b_n)_{n \in \mathbb{N}}$ deux suites de réels qui convergent respectivement vers -1 et 1. Trouver la condition sur ces deux suites pour que

$$\lim_n [a_n, b_n] = [-1, 1[.$$

6. Est-il possible que $\lim_n [a_n, b_n]$ n'existe pas ?

Solution 1.1. *1. Les suites (A_n) et (A'_n) sont décroissantes. Donc elles ont une limite. Si $x \in [0,1]$, alors x appartient à A_n et à A'_n pour tout $n > 1$. Donc $[0,1] \subset \lim_n A_n$ et $[0,1] \subset \lim_n A'_n$. Réciproquement, si $x \notin [0,1]$, alors il existe un rang N à partir duquel $x \notin A_n$ et $x \notin A'_n$. Donc*

$$\lim_{n \to +\infty} A_n = \lim_{n \to +\infty} A'_n = [0,1].$$

2. Avec le même type d'arguments qu'à la question précédente, on voit que

$$\lim_{n \to +\infty} \left[\frac{1}{n}, 1\right] =]0,1].$$

3. Si $x \in [-2,1]$, alors x appartient à B_n pour une infinité de valeurs de l'indice n (en l'occurence, toutes les valeurs paires ≥ 2). Il en est de même si $x \in [-1,2]$ (les valeurs impaires de n jouant maintenant le rôle clef). On a donc $[-2,2] \subset \limsup_n B_n$. D'autre part, si $x \notin [-2,2]$, on a $x \notin B_n$ à partir d'un certain rang ; donc x appartient au plus à un nombre fini de parties B_n et $x \notin \limsup_n B_n$. Par conséquent,

$$\limsup_{n \to +\infty} B_n = [-2,2].$$

Pour la limite inférieure des B_n, on peut utiliser un argument similaire. Si $x \in [-1,1]$, alors $x \in B_n$ pour tout n. On a donc $[-1,1] \subset \liminf_n B_n$. D'autre part, si $x \notin [-1,1]$, il existe une infinité de valeurs de l'indice n pour lesquelles $x \notin B_n$. Donc $x \notin \liminf_n B_n$. Finalement,

$$\liminf_{n \to +\infty} B_n = [-1,1].$$

4. Non : on a toujours $\liminf_n B_n \subset \limsup_n B_n$ tandis que $[-2,1]$ n'est pas inclus dans $[-1,2]$.

5. On a

$$\lim_n [a_n, b_n] = [-1,1[\iff \lim_n 1_{[a_n,b_n]} = 1_{[-1,1[}$$
$$\iff a_n \leq -1,\ b_n < 1 \text{ pour tout } n \text{ assez grand.}$$

6. Oui : par exemple, si $a_n = 1$ et $b_n = 1 + (-1)^n/n$ pour $n \geq 1$, alors en faisant de même qu'à la question (a). on peut vérifier que

$$\limsup_{n \to +\infty}[a_n, b_n] = [-1,1] \quad et \quad \liminf_{n \to +\infty}[a_n, b_n] = [-1,1[\ ;$$

donc $\lim_n [a_n, b_n]$ n'existe pas, bien que $\lim_n a_n$ et $\lim_n b_n$ existent toutes deux.

Exercice 1.2.   *1. Déterminer $\bigcap_{n\geq 0}]1, 1 + 1/(n+1)]$.*

2. Déterminer $\bigcap_{n\geq 0}]1, 2 + 1/(n+1)]$.

3. Déterminer $\bigcap_{n\geq 0}]1 - 1/(n+1), 2]$.

4. Soit $f : \mathbb{R} \to \mathbb{R}$, $x \mapsto x^2$. Déterminer $f^{-1}(\bigcup_{n\geq 0}[1/(n+1), +\infty[)$.

Solution 1.2.   *1. $\bigcap_{n\geq 0}]1, 1 + 1/(n+1)] = \emptyset$ car $1 \notin \bigcap_{n\geq 0}]1, 1 + 1/(n+1)]$ et $\forall x \neq 1$,*
$\exists n$ tel que $x \notin]1, 1 + 1/(n+1)]$ et donc $x \notin \bigcap_{n\geq 0}]1, 1 + 1/(n+1)]$

2. $\bigcap_{n\geq 0}]1, 2 + 1/(n+1)] =]1, 2]$

3. $\bigcap_{n\geq 0}]1 - 1/(n+1), 2] = [1, 2]$

4. $\bigcup_{n\geq 0}[1/(n+1), +\infty[=]0, +\infty[$ donc $f^{-1}(\bigcup_{n\geq 0}[1/(n+1), +\infty[) = f^{-1}(]0, +\infty[) =$
$\mathbb{R} \backslash \{0\} = \mathbb{R}^*$

Exercice 1.3.   *1. Comparer les axiomes définissant respectivement une tribu et une to-*
pologie.

2. Donner un exemple de topologie qui ne soit pas une tribu.

Solution 1.3.   *1. Les définitions de tribu et de topologie diffèrent par les propriétés sui-*
vantes : une tribu est stable par passage au complémentaire et une topologie est stable
par union quelconque (et non seulement dénombrable).

2. La topologie usuelle de $\mathbb{R}$, engendrée par les intervalles ouverts, n'est pas une tribu
parce qu'elle n'est pas stable par passage au complémentaire : par exemple un singleton
$\{x\}, x \in \mathbb{R}$, ne s'obtient pas comme union d'intersections finies d'intervalles ouverts.

Exercice 1.4. *Soit $\mathbb{E}$ un ensemble et $\mathcal{A} \subset \mathcal{P}(\mathbb{E})$. Montrer que $\mathcal{A}$ est une algèbre si et*
seulement si $\mathcal{A}$ vérifie les deux propriétés suivantes .

a). $\mathbb{E} \in \mathcal{A}$.

b). $\forall A, B \in \mathcal{A} \Rightarrow A - B \in \mathcal{A}$.

Solution 1.4. *On suppose que $\mathcal{A}$ est une algèbre. Il est clair que (a) est vérifiée. Pour mon-*
trer (b) il suffit d'utiliser la stabilité par intersection finie et par passage au complémentaire,
cela donne bien que $A - B = A \cap B^c \in \mathcal{A}$ si $A, B \in \mathcal{A}$.
On suppose maintenant que $\mathcal{A}$ vérifie (a) et (b). On a alors $\varnothing = \mathbb{E} - \mathbb{E} \in \mathcal{A}$, et donc
$\varnothing, \mathbb{E} \in \mathcal{A}$.
On remarque ensuite que, grâce à (b), $A^c = \mathbb{E} - A \in \mathcal{A}$ si $A \in \mathcal{A}$. On a donc la stabilité de
$\mathcal{A}$ par passage au complémentaire.

Soit maintenant $A_1, A_2 \in \mathcal{A}$. On a $A_1 \cap A_2 = A_1 - A_2^c$, on en déduit que $A_1 \cap A_2 \in \mathcal{A}$ par (b) et la stabilité de $\mathcal{A}$ par passage au complémentaire. Une récurrence sur n donne alors que $\mathcal{A}$ est stable par intersection finie.

Enfin, la stabilité de $\mathcal{A}$ par union finie découle de la stabilité de $\mathcal{A}$ par intersection finie et par passage au complémentaire car $(\bigcup_{i=1}^{n} A_i)^c = \bigcap_{i=1}^{n} A_i$ On a bien montré que A est une algèbre.

Exercice 1.5. *1. Quelle est la tribu engendrée par l'ensemble des singletons d'un ensemble $\mathbb{E}$?*

2. À supposer que le cardinal de $\mathbb{E}$ est supérieur à 2, quelle est la tribu engendrée par l'ensemble des paires (c'est-à-dire des ensembles à deux éléments) de $\mathbb{E}$?

3. Une partie A de $\mathbb{E}$ étant fixée, quelle est la tribu engendrée par l'ensemble des parties de $\mathbb{E}$ contenant A ?

4. Soient $\mathfrak{T}_1$ et $\mathfrak{T}_2$ deux tribus de $\mathbb{E}$. Décrire simplement la tribu engendrée par $\mathfrak{T}_1 \cap \mathfrak{T}_2$, puis de la tribu engendrée par $\mathfrak{T}_1 \cup \mathfrak{T}_2$.

5. Quelle est la tribu de $\mathbb{R}$ engendrée par $\mathcal{A} = \{[0,2], [1,3]\}$? Quel est son cardinal ?

Solution 1.5. *1. Analyse – La tribu $\mathfrak{T}_1$ engendrée par l'ensemble des singletons de $\mathbb{E}$ contient les unions finies ou dénombrables de singletons, c'est-à-dire les parties finies ou dénombrables de $\mathbb{E}$. Elle contient donc aussi le complémentaire des parties finies ou dénombrables de $\mathbb{E}$.*

Synthèse – L'ensemble des parties A de $\mathbb{E}$ telles que A ou A^c est finie ou dénombrable est bien une tribu, et il contient les singletons de $\mathbb{E}$. C'est donc $\mathfrak{T}_1$.

2. Notons $\mathfrak{T}_2$ la tribu engendrée par l'ensemble des paires de $\mathbb{E}$. Les paires de $\mathbb{E}$, en tant qu'unions de deux singletons de $\mathbb{E}$, sont dans la tribu $\mathfrak{T}_1$ de la question précédente. Donc $\mathfrak{T}_2 \subset \mathfrak{T}_1$.

Réciproquement, si x, y et z sont trois éléments distincts de $\mathbb{E}$, par exemple le singleton

$$\{x\} = \{x,y\} \cap \{x,z\} = (\{x,y\}^c \cup \{x,z\}^c)^c$$

est dans la tribu $\mathfrak{T}_2$; donc $\mathfrak{T}_1 \subset \mathfrak{T}_2$. Donc, si le cardinal de $\mathbb{E}$ est supérieur à 3, on a $\mathfrak{T}_1 = \mathfrak{T}_2$.

Dans le cas où $\mathbb{E}$ est un ensemble à deux éléments, disons $\{1,2\}$, $\mathfrak{T}_2$ est la tribu grossière $\{\emptyset, \mathbb{E}\}$, tandis que $\mathfrak{T}_1$ est la tribu $\mathrm{Pr}(\mathbb{E}) = \{\emptyset, \{x\}, \{y\}, \mathbb{E}\}$.

3. La tribu engendrée par l'ensemble des parties de $\mathbb{E}$ contenant A est l'ensemble des parties B de $\mathbb{E}$ qui contiennent A ou dont l'intersection avec A est vide.

4. *Soient $\mathfrak{T}_1$ et $\mathfrak{T}_2$ deux tribus quelconques de $\mathbb{E}$. La tribu engendrée par*

$$\mathfrak{T}_1 \cap \mathfrak{T}_2 = \{A \in \mathrm{Pr}(\mathbb{E}), A \in \mathfrak{T}_1 \ et \ A \in \mathfrak{T}_2\}$$

est $\mathfrak{T}_1 \cap \mathfrak{T}_2$ elle-même. Mais on prendra garde que généralement la partie

$$\mathfrak{T}_1 \cup \mathfrak{T}_2 = \{A \in \mathrm{Pr}(\mathbb{E}), \ A \in \mathfrak{T}_1 \ ou \ A \in \mathfrak{T}_2\}$$

de $\mathrm{Pr}(\mathbb{E})$ n'est pas stable par union finie, donc a fortiori pas par union dénombrable. En réalité, la tribu engendrée par $\mathfrak{T}_1 \cup \mathfrak{T}_2$ est

$$\sigma(\mathfrak{T}_1 \cup \mathfrak{T}_2) = \{A \cup B, \ A \in \mathfrak{T}_1 \ et \ B \in \mathfrak{T}_2\}.$$

5. *La tribu de $\mathbb{R}$ engendrée par $\mathcal{A} = \{[0,2],[1,3]\}$ contient forcément*

$$\left\{ \begin{array}{l} \emptyset, [0,1[, [1,2],]2,3], [0,2], [0,3], [1,3], [0,1[\cup]2,3], \\ {}_{\scriptstyle<}[0,1[^c, [1,2]^2,]2,3]^c, [0,2]^2, [0,3]^2, [1,3]^c, ([0,1[\cup]2,3])^c \end{array} \right\}.$$

Cet ensemble de 16 parties est stable par union et par complémentation. C'est donc la tribu $\sigma(\mathcal{A})$ cherchée.

Une réponse plus conceptuelle consiste à remarquer que $\sigma(\mathcal{A})$ est aussi la tribu engendrée par la partition de $\mathbb{R}$ à 4 éléments $\{[0,1[, [1,2],]2,3], [0,3]^c\}$, et possède donc les 2^4 éléments donnés.

Exercice 1.6. *Montrer que $\mathcal{B} = \{A \times \mathbb{R}, A \in \mathcal{B}(\mathbb{R})\}$ est une tribu sur $\mathbb{R}^2$.*

Solution 1.6. *Vérifiant les trois propriétés qui caractérisent une tribu.*

- *$\varnothing_{\mathbb{R}^2} \in \mathcal{B}$ car $\varnothing_{\mathbb{R}^2} = \varnothing \times \mathbb{R}$, avec $\varnothing \in \mathcal{B}(\mathbb{R})$.*

- *Soit $B \in \mathcal{B}$. Il existe $A \in \mathcal{B}(\mathbb{R})$ tel que $B = A \times \mathbb{R}$. On a donc $B^c = A^c \times \mathbb{R} \in \mathcal{B}$, car $A^c \in \mathcal{B}(\mathbb{R})$. $\mathcal{B}$ est donc stable par passage au complémentaire.*

- *Si $(B_n)_{n \in \mathbb{N}} \subset \mathcal{B}$. Pour tout $n \in \mathbb{N}$, il existe $A_n \in \mathcal{B}(\mathbb{R})$ tel que $B_n = A \times \mathbb{R}$. On a donc*

$$\bigcup_{n \in \mathbb{N}} (B_n) = \bigcup_{n \in \mathbb{N}} (A_n \times \mathbb{R}) = \left(\bigcup_{n \in \mathbb{N}} A_n \right) \times \mathbb{R} \in \mathcal{B}.$$

Car $\bigcup_{n \in \mathbb{N}} A_n \in \mathcal{B}(\mathbb{R})$. $\mathcal{B}$ est donc stable par union dénombrable.

Exercice 1.7. *Soit $\mathfrak{T}$ une tribu sur un ensemble $\mathbb{E}$ et $A \subset \mathbb{E}$.*

1. *Montrer que*

$$\mathfrak{T}_A = \{A \cap B, B \in \mathfrak{T}\},$$

est une tribu sur A (tribu trace de $\mathfrak{T}$ sur A).

2. *Si* $\mathbb{E}$ *est un espace topologique et* $\mathfrak{T} = \mathcal{B}(\mathbb{E})$.

   (a) Montrer que $\mathfrak{T}_A$ *est la tribu engendrée par la topologie trace sur* A *(tribu borélienne de* A, *notée* $\mathcal{B}(A)$).

   (b) Si A *est un borélien de* $\mathbb{E}$, *montrer que* $\mathfrak{T}_A$ *est égale à l'ensemble des boréliens de* $\mathbb{E}$ *contenus dans* A.

Solution 1.7. *Soit* $\mathfrak{T}$ *une tribu sur* $\mathbb{E}$.

1. *Montrons que* $\mathfrak{T}_A$ *est une tribu sur* A.

   - $\varnothing \in \mathfrak{T}_A$ *car* $\varnothing = A \cap \varnothing$, *avec* $\varnothing \in \mathfrak{T}$.

   - *Soit* $C \in \mathfrak{T}_A$. *Il existe* $B \in \mathfrak{T}$ *tel que* $C = B \cap A$. *On a donc* $C_A^C = C_{\mathbb{E}}^B \cap A \in \mathfrak{T}_A$, *car* $C_{\mathbb{E}}^B \in \mathfrak{T}$. $\mathfrak{T}_A$ *est donc stable par passage au complémentaire.*

   - *Soit* $(C_n)_{n \in \mathbb{N}} \subset \mathfrak{T}_A$. *Pour tout* $n \in \mathbb{N}$, *il existe* $B_n \in \mathfrak{T}$ *tel que* $C_n = B_n \cap A$. *On a donc*

$$\bigcup_{n \in \mathbb{N}} (C_n) = (\bigcup_{n \in \mathbb{N}} B_n) \cap A \in \mathfrak{T}_A.$$

   Car $\bigcup_{n \in \mathbb{N}} B_n \in \mathfrak{T}$. $\mathfrak{T}_A$ *est donc stable par union dénombrable.*

   Ceci est suffisant pour dire que $\mathfrak{T}_A$ *est une tribu sur* A.

2. *Soit* $\mathbb{E}$ *est un espace topologique et* $\mathfrak{T} = \mathcal{B}(\mathbb{E})$.

   (a) On note $\mathcal{O}_A$ *l'ensemble des ouverts de* A, *et* $\mathcal{O}_{\mathbb{E}}$ *l'ensemble des ouverts de* $\mathbb{E}$. *Par définition de la topologie trace,* $\mathcal{O}_A = \{O \cap A, O \in \mathcal{O}_{\mathbb{E}}\}$. *Comme* $\mathcal{O}_{\mathbb{E}} \subset \mathcal{B}(\mathbb{E})$, *on a* $\mathcal{O}_A \subset \mathfrak{T}_A = \{B \cap A, B \in \mathcal{B}(\mathbb{E})\}$. *On en déduit que* $\mathcal{B}(A) \subset \mathfrak{T}_A$ *car* $\mathfrak{T}_A$ *est une tribu sur* A *contenant* $\mathcal{O}_A$ *qui engendre* $\mathcal{B}(A)$.
   On montre maintenant que $\mathfrak{T}_A \subset \mathcal{B}(A)$. *On pose*

$$\mathcal{C} = \{B \in \mathcal{P}(\mathbb{E}), B \cap A \in \mathcal{B}(A)\}.$$

   $\varnothing \in \mathcal{C}$ *car* $\varnothing \cap A = \varnothing \in \mathcal{B}(A)$. $\mathcal{C}$ *est stable par passage au complémentaire car, si* $B \in \mathcal{C}$, *on a* $(B^c) \cap A = A - B = A - (B \cap A) \in \mathcal{B}(A)$, *donc* $B^c \in \mathcal{C}$. *Enfin, pour montrer que* $\mathcal{C}$ *est stable par union dénombrable, soit* $(B_n)_{n \in \mathbb{N}} \subset \mathcal{C}$, *on a*

$$\bigcup_{n \in \mathbb{N}} (B_n) \cap A = \bigcup_{n \in \mathbb{N}} (B_n \cap A) \in \mathcal{B}(A),$$

   ce qui donne $\bigcup_{n \in \mathbb{N}} (B_n) \in \mathcal{C}$ *et la stabilité de* $\mathcal{C}$ *par union dénombrable.* $\mathcal{C}$ *est donc une tribu. Il est clair que* $\mathcal{O}_{\mathbb{E}} \subset \mathcal{C}$ *car si* $O \in \mathcal{O}_{\mathbb{E}}$, *on a* $O \cap A \in \mathcal{O}_A \subset \mathcal{B}(A)$. *La tribu* $\mathcal{C}$ *contient* $\mathcal{O}_{\mathbb{E}}$, *ce qui prouve que* $\mathcal{C}$ *contient* $\mathcal{B}(\mathbb{E})$ *et donc que* $B \cap A \in \mathcal{B}(A)$ *pour tout* $B \in \mathcal{B}(\mathbb{E})$. *Ceci donne exactement* $\mathfrak{T}_A \subset \mathcal{B}(A)$. *On a bien montré finalement que* $\mathfrak{T}_A = \mathcal{B}(A)$.

(b) On suppose maintenant que A est un borélien de $\mathbb{E}$, c'est-à-dire que $A \in \mathcal{B}(\mathbb{E})$. On a alors $\mathfrak{T}_A \subset \mathcal{B}(\mathbb{E})$ (car $B \cap A \in \mathcal{B}(\mathbb{E})$ si $B \in \mathcal{B}(\mathbb{E})$). Puis, soit $B \subset A$ tel que $B \in \mathcal{B}(\mathbb{E})$, on peut écrire $B = B \cap A$, donc $B \in \mathfrak{T}_A$. On a bien montré que

$$\mathfrak{T}_A = \{B \subset A, B \in \mathcal{B}(\mathbb{E})\}.$$

Exercice 1.8. *Soient $\mathbb{E}$ un ensemble et $\mathfrak{T} \subset \mathcal{P}(\mathbb{E})$, tel que*

$$\mathfrak{T} = \{A \subset \mathbb{E}, A \text{ ou } A^c \text{ est dénombrable }\}.$$

1. *Montrer que $\mathfrak{T}$ est une tribu.*

2. *Soit $\mathcal{A} = \{\{x\}, x \in \mathbb{E}\}$, montrer que $\sigma(\mathcal{A}) = \mathfrak{T}$.*

3. *Montrer que si $\mathbb{E}$ est dénombrable alors $\sigma(\mathcal{A}) = \mathcal{P}(\mathbb{E})$.*

Solution 1.8.   *1.   - D'abord $\varnothing$ est dénombrable donc $\varnothing \in \mathfrak{T}$.*

   - Soit $A \in \mathfrak{T}$ alors A ou A^c est dénombrable , alors A^c ou $(A^c)^c$ est dénombrable , d'où $C_{\mathbb{E}}^A \in \mathfrak{T}$.

   - Soient $\forall n \geq 0, A_n \in \mathfrak{T}$, De deux choses l'une :
- soit pour tout n, A_n est dénombrable et alors $\bigcup_{n \geq 0} A_n$ est dénombrable,
- soit $\exists n_0$ tel que A_{n_0} est non dénombrable, et alors $A_{n_0}^c$ est dénombrable, donc $\bigcap_{n \geq 0} A_n^c \subset A_{n_0}^c$ est dénombrable, et par conséquent $\bigcup_{n \geq 0} A_n$ est de complémentaire dénombrable (car égal à $\bigcap_{n \geq 0} A_n^c$).
Dans les deux cas $\bigcup_{n \geq 0} A_n \in \mathfrak{T}$.

2. *Montrons que $\mathfrak{T}$ contient la famille $\mathcal{A}$. Comme les éléments de la famille $\mathcal{A}$ sont les singletons de l'ensemble $\mathbb{E}$, ils sont tous dans $\mathfrak{T}$, alors $\mathcal{A} \subset \mathfrak{T}$. Par conséquent et d'après la définition de la tribu engendrée, on obtient $\sigma(\mathcal{A}) \subset \mathfrak{T}$. Il nous reste de vérifier que $\mathfrak{T} \subset \sigma(\mathcal{A})$. Soit $A \in \mathfrak{T}$, alors A ou bien A^c est dénombrable.*

   - Si A est est dénombrable, alors $A = \{x_i\}_{i \in I} = \bigcup_{i \in I}\{x_i\}$, où I est un ensemble d'indices dénombrable, donc $A \in \sigma(\mathcal{A})$, car $\mathcal{A}$ est l'ensemble des singletons de $\mathbb{E}$.

   - Si A^c est est dénombrable, alors $A^c = \{y_j\}_{j \in J} = \bigcup_{j \in J}\{y_j\}$, où J est un ensemble d'indices dénombrable, donc $A^c \in \sigma(\mathcal{A})$, d'où $A \in \sigma(\mathcal{A})$.

Finalement, $\sigma(\mathcal{A}) = \mathfrak{T}$.

3. *Supposons que $\mathbb{E}$ est dénombrable, alors*

$$\forall A \subset E \text{ on a } A \text{ est dénombrable } \Rightarrow A \in \mathfrak{T} \Rightarrow \mathcal{P}(\mathbb{E}) \subset \mathfrak{T},$$

on obtient donc la relation voulue.

Exercice 1.9. *On se donne un espace mesurable* $(\mathbb{E}, \mathfrak{T})$.

1. Soit $x \in \mathbb{E}$, on note

$$\delta_x : \mathfrak{T} \;\to\; [0, +\infty]$$
$$B \;\mapsto\; \delta_x(B) \begin{cases} = 1 & si\ x \in B \\ = 0 & sinon\ . \end{cases}$$

Montrer que δ_x est une mesure sur $(\mathbb{E}, \mathfrak{T})$. (Cette mesure s'appelle la mesure de Dirac en x.)

2. Soient $x_1, ..., x_k$ des éléments distincts de $\mathbb{E}$ et $p_1, ..., p_k \in \mathbb{R}_+^*$. On note

$$\mu : \mathfrak{T} \;\to\; [0, +\infty]$$
$$B \;\mapsto\; \mu(B) = \sum_{1 \leq i \leq k} p_i \delta_{x_i}(B)$$

Montrer que μ est une mesure sur $(\mathbb{E}, \mathfrak{T})$.

Solution 1.9. *1. (i) δ_x est bien une fonction de $\mathfrak{T}$ dans $[0, +\infty]$*

(ii) $\delta_x(\emptyset) = 0$ car $x \notin \emptyset$

(iii) Si on a des éléments 2 à 2 disjoints de $\mathfrak{T}$: $A_0, A_1, \dots$.

$$\delta_x\left(\bigcup_{n \geq 0} A_n\right) \begin{cases} = 1 & si\ x \in \bigcup_{n \geq 0} A_n \\ = 0 & sinon \end{cases}$$
$$\begin{cases} = 1 & si\ \exists n\ tel\ que\ x \in A_n \\ = 0 & sinon \end{cases}$$
$$= \sum_{n \geq 0} \delta_x(A_n)$$

car les A_n sont 2 à 2 disjoints (et donc au plus un seul d'entre eux contient x, c'est à dire au plus un seul d'entre eux est tel que $\delta_x(A_n) = 1$).

2. On remarque que $\forall i$, δ_{x_i} est une mesure par la question précédente.

(i) μ est bien une fonction de $\mathfrak{T}$ dans $[0, +\infty]$

(ii) $\mu(\emptyset) = \sum_{1 \leq i \leq k} p_i \delta_{x_i}(\emptyset) = 0$

(iii) Si on a des éléments 2 à 2 disjoints de $\mathfrak{T}$: $A_0, A_1, \ldots$:

$$\begin{aligned}
\mu(\bigcup_{n \geq 0} A_n) &= \sum_{1 \leq i \leq k} p_i \delta_{x_i}(\bigcup_{n \geq 0} A_n) \\
&= \sum_{1 \leq i \leq k} p_i \sum_{n \geq 0} \delta_{x_i}(A_n) \\
&= \sum_{n \geq 0} \sum_{1 \leq i \leq k} p_i \delta_{x_i}(A_n) \\
&= \sum_{n \geq 0} \mu(A_n) \ .
\end{aligned}$$

Exercice 1.10. *Montrer que $\mathcal{B}(\mathbb{R}) = \sigma(\{]a, +\infty[, a \in \mathbb{Q}\})$.*

Solution 1.10. *On sait que $\{]a, +\infty[, a \in \mathbb{Q}\} \subset \{]a, +\infty[, a \in \mathbb{R}\}$, alors*

$$\sigma(\{]a, +\infty[, a \in \mathbb{Q}\}) \subset \sigma(\{]a, +\infty[, a \in \mathbb{R}\}) = \mathcal{B}(\mathbb{R}).$$

Comme $\mathbb{Q}$ est danse dans $\mathbb{R}$, on peut dire que

$$\forall a \in \mathbb{R}, \exists \{a_n\}_n \subset \mathbb{Q}, \lim_n a_n = a.$$

Sans perdre la généralité, on peut indicer la suite $\{a_n\}_n$ de telle sorte qu'elle soit décroissante (i.e $a_{n+1} \leq a_n$), donc on a $A_n =]a_n, +\infty[\subset]a_{n+1}, +\infty[= A_{n+1}$, ce qui nous permet d'écrire que $]a, +\infty[= \bigcup_{n \in \mathbb{N}}]a_n, +\infty[$, d'où $]a, +\infty[\in \sigma(\{]a, +\infty[, a \in \mathbb{Q}\})$, ou encore

$$\mathcal{B}(\mathbb{R}) = \sigma(\{]a, +\infty[, a \in \mathbb{Q}\}) \subset \sigma(\{]a, +\infty[, a \in \mathbb{Q}\}).$$

Exercice 1.11. *On pose $C = \{[a, b], a \leq b, a, b \in]0, 1[\}$. Montrer que $\sigma(C) = \mathcal{B}(]0, 1[)$.*

Solution 1.11. *Montrons que $\sigma(C) \subset \mathcal{B}(]0, 1[)$. Alors il suffit de montrer que $C \subset \mathcal{B}(]0, 1[)$, puisque $\mathcal{B}(]0, 1[)$ est une σ-algèbre sur $]0, 1[$. Soit $[a, b] \in C$ donc $a \leq b, a, b \in]0, 1[$. On a $[a, b] = [a, b] \cup]0, 1[$ et $[a, b]$ est un fermé de $\mathbb{R}$. Ainsi $[a, b]$ est un fermé de $]0, 1[$ (par la topologie induite). Comme $\mathcal{B}(]0, 1[)$ contient les fermés de $]0, 1[$ alors $[a, b] \in \mathcal{B}(]0, 1[)$. Montrons que $\mathcal{B}(]0, 1[) \subset \sigma(C)$. On sait que par définition*

$$\mathcal{B}(]0, 1[) = \sigma(L) \ avec \ L = \{O, O \ ouvert \ de \ ]0, 1[\}.$$

Donc, il suffit de montrer que $L \subset \sigma(C)$: Soit $O \in L$ alors O est un ouvert de $]0, 1[$. On sait que O est une union dénombrable d'intervalles sous la forme $]a, b[$ avec $0 \leq a < b \leq 1$. Mais

$$]a, b[= \bigcup_{n \in \mathbb{N}^*, n \geq \frac{2}{b-a}} [a + \frac{1}{n}, b - \frac{1}{n}].$$

Comme

$$([a + \frac{1}{n}, b - \frac{1}{n}])_{n \in \mathbb{N}^*, n \geq \frac{2}{b-a}} \subset C \subset \sigma(C),$$

et $\sigma(C)$ est une σ-algèbre sur $]0, 1[$ alors

$$\bigcup_{n \in \mathbb{N}^*, n \geq \frac{2}{b-a}} [a + \frac{1}{n}, b - \frac{1}{n}] \in \sigma(C).$$

Implique que $O \in \sigma(C)$.

Exercice 1.12. *Soit $(\mathbb{E}, \mathfrak{T}, \mu)$ un espace mesuré, tel que μ une mesure diffuse sur $\mathfrak{T}$. Montrer que tous les ensembles dénombrables sont de mesure nulle.*

Solution 1.12. *Soit A une partie dénombrable de $\mathbb{E}$. Il existe donc une suite $(x_n)_{n \in \mathbb{N}} \subset \mathbb{E}$ telle que*

$$A = \{x_n, n \in \mathbb{N}\} = \bigcup_{n \in \mathbb{N}} \{x_n\}.$$

On a donc $A \in \mathfrak{T}$ (car $\{x_n\} \in \mathfrak{T}$ pour tout $n \in \mathbb{N}$ et que $\mathfrak{T}$ est stable par union dénombrable) et

$$\mu(A) \leq \sum_{n \in \mathbb{N}} \mu(\{x_n\}) = 0,$$

car μ est diffuse.

Exercice 1.13. *Soit $\mathbb{X}$ un espace topologique et $(X_n)_n$ une famille dénombrable de boréliens de réunion $\mathbb{X}$. Montrer que*

$$A \in \mathcal{B}(\mathbb{X}) \Leftrightarrow \forall n, A \cup X_n \in \mathcal{B}(\mathbb{X}_n).$$

Solution 1.13. *L'implication est directe car l'ensemble $\mathcal{A} = \{A \in \mathcal{P}(\mathbb{X}), A \cap X_n \in \mathcal{B}(\mathbb{X}_n)\}$ est une tribu contenant les ouverts de $\mathbb{X}$ donc la tribu engendrée par les ouverts i.e. la tribu borélienne. Pour la réciproque, notons $\mathcal{B}_n = \{A \cap X_n, A \in \mathcal{B}(\mathbb{X})\}$. C'est une tribu sur $\mathbb{X}_n$ contenant les ouverts de $\mathbb{X}_n$ (intersection d'ouverts de $\mathbb{X}$ avec X_n par définition), donc $\mathcal{B}(\mathbb{X}_n) \subset \mathcal{B}_n$. Soit $A \in \mathcal{A}$. Alors $A \cap X_n \in \mathcal{B}_n \subset \mathcal{B}(\mathbb{X})$ et comme $A = \bigcup_{n \in N} A \cap X_n$, A est borélien comme union dénombrable de boréliens.*

Exercice 1.14. *Montrer que la fonction μ définie par $\mu(A) := card(A)$ pour tout $A \in \mathcal{P}(\mathbb{N})$ est une mesure positive sur $\mathbb{N}$.*

Solution 1.14. *Soit $\mu : \mathcal{P}(\mathbb{N}) \to \overline{\mathbb{R}}_+$ avec $\mathcal{P}(\mathbb{N})$ est une $\sigma-$algèbre sur $\mathbb{N}$.*

1. $\mu(\varnothing) := card(\varnothing) = 0$ car $\varnothing$ ne contient aucun élément.

2. *Soit* $(A_n)_{n\in\mathbb{N}} \subset \mathcal{P}(\mathbb{N})$ *disjoints deux à deux. On a*

$$\mu(\bigcup_{n\in\mathbb{N}}(A_n)) = card(\bigcup_{n\in\mathbb{N}}(A_n)) = \sum_{n\in\mathbb{N}} card(A_n) = \sum_{n\in\mathbb{N}} \mu(A_n).$$

Exercice 1.15. *Soit* $\mathbb{X}$ *un ensemble,* $(\mathbb{Y}, \mathfrak{T}_{\mathbb{Y}})$ *un espace mesurable et* $f : \mathbb{X} \to \mathbb{Y}$ *une application.*

1. *Montrer que* $f^{-1}(\mathfrak{T}_{\mathbb{Y}}) = \{f^{-1}(A), A \in \mathfrak{T}_{\mathbb{Y}}\}$ *est une tribu sur* $\mathbb{X}$ *(appelée tribu image réciproque par f ou tribu engendrée par f).*

2. *Montrer que* $\forall M \subset \mathcal{P}(\mathbb{Y}), f^{-1}(\sigma(M)) = \sigma(f^{-1}(M))$ *(lemme de transport).*

3. *Soit* $\mathfrak{T}_{\mathbb{X}}$ *une tribu sur* $\mathbb{X}$*. Donner un exemple montrant que l'ensemble* $\{f(A), A \in \mathfrak{T}_{\mathbb{X}}\}$ *n'est pas forcement une tribu sur* $\mathbb{Y}$*. Montrer en revanche que* $\{B \in \mathcal{P}(\mathbb{Y}), f^{-1}(B) \in \mathfrak{T}_{\mathbb{X}}\}$ *est une tribu sur* $\mathbb{Y}$*.(appelée tribu image directe par f).*

Solution 1.15. *Soit* $(\mathbb{Y}, \mathfrak{T}_{\mathbb{Y}})$ *un espace mesurable.*

1. *Montrons que* $\mathcal{B} = f^{-1}(\mathfrak{T}_{\mathbb{Y}})$ *est une tribu sur* $\mathbb{X}$*.*

   - $f^{-1}(\mathbb{Y}) = \mathbb{X} \in \mathcal{B}$*.*
   - *Soit* $B \in \mathcal{B}$*, tel que* $B = f^{-1}(A), A \in \mathfrak{T}_{\mathbb{Y}}$*, alors* $B^c = (f^{-1}(A))^c = f^{-1}(A^c)$*, donc* $\mathcal{B}$ *est stable par passage au complémentaire.*
   - *Soit* $(B_n)_n \subset \mathcal{B}$*, tel que* $B_n = f^{-1}(A_n), A_n \in \mathfrak{T}_{\mathbb{Y}}, \forall n$*, alors*

   $$\bigcup_{n\geq 0} B_n = \bigcup_{n\geq 0} f^{-1}(A_n) = f^{-1}(\bigcup_{n\geq 0} A_n) \in \mathcal{B}$$

   donc $\mathcal{B}$ *est stable par union dénombrable.*

   Finalement, $\mathcal{B} = f^{-1}(\mathfrak{T}_{\mathbb{Y}})$ *est une tribu sur* $\mathbb{X}$*.*

2. *Soit* $M \in \mathcal{P}(\mathbb{Y})$*. Nous allons montrer les deux inclusions :*

   - $f^{-1}(\sigma(M))$ *est une tribu (cf point 1)) qui contient* $f^{-1}(M)$ *donc* $f^{-1}(\sigma(M)) \supset \sigma(f^{-1}(M))$*.*
   - *Posons* $R = \{A \in \sigma(M), f^{-1}(A) \in f^{-1}(\sigma(M))\}$*. Il est facile de voir que R est une tribu et que R contient M. On en déduit que* $\sigma(M) \subset R$ *ce qui implique* $f^{-1}(\sigma(M) \subset f^{-1}(R)$*.*

   Finalement $\forall M \in \mathcal{P}(\mathbb{Y}), f^{-1}(\sigma(M)) = \sigma(f^{-1}(M))$*.*

3. *Soit* $\mathfrak{T}_{\mathbb{X}}$ *une tribu sur* $\mathbb{X}$*. Soit*

$$f : (\mathbb{R}, \mathcal{B}(\mathbb{R})) \longrightarrow \mathbb{R}$$
$$x \longmapsto x^2,$$

est une tribu définie sur l'ensemble de départ mais $\mathbb{R} \notin \{f(A), A \in \mathcal{B}(\mathbb{R})\}$, alors cette famille n'est pas forcement une tribu sur l'ensemble d'arriver $\mathbb{R}$. Donner un exemple montrant que l'ensemble $\{f(A), A \in \mathfrak{T}_{\mathbb{X}}\}$ n'est pas forcement une tribu sur $\mathbb{Y}$.

Montrons que $\mathcal{D} = \{B \in \mathcal{P}(\mathbb{Y}), f^{-1}(B) \in \mathfrak{T}_{\mathbb{X}}\}$ est une tribu sur $\mathbb{Y}$.

- *$\varnothing \in \mathcal{D}$, car $\varnothing = f^{-1}(\varnothing) \in \mathfrak{T}_{\mathbb{X}}$.*

- *Soit $B \in \mathcal{D}$, alors $f^{-1}(B) \in \mathfrak{T}_{\mathbb{X}}$. Comme $f^{-1}(B^c) = (f^{-1}(B))^c \in \mathfrak{T}_{\mathbb{X}}$, alors $B^c \in \mathcal{D}$.*

- *Soit $(B_n)_n \subset \mathcal{D}$, on a $f^{-1}(B_n) \in \mathfrak{T}_{\mathbb{X}}, \forall n$, qui est une tribu sur $\mathbb{X}$, alors*

$$f^{-1}(\bigcup_{n \geq 0} B_n) = \bigcup_{n \geq 0} f^{-1}(B_n) \in \mathfrak{T}_{\mathbb{X}} \Longrightarrow \bigcup_{n \geq 0} B_n \in \mathcal{D}.$$

Finalement, $\mathcal{D}$ est une tribu sur $\mathbb{Y}$.

Exercice 1.16. *Soit $(\mathbb{E}, \mathfrak{T}, \mu)$ un espace mesuré fini et $(A_n)_{n \in \mathbb{N}} \subset T$ telle que, pour tout $n \in \mathbb{N}$, $\mu(A_n) = \mu(\mathbb{E})$. Montrer que $\mu(\bigcap_{n \in \mathbb{N}} A_n) = \mu(\mathbb{E})$.*

Solution 1.16. *Comme $\mu(\mathbb{E}) < \infty$, on a $\mu(A^c) = \mu(E) - \mu(A)$ pour tout $A \in \mathfrak{T}$. De $\mu(A_n) = \mu(E)$, on déduit alors $\mu(A_n^c) = 0$ pour tout $n \in \mathbb{N}$. Par σ-sous additivité de μ, on a alors $\mu(\bigcup_{n \in \mathbb{N}} A_n^c) = 0$. Comme $\bigcup_{n \in \mathbb{N}} A_n^c = (\bigcap_{n \in \mathbb{N}} A_n)^c$, on a donc $\mu((\bigcap_{n \in \mathbb{N}} A_n)^c) = 0$ et donc $\mu(\bigcap_{n \in \mathbb{N}} A_n) = \mu(\mathbb{E})$.*

Exercice 1.17. *$\mathbb{R}$ est muni de sa tribu Boréliennes $\mathcal{B}(\mathbb{R})$ et de la mesure de Lebesgue λ.*

1. *Montrer que pour tout $\epsilon > 0$, il existe O_ϵ un ouvert dense de $\mathbb{R}$ de mesure $\lambda(O_\epsilon) \leq \epsilon$.*

2. *En déduire que pour tout $\epsilon > 0$, il existe F_ϵ un fermé d'intérieur vide tel que pour tout $A \in \mathcal{B}(\mathbb{R})$,*

$$\lambda(A \cap F_\epsilon) \geq \lambda(A) - \epsilon.$$

Solution 1.17. *Dans $(\mathbb{R}, \mathcal{B}(\mathbb{R}), \lambda)$. On a*

1. *Soit $\epsilon > 0$. Notons $\mathbb{Q} = \{q_n; n \geq 1\}$ les rationnels et posons :*

$$O_\epsilon = \bigcup_{n \geq 1}]q_n - \varepsilon 2^{-n-1}, q_n + \varepsilon 2^{-n-1}[.$$

Alors O_ϵ est un ouvert de $\mathbb{R}$, dense (car il contient $\mathbb{Q}$). De plus,

$$\lambda(O_\epsilon) \leq \sum_{n \geq 1} \lambda(]q_n - \varepsilon 2^{-n-1}, q_n + \varepsilon 2^{-n-1}[) = \sum_{n \geq 1} 2^{-n}\epsilon = \epsilon.$$

2. *Posons $F_\epsilon = O_\epsilon^c$. Alors F_ϵ un fermé de $\mathbb{R}$ d'intérieur vide. De plus, pour tout $A \in \mathcal{B}(\mathbb{R})$,*

$$\lambda(A) = \lambda(A \cap F_\epsilon) + \lambda(A \cap O_\epsilon) \leq \lambda(A \cap F_\epsilon) + \lambda(O_\epsilon) \leq \lambda(A \cap F_\epsilon) + \epsilon.$$

Exercice 1.18. *Dans $(\mathbb{R}, \mathcal{B}(\mathbb{R}), \lambda)$.*

1. *montrer que tout ensemble mesurable borné est de mesure finie. La réciproque est-elle vraie ?*

2. *Soit $A \in \mathcal{B}(\mathbb{R})$ tel que $\lambda(A) = 0$. A-t-on nécessairement A fermé ?*

Solution 1.18. *Soit $(\mathbb{R}, \mathcal{B}(\mathbb{R}), \lambda)$ un espace mesuré.*

1. *Si $E \subset [-K, +K]$, alors $\lambda(E) \leq 2K$. La réciproque est fausse, comme le montre l'exemple de l'ensemble non borné*

$$E = \bigcup_{k=1}^{\infty}]k, k + \frac{1}{2^k}[,$$

de mesure finie

$$\lambda(E) = \sum_{k=1}^{\infty} \frac{1}{2^k} = 1.$$

2. *Non, A n'est pas nécessairement fermé. On peut prendre, par exemple $A = \{\frac{1}{n}, n \geq 1\}$. On a $\lambda(A) = 0$ et A n'est pas fermé (car 0 appartient à l'adhérence de A sans être dans A, $\overline{A} \neq A$).*

Exercice 1.19. *Dans $(\mathbb{R}, \mathcal{B}(\mathbb{R}), \lambda)$, construire une suite $\{A_n\}_{n \geq 0}$ emboitée $(A_{n+1} \subset A_n)$, tel que*

$$\lambda(\bigcap_{n \geq 0} A_n) \neq \lim_{n \to +\infty} \lambda(A_n).$$

Solution 1.19. *Posons : $A_n = [n, +\infty[, \forall n \in \mathbb{N} \Rightarrow A_{n+1} \subset A_n, \forall n \in \mathbb{N}$. Comme $\bigcap_{n \geq 0} A_n = \varnothing$, et $\lambda(A_n) = +\infty, \forall n \in \mathbb{N}$, on a*

$$\lim_{n \to +\infty} \lambda(A_n) = +\infty \neq \lambda(\bigcap_{n \geq 0} A_n) = \lambda(\lim_{n \to +\infty} A_n) = 0.$$

On n'a pas la condition $\lambda(A_0) < +\infty$ pour avoir $\lambda(\lim_{n \to +\infty} A_n) = \lim_{n \to +\infty} \lambda(A_n)$.

Exercice 1.20. *On considère l'espace mesuré $(\mathbb{R}, \mathcal{B}(\mathbb{R}), \lambda)$ avec λ est la mesure de Lebesgue. Soit $a \in \mathbb{R}$. Pour $A \in \mathcal{P}(\mathbb{R})$ on note $A + a := \{x + a, x \in A\}$.*

1. *Montrer que $\mathfrak{T}_a := \{A \in \mathcal{P}(\mathbb{R}), A + a \in \mathcal{B}(\mathbb{R})\}$, est une tribu sur $\mathbb{R}$.*

2. *Montrer que $\mathcal{B}(\mathbb{R}) = \mathfrak{T}_a$.*

3. *Pour tout $A \in \mathcal{B}(\mathbb{R})$ on pose $\mu(A) = \lambda(A + a)$. Montrer que μ est une mesure positive sur $(\mathbb{R}, \mathcal{B}(\mathbb{R}))$.*

4. *Montrer que pour tout $A \in \mathcal{B}(\mathbb{R})$ on a $\lambda(A + a) = \lambda(A)$.*

Solution 1.20. *Soit $(\mathbb{R}, \mathcal{B}(\mathbb{R})$ est un espace mesuré.*

1. *Remarquons que tout les ensembles sont dans $\mathcal{P}(\mathbb{R})$.*

   - *On a $\mathbb{R} + a = \mathbb{R} \in \mathcal{B}(\mathbb{R}) \Rightarrow \mathbb{R} \in \mathcal{T}_a$.*

   - *Soit $A \in \mathcal{T}_a$ alors $A + a \in \mathcal{B}(\mathbb{R})$. On peut, facilement, montrer que $A^c + a = (A + a)^c$. Mais $(A + a)^c \in \mathcal{B}(\mathbb{R})$ car $A + a \in \mathcal{B}(\mathbb{R})$ et $\mathcal{B}(\mathbb{R})$ est une σ-algèbre sur $\mathbb{R}$. Cela veut dire que $A^c \in \mathcal{T}_a$.*

   - *Soit $(A_i)_{i \in \mathbb{N}} \subset \mathcal{T}_a$, alors pour tout $i \in \mathbb{N}$ on a $A_i + a \in \mathcal{B}(\mathbb{R})$.*

$$\bigcup_{i \in \mathbb{N}}(A_i) + a = \bigcup_{i \in \mathbb{N}}(A_i + a) \in \mathcal{B}(\mathbb{R}).$$

   Cela veut dire que $\bigcup_{i \in \mathbb{N}}(A_i) \in \mathcal{T}_a$.

2. *Montrons que $\mathcal{B}(\mathbb{R}) \subset \mathcal{T}_a$. On a $\mathcal{B}(\mathbb{R}) = \sigma(\{]x, y[, x, y \in \mathbb{R}, x \leq y\})$ alors il suffit de montrer que $\{]x, y[, x, y \in \mathbb{R}, x \leq y\} \subset \mathcal{T}_a$. Soient $x, y \in \mathbb{R}$ avec $x \leq y$. On a $]x, y[+ a =]x + a, y + a[$. Mais $]x + a, y + a[\in \mathcal{B}(\mathbb{R})$ car $]x + a, y + a[$ est un ouvert de $\mathbb{R}$. Ainsi $]x, y[+ a \in \mathcal{B}(\mathbb{R})$. Cela veut dire que $]x, y[\in \mathcal{T}_a$.*
   Montrons que $\mathcal{T}_a \subset \mathcal{B}(\mathbb{R})$: Soit $A \in \mathcal{T}_a$ alors $A + a \in \mathcal{B}(\mathbb{R})$. Mais

$$\mathcal{B}(\mathbb{R}) \subset \mathcal{T}_a, \forall a \in \mathbb{R} \Rightarrow \mathcal{B}(\mathbb{R}) \subset \mathcal{T}_{-a},$$

   alors $A + a \in \mathcal{T}_a$. Ainsi $A = (A + a) + (-a) \in \mathcal{B}(\mathbb{R})$.

3. *On a*

   - $\mu(\varnothing) = \lambda(\varnothing + a) = \lambda(\varnothing) = 0.$ *car $\varnothing$ n*

   - *Soit $(A_i)_{i \in \mathbb{N}} \subset \mathcal{B}(\mathbb{R})$ disjoints deux à deux. On a*

$$\mu(\bigcup_{i \in \mathbb{N}}(A_i)) = \lambda(\bigcup_{i \in \mathbb{N}}(A_i) + a) = \lambda(\bigcup_{i \in \mathbb{N}}(A_i + a)) = \sum_{i \in \mathbb{N}} \lambda(A_i + a) = \sum_{i \in \mathbb{N}} \lambda(A_i).$$

   car λ est une mesure et $(A_i + a)_{i \in \mathbb{N}} \subset \mathcal{B}(\mathbb{R})$ disjoints deux à deux.

4. *Soient $x, y \in \mathbb{R}$. On a*

$$\mu(]x, y]) = \lambda(]x + a, y + a]) = y - x = \lambda(]x, y]).$$

   Alors μ et λ concident sur $\{]x, y] : x, y \in \mathbb{R}, x \leq y\}$. Puisque λ est σ-finis alors μ et λ concident sur $\mathcal{B}(\mathbb{R})$, c. à. d, pour tout $A \in \mathcal{B}(\mathbb{R})$ on a $\mu(A) = \lambda(A)$. Ceci implique que $\lambda(A + a) = \lambda(A)$ pour tout $A \in \mathcal{B}(\mathbb{R})$.

Exercice 1.21. $\mathbb{R}$ *est muni de sa tribu Boréliennes $\mathcal{B}(\mathbb{R})$ et de la mesure de Lebesgue λ.*

1. Soit $n \in \mathbb{N}$, On définit

$$\lambda_n(B) = \lambda(B \cap]-n, n[), \text{ pour tout } B \in \mathcal{B}(\mathbb{R}).$$

Vérifier que λ_n définit une mesure sur $(\mathbb{R}, \mathcal{B}(\mathbb{R}))$.

2. On introduit la classe de parties

$$\mathfrak{T} = \{B \in \mathcal{B}(\mathbb{R})), \forall \epsilon > 0, \exists F \text{ fermé }, \exists O \text{ ouvert }, F \subset B \subset O, \lambda_n(O - F) < \epsilon.\}$$

Montrer que $\mathfrak{T}$ est une tribu sur $\mathbb{R}$.

Solution 1.21. *1. On observe d'abord que $\lambda_n(\varnothing) = \lambda(\varnothing \cap]-n, n[) = 0$. Par ailleurs, si $(B_k)_k$ si est une suite de $\mathcal{B}(\mathbb{R})$ deux à deux disjoints, alors*

$$\lambda_n(\bigcup_{k \in \mathbb{N}} B_k) = \lambda(\bigcup_{k \in \mathbb{N}} B_k \cap]-n, n[) = \sum_{k \in \mathbb{N}} \lambda(B_k \cap]-n, n[) = \sum_{k \in \mathbb{N}} \lambda_n(B_k),$$

du fait que les ensembles $B_k \cap]-n, n[$ sont disjoints deux à deux dans $\mathcal{B}(\mathbb{R})$.

2. On remarque d'abord que $\varnothing \in \mathfrak{T}$, il suffit de prendre $F = O = \varnothing$.

Ensuite, si $B \in \mathfrak{T}$, alors $B^c \in \mathfrak{T}$, si F et O sont les ensembles associés à B pour un $\epsilon > 0$, alors $O^c \subset B^c \subset F^c$. Comme O^c est fermé, F^c est ouvert et

$$\lambda_n(F^c - O^c) = \lambda_n(O - F) < \epsilon.$$

Pour finir, si $(B_k)_k$ est une suite d'éléments de $\mathfrak{T}$, on sait qu'on peut construire une suite de fermés $(F_k)_k$ et une suite d'ouverts $(O_k)_k$ telles que pour tout $k \in \mathbb{N}$,

$$F_k \subset B_k \subset O_k \text{ et } \lambda_n(O_k - F_k) < \frac{\epsilon}{2^{k+2}}.$$

$$\mathfrak{T} = \{B \in \mathcal{B}(\mathbb{R})), \forall \epsilon > 0, \exists F \text{ fermé }, \exists O \text{ ouvert }, F \subset B \subset O, \lambda_n(O - F) < \epsilon.\}$$

Montrer que $\mathfrak{T}$ est une tribu sur $\mathbb{R}$.

Exercice 1.22. *Soit $(\mathbb{R}, \mathcal{B}(\mathbb{R}), \lambda)$ espace mesuré, avec λ est la mesure de Lebesgue. Calculer*

$$\lambda(\bigcup_{n \in \mathbb{N}^*} [n, n + \frac{1}{2^n}]), \text{ et } \lambda(([0, 1] - \mathbb{Q}).$$

Solution 1.22. *On a $n < n + \frac{1}{2^n} < n + 1 < n + 1 + \frac{1}{2^{n+1}}$ pour tout $n \geq 1$. Donc, les ensembles $[n, n + \frac{1}{2^n}]$ sont disjoints deux à deux. Ainsi*

$$\lambda(\bigcup_{n \in \mathbb{N}^*} [n, n + \frac{1}{2^n}]) = \sum_{n \in \mathbb{N}^*} \lambda([n, n + \frac{1}{2^n}]) = \sum_{n \in \mathbb{N}^*} (n - n + \frac{1}{2^n}) = \sum_{n \in \mathbb{N}^*} \frac{1}{2^n} = 1.$$

Pour $\lambda(([0,1] - \mathbb{Q})$, on a

$$\lambda([0,1]) = \lambda(([0,1] \cap \mathbb{Q}) \cup ([0,1] - \mathbb{Q})).$$

Puisque $[0,1] \cap \mathbb{Q}$ et $[0,1] - \mathbb{Q}$ sont disjoints et λ est une mesure alors

$$\lambda([0,1]) = \lambda([0,1] \cap \mathbb{Q}) + \lambda([0,1] - \mathbb{Q}).$$

Cela implique que $\lambda([0,1] - \mathbb{Q}) = \lambda([0,1]) - \lambda([0,1] \cap \mathbb{Q})$. Mais $\lambda([0,1]) = 1 - 0 = 1$ et $\lambda([0,1] \cap \mathbb{Q}) = 0$ car $0 \leq \lambda([0,1] \cap \mathbb{Q}) \leq \lambda(\mathbb{Q}) = 0$. Ainsi $\lambda([0,1] - \mathbb{Q}) = 1 - 0 = 1$.

Exercice 1.23. *Si $E \subset \mathbb{R}$ et $k \in \mathbb{R}$,*

$$kE = \{y, y = kx, x \in E\}.$$

1. *Montrer que $\lambda^*(kE) = |k|\lambda^*(E)$.*

2. *Montrer que, si E est λ^*-mesurable, alors l'ensemble kE est λ^*-mesurable.*

Solution 1.23. *Si $E \subset \mathbb{R}$ et $k \in \mathbb{R}$,*

1. *Si $k = 0$, on a bien, avec la convention faite, que*

$$\lambda^*(\{0\}) = 0\lambda^*(E).$$

Si $k > 0$,

$$\lambda^*(kE) = \inf_{\{kE \subset \bigcup_{n \in \mathbb{N}}]b_n, a_n[\}} \sum_n (b_n - a_n) = k \inf_{\{E \subset \bigcup_{n \in \mathbb{N}}]\frac{b_n}{k}, \frac{a_n}{k}[\}} \sum_n \left(\frac{b_n - a_n}{k}\right) = |k|\lambda^*(E).$$

Si enfin $k < 0$,

$$\lambda^*(kE) = \inf_{\{kE \subset \bigcup_{n \in \mathbb{N}}]b_n, a_n[\}} \sum_n (b_n - a_n) = -k \inf_{\{E \subset \bigcup_{n \in \mathbb{N}}]\frac{a_n}{k}, \frac{b_n}{k}[\}} \sum_n \left(\frac{a_n - b_n}{k}\right) = |k|\lambda^*(E).$$

2. *Si $k = 0$, alors $kE = \{0\}$ est mesurable. Si $k \neq 0$,*

$$\begin{aligned}
\lambda^*(A \cap kE) + \lambda^*(A \cap (kE)^c) &= \lambda^*(A \cap kE) + \lambda^*(A \cap k(E)^c), \\
&= |k|\lambda^*\left(\frac{1}{k}(A \cap E)\right) + \lambda^*\left(\frac{1}{k}(A \cap E^c)\right) \\
&= |k|\lambda^*\left(\frac{1}{k}A\right) = \lambda^*(A), \forall A \in \mathcal{P}(\mathbb{R}).
\end{aligned}$$

Donc kE est λ^*-mesurable.

Exercice 1.24. *Montrer que la mesure de Lebesgue ne se prolonge pas en une mesure sur $\mathcal{P}(\mathbb{R})$ qui soit invariante par translations.*

Solution 1.24. *Soit R la relation d'équivalence sur $I = [0,1]$ qui identifie deux nombres réels dont la différence est un nombre rationnel. Soit A un système de représentants de R, c'est-à-dire une partie de I qui contienne un et un seul point de chaque classe d'équivalence ; l'existence d'une telle partie repose sur l'axiome du choix non dénombrable.*

Supposons par l'absurde que λ se prolonge en une mesure sur $(\mathbb{R}, \mathcal{P}(\mathbb{R}))$ invariante par les translations. Par définition de A, pour tout réel $x \in I$ il existe un unique $a \in A$ et un unique $r \in \mathbb{Q}$ tels que $x = a + r$. Donc

$$I \subset \cup_{r \in \mathbb{Q}} (A + r), \quad A + r = \{a + r, a \in A\}.$$

On a

$$\begin{aligned}
\lambda(I) \;\leq\;& \lambda(\cup_{r \in \mathbb{Q}}(A+r)) \quad (\text{croissance}) = \sum_{r \in \mathbb{Q}} \lambda(A+r) \quad (\sigma\text{-additivité}) \\
=\;& \sum_{r \in \mathbb{Q}} \lambda(A) \quad (\text{invariance par translation}) \\
=\;& \begin{cases} 0 & \text{si } \lambda(A) = 0 \\ \infty & \text{si } \lambda(A) > 0, \end{cases}
\end{aligned}$$

Comme $\lambda(I) = 1$, la seule possibilité est que $\lambda(A)$ soit strictement positive.

Comme A est l'union de $A_0 = A \cap [0, 1/2]$ et de $A_1 = A \cap [1/2, 1]$, nécessairement parmi A_0 et A_1 il existe une partie de mesure strictement positive. Supposons par exemple que l'on a $\lambda(A_0) > 0$ (l'autre cas étant analogue). On a

$$\cup_{r \in \mathbb{Q} \cap [0,1/2]}(A_0 + r) \subset I,$$

et cette union est disjointe d'après la définition de A. Donc, par les mêmes arguments que ci-dessus on a

$$\lambda(I) \geq \sum_{r \in \mathbb{Q} \cap [0,1/2]} \lambda(A_0 + r) = \sum_{r \in \mathbb{Q} \cap [0,1/2]} \lambda(A_0) = +\infty,$$

ce qui est absurde puisque $\lambda(I) = 1$.

Exercice 1.25. *Il existe des ensembles $M \subset \mathbb{R}$ non mesurables au sens de Lebesgue, autrement dit, $\mathcal{L} \neq \mathcal{P}(\mathbb{R})$.*

Solution 1.25. *Pour tout $x \in \mathbb{R}$, notons $S(x) := x + \mathbb{Q} = \{x + q, q \in \mathbb{Q}\} \subset \mathbb{R}$. Posons ensuite $\Sigma := \{S(x)\}_{x \in \mathbb{R}} \subset \mathcal{P}(\mathbb{R})$ et remarquons que Σ est une partition de $\mathbb{R}$ (c'est la partition associée à la relation d'équivalence : $x \sim y \Leftrightarrow (x - y) \in \mathbb{Q}$).*

Notons aussi $\Sigma' := \{S(x) \cap [0, 1[, x \in \mathbb{R}\} \subset \mathcal{P}([0, 1[)$, l'axiome du choix nous dit qu'il existe *un ensemble $M \subset [0,1[$ tel que M contient un unique élément $m(x) \in S(x) \cap [0,1[$ pour tout $x \in \mathbb{R}$.*

Notons $\alpha := \lambda^*(M)$ et remarquons que, comme $M \subset [0,1[$, on a $\alpha = \lambda^*(M) \leq \lambda^*([0,1[) = 1$. Introduisons encore l'ensemble $A \subset \mathbb{R}$ défini par

$$A := \bigcup_{q \in \mathbb{Q} \cap [0,1[} (M+q) = \{x = m+q, m \in M, q \in \mathbb{Q} \cap [0,1[\}.$$

On a $[0,1[\subset A \subset [0,2[$. En effet, tout élément de A s'écrit $x = m+q$ avec $0 \leq m, q < 1$, par conséquent $A \subset [0,2[$. Inversement, par définition de M, tout nombre $x \in [0,1[$ s'écrit (de façon unique) sous la forme $x = m+q$ avec $m \in M$ et $q \in \mathbb{Q} \cap [0,1[$, ce qui signifie que $[0,1[\subset A$.

On a aussi $\alpha > 0$. En effet, si on avait $\alpha = 0$, alors on aurait $\lambda^*(M+q) = \lambda^*(M) = \alpha$ pour tout q. Alors

$$\lambda^*(A) \leq \sum_{q \in \mathbb{Q} \cap [0,1[} \lambda^*(M+q) = 0.$$

ce qui est impossible puisque $[0,1[\subset A$.

Finalement l'ensemble M n'est pas mesurable au sens de Lebesgue. En effet, si on avait $M \in \mathcal{L}$, on aurait aussi $(M+q) \in \mathcal{L}$ et $\lambda(M+q) = \lambda(M) = \alpha > 0$ pour tout q. Comme les ensembles $(M+q)$ sont deux à deux disjoint, alors

$$\lambda(A) = \sum_{q \in \mathbb{Q} \cap [0,1[} \lambda(M+q) = \sum_{q \in \mathbb{Q} \cap [0,1[} \alpha = \infty,$$

ce qui est impossible puisque $A \subset [0,2[$.

Exercice 1.26 (Une partie de $\mathbb{R}$ non borélienne). *Exemple de partie de $\mathbb{R}$ non borélienne, autrement dit, $\mathcal{B}(\mathbb{R}) \neq \mathcal{P}(\mathbb{R})$.*

Solution 1.26. *On définit la relation d'équivalence $\sim$ sur $\mathbb{R}$:*

$$x \sim y \Leftrightarrow x - y \in \mathbb{Q}.$$

Grâce à l'axiome du choix on peut montrer l'existence de parties non mesurables de $\mathbb{R}$. En effet : l'axiome du choix intervient sous la forme suivante : soit (B_i) une famille non vide de parties non vide de $\mathbb{R}$, alors il existe une partie E de $\mathbb{R}$ contenant un et un seul point de chaque B_i. On montre alors facilement qu'il existe $E \subset [0,1]$ tel que $\forall x \in \mathbb{R}, \exists y \in E$, tel que $x - y \in \mathbb{Q}$, et E est donc mesure finie. Il est clair que

$$\bigcup_{q \in \mathbb{Q} \cap [0,1]} (E+q) \subset [0,2].$$

Comme la réunion est disjointe (par construction de E), et comme λ est invariante par translation, on en déduit que :

$$\lambda(\bigcup_{q\in\mathbb{Q}\cap[0,1]} (E+q)) = +\infty \times \lambda(E) \leq 2.$$

Donc $\lambda(E) = 0$. Mais par ailleurs $\mathbb{R} = \bigcup_{q\in\mathbb{Q}}(E+q)$ donne $\lambda(\mathbb{R}) = 0$, ce qui est absurde. Donc E n'est pas mesurable.

Exercice 1.27 (L'ensemble tri-adique de Cantor). *Il existe des quantités de parties λ-négligeables de $\mathbb{R}$ qui ne sont pas dénombrables.*

Solution 1.27. *L'exemple typique est le triadique de Cantor,*

$$K = \bigcap_{n\geq 0} K_n,$$

où $K_0 = [0,1]$ et K_n est défini par récurrence par

$$K_{n+1} = (\frac{1}{3}K_n) \cup (\frac{1}{3}(K_n + 2)).$$

On voit facilement par récurrence que K_n est la réunion de 2^n intervalles de longueur $\frac{1}{3^n}$. En particulier, $K_n \in \mathcal{B}(\mathbb{R})$ et donc $K \in \mathcal{B}(\mathbb{R})$ avec $\lambda(K) = 0$ car $\lambda(K) \leq \lambda(K_n) = \frac{2^n}{3^n}$ pour tout $n \geq 1$.

De plus, K n'est pas dénombrable car il contient (exactement) tous les nombres de la forme $\sum_{n\geq 1} \frac{2a_n}{3^n}$, lorsque $(a_n)_{n\geq 1}$ parcourt $\{0,1\}^{\mathbb{N}^*}$.

Exercice 1.28. *Il existe une mesure μ non-σ-finie et $(\mathbb{E}, \overline{\mathfrak{T}}, \overline{\mu}) \neq (\mathbb{E}, \mathfrak{T}_{\mu^*}, \mu^* \mid_{\mathfrak{T}_{\mu^*}})$.*

Solution 1.28. *Soit $\mathbb{E}$ un ensemble non dénombrable, $\mathfrak{T}$ la tribu des parties A de $\mathbb{E}$ qui sont soit dénombrables, soit de complémentaire dénombrable, et μ la mesure (non σ-finie) définie par $\mu(A) = 0$ si A est dénombrable et $\mu(A) = +\infty$ si A^c est dénombrable. La tribu $\mathfrak{T}$ est μ-complète (car toute partie contenue dans une partie dénombrable est aussi dénombrable) et différente de $\mathcal{P}(\mathbb{E})$ (il existe des parties de $\mathbb{E}$ qui ne sont pas dénombrables ni de complémentaire dénombrable, pour le voir, on peut remarquer que, $\mathbb{E}$ étant infini, il existe une bijection $\varphi : \{1,2\} \times \mathbb{E} \to \mathbb{E}$, alors la partie $X = \varphi(\{1\} \times \mathbb{E})$ n'est pas dénombrable et son complémentaire $X^c = \varphi(\{2\} \times \mathbb{E})$ non plus). Pourtant $\mathfrak{T}_{\mu^*} = \mathcal{P}(S)$. En effet, $\mu^*(X) = \mu(X) = 0$ si X est dénombrable et $\mu^*(X) = +\infty$ si X n'est pas dénombrable (car alors $X \subseteq A$ avec $A \in \mathfrak{T}$ exige que A^c soit dénombrable, et donc $\mu(A) = +\infty$). On* *voit alors que toute partie X de $\mathbb{E}$ est μ^*-mesurable, si X est dénombrable, alors $X \cap A$ et $X \cap A^c$ aussi, donc*

$$\mu^*(X) = 0 = 0 + 0 = m^*(X \cap A) + m^*(X \cap A^c)$$

si X n'est pas dénombrable, alors $X \cap A$ ou $X \cap A^c$ non plus, on a donc $\mu^*(X \cap A) = +\infty$ ou $\mu^*(X \cap A^c) = +\infty$, de sorte que $\mu^*(X) = +\infty = \mu^*(X \cap A) + \mu^*(X \cap A^c)$.

Exercice 1.29 (Mesure de Lebesgue sur $\mathbb{R}$). *Montrer l'existence et l'unicité de la mesure de Lebesgue sur $(\mathbb{R}, \mathcal{B}(\mathbb{R}))$, λ, telle que*

$$\lambda(]a, b[) = b - a, \forall a, b \in \mathbb{R}, a < b.$$

Solution 1.29. *1) Partie existence, grâce à la proposition [1.19] et point 1. de la Proposition [1.21], montrons que $\mathcal{B}(\mathbb{R}) \subset \mathcal{L}$, ça est affirmative, par le point 2. de la Proposition [1.21].*
2. Partie unicité : nous avons besoin de la définition et du théorème suivants :

Définition 1.35 (Classes monotones). *Une classe monotone sur $\mathbb{E}$ est une collection de sous-ensembles $\mathcal{M} \subset \mathcal{P}(\mathbb{E})$, telle que*

   1. $\mathbb{E} \in \mathcal{M}$,

   2. si $A, B \in \mathcal{M}$ sont tels que $A \subset B$, alors $B \backslash A \in \mathcal{M}$,

   3. si $A_1, A_2, \cdots \in \mathcal{M}$ sont tels que $A_1 \subset A_2 \subset \ldots$, alors $\uplus_{n \geq 1} A_n \in \mathcal{M}$.

Théorème 1.5 (Lemme de classe monotone). *Soient $\mathcal{M}$ une classe monotone sur $\mathbb{E}$ et $\mathcal{A} \subset \mathcal{P}(\mathbb{E})$ une collection de sous-ensembles stable par intersection finie (c.-à-d. telle que $A, B \in \mathcal{A} \Rightarrow A \cap B \in \mathcal{A}$). Alors, si $\mathcal{A} \subset \mathcal{M}$, on a aussi $\sigma(\mathcal{A}) \subset \mathcal{M}$.*

Démonstration. Soit $\mathcal{A} \subset \mathcal{P}(E)$ une collection stable par intersections finies. Notons $\mathcal{M}(\mathcal{A})$ la plus petite classe monotone contenant $\mathcal{A}$:

$$\mathcal{M}(\mathcal{A}) := \bigcap_{\substack{\mathcal{M} \text{ classe monotone} \\ \mathcal{A} \subset \mathcal{M}}} \mathcal{M}$$

Alors ce qu'on cherche à montrer est que $\sigma(\mathcal{A}) \subset \mathcal{M}(\mathcal{A})$. Il est facile de vérifier qu'une classe monotone stable par intersections finies est une tribu, il suffit donc de montrer que $\mathcal{M}(\mathcal{A})$ est stable par intersections finies. Soit $A \in \mathcal{A}$ et posons $\mathcal{C}_A = \{B \in \mathcal{M}(\mathcal{A}) : A \cap B \in \mathcal{M}(\mathcal{A})\}$. évidement $\mathcal{A} \subset \mathcal{C}_A$ car, si $B \in \mathcal{A}$, alors $A \cap B \in \mathcal{A} \subset \mathcal{M}(\mathcal{A})$. De plus, $\mathcal{C}_A$ est une classe monotone :

   1. $E \cap A = A \in \mathcal{M}(\mathcal{A})$ donc $E \in \mathcal{C}_A$,

2. si $B, C \in \mathcal{C}_A$ sont tels que $B \subset C$, alors

$$A \cap (C \backslash B) = (A \cap C) \backslash (A \cap B) \in \mathcal{M}(\mathcal{A})$$

par le fait que $\mathcal{M}(\mathcal{A})$ est une classe monotone. Ainsi $B \backslash C \in \mathcal{C}_A$,

3. enfin, si $B_1, B_2, \cdots \in \mathcal{C}_A$ sont tels que $B_1 \subset B_2 \subset \ldots$, alors

$$A \cap \left(\bigcup_{n \geq 1} B_n \right) = \bigcup_{n \geq 1} (A \cap B_n) \in \mathcal{M}(\mathcal{A}),$$

par le fait que $\mathcal{M}(\mathcal{A})$ est une classe monotone. Ainsi $\bigcup_{n \geq 1} B_n \in \mathcal{C}_A$. On conclut que $\mathcal{C}_A$ est une classe monotone contenant $\mathcal{A}$, donc $\mathcal{M}(\mathcal{A}) \subset \mathcal{C}_A$. En d'autres mots, pour tout $A \in \mathcal{A}$ et $B \in \mathcal{M}(\mathcal{A}), A \cap B \in \mathcal{M}(\mathcal{A})$. Maintenant, fixons $B \in \mathcal{M}(\mathcal{A})$ arbitraire et posons, comme avant, $\mathcal{C}_B = \{A \in \mathcal{M}(\mathcal{A}) : A \cap B \in \mathcal{M}(\mathcal{A})\}$. Par ce qui précède, $\mathcal{A} \subset \mathcal{C}_B$. De plus, $\mathcal{C}_B$ est une classe monotone, donc $\mathcal{M}(\mathcal{A}) \subset \mathcal{C}_B$. Ainsi, pour tout $A \in \mathcal{M}(\mathcal{A}), A \cap B \in \mathcal{M}(\mathcal{A})$. On conclut que $\mathcal{M}(\mathcal{A})$ est une classe monotone stable par intersections finies, c'est donc une tribu.

Unicité de la mesure de Lebesgue : Soient λ et ν deux mesures sur $(\mathbb{R}, \mathcal{B}(\mathbb{R}))$ avec $\nu([a, b]) = \lambda([a, b]) = b - a$ pour tout $a < b$. Définissons $\mathcal{A} \subset \mathcal{P}(\mathbb{R})$ l'ensemble des segments de $\mathbb{R}$. Alors $\nu(A) = \lambda(A)$ pour tout $A \in \mathcal{A}$. De plus, $\mathcal{A}$ est stable par intersection finie. Fixons $M > 0$ et posons $\mathcal{M} = \{A \in \mathcal{B}(\mathbb{R}) : \lambda(A \cap [-M, M]) = \nu(A \cap [-M, M])\}$. Alors M est une classe monotone :

1. $\lambda([-M, M]) = \nu([-M, M]) = 2M$ donc $\mathbb{R} \in \mathcal{M}$,

2. si $A, B \in \mathcal{M}$ sont tels que $A \subset B$, alors

$$\lambda((B \backslash A) \cap [-M, M]) = \lambda(B \cap [-M, M]) - \lambda(A \cap [-M, M])$$
$$= \nu(B \cap [-M, M]) - \nu(A \cap [-M, M]) = \nu((B \backslash A) \cap [-M, M])$$

donc $B \backslash A \in \mathcal{M}$ (ici on utilise la restriction à $[-M, M]$ pour assurer que $\lambda(B \cap [-M, M]) = \nu(B \cap [-M, M]) < \infty$),

3. si $A_1, A_2, \cdots \in \mathcal{M}$ sont tels que $A_1 \subset A_2 \subset \ldots$, alors

$$\lambda \left(\bigcup_{n \geq 1} A_n \cap [-M, M] \right) = \lim_n \lambda (A_n \cap [-M, M])$$
$$= \lim_n \nu (A_n \cap [-M, M]) = \nu \left(\bigcup_{n \geq 1} A_n \cap [-M, M] \right),$$

donc $\bigcup_{n\geq 1} A_n \in \mathcal{M}$. Ainsi, par le lemme de classe monotone $\mathcal{B}(\mathbb{R}) = \sigma(A) \subset \mathcal{M}$. On déduit que pour tout $A \in \mathcal{B}(\mathbb{R})$ et $M > 0$, $\lambda(A \cap [-M, M]) = \nu(A \cap [-M, M])$. En prenant $M \to \infty$, on obtient

$$\lambda(A) = \nu(A), \quad \forall A \in \mathcal{B}(\mathbb{R}).$$

Chapitre 2

Fonctions mesurables.

Les fonctions mesurables sont les fonctions de base en théorie de la mesure. Il s'agit de fonctions qui se comportent convenablement par rapport à des tribus sur les espaces sur lesquels elle est définie. La notion de mesurabilité est extrêmement flexible et se conserve par la plupart des opérations usuelles sur les fonctions, cf. On présente en les fonctions étagées qui vont servir de fonctions élémentaires pour la construction de l'intégrale dans le Chapitre 3.

2.1 Fonctions étagées.

Définition 2.1 (Fonction caractéristique ou indicatrice). *Soit $A \subset \mathbb{E}$. Une fonction caractéristique 1_A d'un ensemble A est la fonction définie par*

$$1_A(x) = \begin{cases} 1 & si\ x \in A, \\ 0 & si\ x \notin A \end{cases}.$$

Si $(\mathbb{E}, \mathfrak{T})$ un espace mesurable et soit $A \in \mathfrak{T}$. On appelle 1_A fonction caractéristique mesurable de l'ensemble A. Il existe d'autres notations. Par exemple si $A = [0,1] \subset \mathbb{R}$, on peut écrire $1_A(x) = 1_{x \in [0,1]} = 1_{0 \leq x \leq 1}$.

On a les propriétés suivantes :

Proposition. 2.1 (propriétés de 1_A). *Soit $A, B \subset \mathbb{E}$. On a*

1. *$A = B \Leftrightarrow 1_A = 1_B$.*

2. *$1_A 1_B = 1_{A \cap B}$.*

3. Si A et B sont disjoints, on a $1_A + 1_B = 1_{A \cup B}$. En déduire que si $(A_n)_{n \in \mathbb{N}}$ est une suite de sous ensembles de $\mathbb{E}$ deux à deux disjoints, on a.

$$\sum_{n \in \mathbb{N}} 1_{A_n} = 1_{\bigcup_{n \in \mathbb{N}} A_n}.$$

4. Si $B \subset A \subset \mathbb{E}$, on a $1_{A-B} = 1_A - 1_B$. En déduire que $1 - 1_A = 1_{A^c}$.

5. Si $B \subset A$, on a $1_B \leq 1_A$.

6. On a

$$\limsup_n 1_{A_n} = 1_{\lim_n \sup A_n}, \quad et \quad \liminf_n 1_{A_n} = 1_{\lim_n \inf A_n}.$$

Démonstration. 1. Immédiate.

2. Si $x \in A \cap B$, on a $1_A(x)1_B(x) = 1_{A \cap B}(x) = 1$. Si $x \in (A \cap B)^c = A^c \cup B^c$, on a $1_A(x)1_B(x) = 1_{A \cap B}(x) = 0$. Ceci donne bien $1_A 1_B = 1_{A \cap B}$.

3. Si A et B sont 2 parties de $\mathbb{E}$, il est facile de voir que $1_{A \cup B}$ est différent de $1_A(x) + 1_B(x)$ seulement si $x \in A \cap B$. Si A et B sont deux parties disjointes de $\mathbb{E}$, on a bien $1_A + 1_B = 1_{A \cup B}$.

Si $(A_n)_{n \in \mathbb{N}}$ est une suite de parties de $\mathbb{E}$, on définit, pour $x \in \mathbb{E}$:

$$\sum_{n \in \mathbb{N}} 1_{A_n} = \lim_{n \to \infty} \sum_{i=0}^{n} 1_{A_n},$$

cette limite existe toujours dans $\overline{\mathbb{R}}_+$. Si les $(A_n)_n$ sont disjoints deux à deux, cette limite est égale à 0 si $x \notin \bigcup_{n \in \mathbb{N}} A_n$ et est égale à 1 si $x \in \bigcup_{n \in \mathbb{N}} A_n$ (car x appartient alors à un seul A_n).

4. Si $x \in B$, on a $1_{A-B}(x) = 1_A(x) - 1_B(x) = 0$. Si $x \in A - B$, on a $1_{A-B}(x) = 1_A(x) - 1_B(x) = 1$. Si $x \in A^c$, on a $1_{A-B}(x) = 1_A(x) - 1_B(x) = 0$. Ceci donne bien $1_{A-B} = 1_A - 1_B$. De plus, on a $1 = 1_{\mathbb{E}} = 1_{A \cup A^c} = 1_A + 1_{A^c}$, d'où $1 - 1_A = 1_{A^c}$.

5. Si $x \in A - B$ on a $1_B(x) = 0 \leq 1 = 1_A(x)$. Si $x \in A \cap B$ on a $1_B(x) = 1_A(x) = 1$. Si $x \notin A$ on a $1_B(x) = 1_A(x) = 0$. D'où $\forall B \subset A$, $1_A \leq 1_B$.

6. Pour tout $x \in \mathbb{E}$,

$$\begin{aligned}
\limsup_n 1_{A_n} = 1 \quad &\Leftrightarrow \quad \forall n, \exists k \geq n, 1_{A_k}(x) = 1, \\
&\Leftrightarrow \quad \forall n, \exists k \geq n, x \in A_k, \\
&\Leftrightarrow \quad x \in \limsup_n A_n \\
&\Leftrightarrow \quad 1_{\lim_n \sup A_n} = 1.
\end{aligned}$$

L'autre assertion se démontre de la même manière, ou alors en se servant de l'assertion précédente :

$$\liminf_n 1_{A_n} = \liminf_n (1 - 1_{A_n^c}) = 1 - \limsup_n 1_{A_n^c}$$

$$= 1 - 1_{\lim_n \sup A_n^c} = 1 - 1_{(\lim_n \inf A_n)^c} = 1_{\lim_n \inf A_n}.$$

Définition 2.2 (Fonctions étagées (ou simple) et escales). *Soient $(\mathbb{E}, \mathfrak{T})$ un espace mesurable et $f : \mathbb{E} \to \mathbb{R}$.*

1. *On dit que f est étagée (ou $\mathfrak{T}$-étagée) si f est une combinaison linéaire (finie) de fonctions caractéristiques mesurables, c'est-à-dire s'il existe une famille finie $(A_i)_{i \in \{1,2,...,n\}} \subset \mathfrak{T}$ et n réels $a_1, ..., a_n$ tels que*

$$f = \sum_{i=1}^{n} a_i 1_{A_i}.$$

2. *On dit que f est étagée positive si f est étagée et prend ses valeurs dans $\mathbb{R}^+$.*

3. *Une fonction $f : [a, b] \to \mathbb{R}$ est dite en escalier s'il existe une subdivision finie $a = a_0 < a_1 < ... < a_n = b$ de l'intervalle $[a, b]$ telle que f soit constante sur chaque intervalle $]a_i, a_{i+1}[$.*

On note $\mathcal{E}$ l'ensemble des fonctions étagées et $\mathcal{E}^+$ l'ensemble des fonctions étagées positives.

Remarque 2.1.   *1. Si les a_i, $1 \le i \le n$, sont les valeurs possibles pour une fonction étagée f, alors avec $A_i = f^{-1}(\{a_i\}) = \{f = a_i\}$, qui est mesurable par mesurabilité de f, on peut écrire*

$$f = \sum_{i=1}^{n} a_i 1_{f^{-1}(\{a_i\})} = \sum_{i=1}^{n} a_i 1_{A_i}.$$

2. *Une fonction étagée prend un nombre fini de valeurs et on remarque aussi qu'elle n'y a pas unicité de de la décomposition. Autrement dit $f(\mathbb{E}) = \{y_1, y_2, ..., y_n\}$ est un ensemble fini.*

3. *Une combinaison linéaire de fonctions étagées est encore une fonction étagée.*

4. *Les fonctions en escalier sur $\mathbb{R}$ sont étagées.*

Exemple 2.1. *La fonction*

$$f : \mathbb{R} \longrightarrow \mathbb{R}$$

$$x \longmapsto f(x) = \begin{cases} 0 \ si \ x < 0. \\ [x] \ si \ x \in [1, 2]. \\ 0 \ si \ x > 2. \end{cases}$$

est une fonction positive étagée ([x] signifie, partie entière de x). En effet, elle est constante sur $]-\infty, 0[, [0, 1[, [1, 2[, \{2\},]2, +\infty[$. *Avec des fonctions indicatrice, nous pouvons écrire f de manière plus compacte :*

$$f(x) = [x]1_{[0,2]}(x) = [x] \times 1_{[0,2[}(x) + 2 \times 1_{\{2\}}(x).$$

On a la décomposition de la fonction étagée sur des ensembles d'intersection vide, suivante :

Proposition. 2.2 (Décomposition canonique d'une fonction étagée positive). *Soit* $(\mathbb{E}, \mathfrak{T})$ *un espace mesurable, et soit* $f \in \mathcal{E}^+$ *une fonction étagée positive, non identiquement nulle. Alors il existe une unique famille finie* $(a_i, A_i)_{i \in \{1,2,...,n\}} \subset \mathbb{R}_*^+ \times \mathfrak{T}$ *telle que* $0 < a_1 < ... < a_n, A_i \neq \varnothing$, *pour tout* i, $A_i \cap A_j = \varnothing$, *si* $i \neq j$, *et*

$$f = \sum_{i=1}^{n} a_i 1_{A_i}.$$

Démonstration. Soient $(B_i)_{i \in \{1,2,...,p\}} \subset \mathfrak{T}$, p réels positif $b_1, ..., b_p$ et $f = \sum_{i=1}^{p} b_i 1_{B_i}$, une fonction étagée positive non nulle. L'ensemble $Im(f)$ des valeurs prises par f est donc fini. Comme $Im(f) \subset \mathbb{R}^+$, on a donc $Im(f) - \{0\} = \{a_1, a_2, ..., a_n\}$ avec $0 < a_1 < ... < a_n$. En posant $A_i = \{x \in \mathbb{E}, f(x) = a_i\}$, on a donc $f = \sum_{i=1}^{n} a_i 1_{A_i}$ avec $A_i \neq \varnothing$ et $A_i \cap A_j = \varnothing$. (Noter aussi que $\{x \in \mathbb{E}, f(x) = 0\} = (\bigcup_{i=1}^{n} A_i)^c$.) Il reste à montrer que $A_i \in \mathfrak{T}$. Pour $i \in \{1, ..., n\}$, on pose $I_i = \{K \subset \{1, ..., p\}, a_i = \sum_{k \in K} b_k\}$. On a alors, pour tout $i \in \{1, ..., n\}$, $A_i = \bigcup_{K \in I_i} C_K$, avec $C_K = \bigcap_{j=1}^{p} D_j$, $D_j = B_j$ si $j \in K$ et $D_j = B_j^c$ si $j \notin K$. Les propriétés de stabilité d'une tribu nous donnent alors que $A_i \in \mathfrak{T}$ pour tout $i \in \{1, ..., n\}$. On a donc trouvé la décomposition voulue de f. Le fait que cette décomposition est unique est immédiat car on a nécessairement $Im(f) - \{0\} = \{a_1, a_2, ..., a_n\}$ et $A_i = \{x \in \mathbb{E}, f(x) = a_i\}$.

Proposition. 2.3 ((Décomposition d'une fonction étagée avec une partition)). *Soit* $(\mathbb{E}, \mathfrak{T})$ *un espace mesurable, et soit* $f \in \mathcal{E}$ *une fonction étagée. Alors il existe une unique famille finie* $(a_i, A_i)_{i \in \{1,2,...,n\}} \subset \mathbb{R}_*^+ \times \mathfrak{T}$ *telle que* $a_i \neq a_j, \forall i \neq j$, $A_i \neq \varnothing$, *pour tout* i, $A_i \cap A_j = \varnothing$, *si* $i \neq j$, $\mathbb{E} = \bigcup_{i=1}^{n} A_i$ *et*

$$f = \sum_{i=1}^{n} a_i 1_{A_i}.$$

Démonstration. La démonstration est très voisine de celle donnée pour la décomposition d'une fonction étagée positive de la proposition précédente. L'ensemble $\{a_1, a_2, ..., a_n\}$ est l'ensemble de toutes les valeurs prises par f (et pas seulement les valeurs non nulles) et $A_i = \{x \in \mathbb{E}, f(x) = a_i\}$.

$\square$

Proposition. 2.4. *Soit $(\mathbb{E}, \mathfrak{T}, \mu)$ un espace mesuré et soit $f \in \mathcal{E}^+$ une fonction étagée positive non nulle, telle que*

$$f = \sum_{i=1}^{n} a_i 1_{A_i}, \ et \ f = \sum_{i=1}^{p} b_j 1_{B_j},$$

où $a_1, ..., a_n, b_1, ..., b_p$ sont des réels strictement positifs, $(A_i)_{i \in \{1,2,...,n\}} \subset \mathfrak{T}$ et $(B_j)_{j \in \{1,2,...,p\}} \subset \mathfrak{T}$ sont des familles de parties disjointes deux à deux. Alors :

$$\sum_{i=1}^{n} a_i \mu(A_i) = \sum_{j=1}^{p} b_j \mu(B_j).$$

Démonstration. On pose, pour $i \in \{1, ..., n\}$ et $j \in \{1, ..., p\}$, $C_{ij} = A_i \cap B_j$. En remarquant que $\{x, f(x) > 0\} = \bigcup_{i=1}^{n} A_i = \bigcup_{j=1}^{p} B_j$, on écrit $A_i = \bigcup_{j=1}^{p} C_{ij}$ et $B_j = \bigcup_{i=1}^{n} C_{ij}$. On peut donc écrire

$$\sum_{i=1}^{n} a_i \mu(A_i) = \sum_{i=1}^{n} \sum_{j=1}^{p} a_i \mu(C_{ij}),$$

et

$$\sum_{i=1}^{m} b_i \mu(B_i) = \sum_{j=1}^{p} \sum_{i=1}^{n} b_j \mu(C_{ij}).$$

On remarque alors que $a_i = b_j$ dès que $C_{ij} \neq 0$, d'où l'égalité.

Enfin, on conclut ce paragraphe en remarquant que $\mathcal{E}$ est un espace vectoriel sur $\mathbb{R}$.

Proposition. 2.5 (Structure vectorielle de $\mathcal{E}$). *Soit $(\mathbb{E}, \mathfrak{T})$ un espace mesurable, l'ensemble $\mathcal{E}$ des fonctions étagées est un espace vectoriel sur $\mathbb{R}$. De plus, si $f, g \in \mathcal{E}$, on a aussi $fg \in \mathcal{E}$.*

Démonstration. Soient $f, g \in \mathcal{E}$ et soient $\alpha, \beta \in \mathbb{R}$. On utilise la décomposition de f et g, par $f = \sum_{i=1}^{n} a_i 1_{A_i}$ et $g = \sum_{j=1}^{m} b_j 1_{B_j}$, avec $(A_i)_{i \in \{1,...,n\}}$ et $(B_j)_{j \in \{1,...,m\}}$ forment des partitions de $\mathbb{E}$, on a

$$f = \sum_{i=1}^{n} \sum_{j=1}^{m} a_i 1_{A_i \cap B_j}, \ et \ g = \sum_{j=1}^{m} \sum_{i=1}^{n} b_j 1_{A_i \cap B_j},$$

de sorte que $\alpha f + \beta g = \sum_{i=1}^{n} \sum_{j=1}^{m} (\alpha a_i + \beta b_j) 1_{A_i \cap B_j}$, ce qui montre que $\alpha f + \beta g \in \mathcal{E}$, et donc que $\mathcal{E}$ est un espace vectoriel. D'autre part, on remarque aussi que $fg = \sum_{i=1}^{n} \sum_{j=1}^{m} a_i b_j 1_{A_i \cap B_j}$, ce qui montre que $fg \in \mathcal{E}$.

2.2 Fonctions mesurables et variables aléatoires.

Définition 2.3. *Soient $(\mathbb{E}_1, \mathfrak{T}_1)$ et $(\mathbb{E}_2, \mathfrak{T}_2)$ deux espaces mesurables. L'application $f : \mathbb{E}_1 \to \mathbb{E}_2$ est dite $\mathfrak{T}_1 - \mathfrak{T}_2$-mesurable si pour tout $B \in \mathfrak{T}_2$, $f^{-1}(B) \in \mathfrak{T}_1$, autrement dit si $f^{-1}(\mathfrak{T}_2) \subset \mathfrak{T}_1$.*

Notation 2.1.   *1. S'il n'y a pas d'ambiguté sur les tribus concernées, on pourra se contenter de dire " mesurable " au lieu de " $\mathfrak{T}_1 - \mathfrak{T}_2$-mesurable ".*

2. Si $\mathbb{E}_1$ et $\mathbb{E}_2$ sont deux espaces munis d'une topologie, on dit que f est borélienne si f est mesurable pour les tribus boréliennes sur $\mathbb{E}_1$ et $\mathbb{E}_2$ (c'est-à-dire les tribus engendrées par les ouverts).

3. Soit $(\mathbb{E}, \mathfrak{T})$ un espace mesurable, on note

$$\mathcal{M}(\mathbb{E}, \mathfrak{T}) = \{f : \mathbb{E} \to \mathbb{R}, \ mesurable\},$$

$$\mathcal{M}_+(\mathbb{E}, \mathfrak{T}) = \{f : \mathbb{E} \to \mathbb{R}_+, \ mesurable\},$$

En l'absence d'ambiguté, on notera $\mathcal{M} = \mathcal{M}(\mathbb{E}, \mathfrak{T})$ et $\mathcal{M}_+ = \mathcal{M}_+(\mathbb{E}, \mathfrak{T})$.

Définition 2.4. *On appelle variable aléatoire toute application mesurable X d'un espace probabilisé $(\mathbb{E}_1, \mathfrak{T}_1, \mathbb{P})$ dans un espace mesurable $(\mathbb{E}_2, \mathfrak{T}_2)$.*

Exemple 2.2.   *1. Soit $\mathfrak{T}_2 = \{\varnothing, \mathbb{E}_2\}$. Alors toute fonction $f : \mathbb{E}_1 \to \mathbb{E}_2$ est mesurable.*

2. Soit $\mathfrak{T}_1 = \mathcal{P}(\mathbb{E}_1)$. Alors toute fonction $f : \mathbb{E}_1 \to \mathbb{E}_2$ est mesurable.

3. $A \in \mathfrak{T}$ si et seulement si 1_A est $\mathfrak{T} - \mathcal{B}(\mathbb{R})$ mesurable (car $1_A^{-1}(\mathcal{B}(\mathbb{R})) = \{\varnothing, \mathbb{E}, A, \mathbb{E} - A\}$).

4. Une fonction étagée est toujours mesurable. En effet, soit $(\mathbb{E}, \mathfrak{T})$ un espace mesurable et soit $f \in \mathcal{E}$ (donc f est une application de $\mathbb{E}$ dans $\mathbb{R}$). Donc, il existe une partition $(A_1, A_2, ..., A_n)$ de $\mathfrak{T}$, et $a_1, a_2, ..., a_n \in \mathbb{R}$ tels que $f = \sum_{i=1}^{n} a_i 1_{A_i}$. Pour tout $B \subset \mathbb{R}$, on a donc $f^{-1}(B) = \bigcup_{\{i, a_i \in B\}} A_i \in \mathfrak{T}$, ce qui prouve que f est mesurable de $\mathbb{E}$ dans $\mathbb{R}$.

5. Toute fonction constante est mesurable, car tout l'espace apparient à toute tribu.

Proposition. 2.6 (Mesure image). *Soient $(\mathbb{E}_1, \mathfrak{T}_1, \mu)$ un espace mesuré et $(\mathbb{E}_2, \mathfrak{T}_2)$ un espace mesurable. Soit $f : \mathbb{E}_1 \to \mathbb{E}_2$ est une fonction mesurable. L'application $\nu : \mathfrak{T}_2 \to [0, \infty]$ définie par $\nu(B) = \mu(f^{-1}(B))$ est une mesure appelée mesure image de μ par f.*

Démonstration. Vérifions d'abord que ν est bien définie : $\forall B \in \mathfrak{T}_2, f^{-1}(B) \in \mathfrak{T}_1$ car f est mesurable, donc $\nu(B)$ est bien défini.

Puis $\nu(\varnothing) = \mu(f^{-1}(\varnothing)) = \mu(\varnothing) = 0$ car μ est une mesure.

Enfin, si $B_0, B_1, B_2, \ldots \in \mathfrak{T}_2$ sont deux à deux disjoints,

$$\nu(\bigcup_{n \in \mathbb{N}} B_n) = \mu(f^{-1}(\bigcup_{n \in \mathbb{N}} B_n)) = \mu(\bigcup_{n \in \mathbb{N}} f^{-1}(B_n)).$$

Soient $m \neq n$, si $x \in f^{-1}(B_n)$, $f(x) \in B_n$, donc $f(x) \notin B_m$ (car $B_0, B_1, B_2, \ldots$ sont deux à deux disjoints), donc $x \notin f^{-1}(B_m)$, donc $f^{-1}(B_n) \cap f^{-1}(B_m) = \varnothing$. Donc, puisque μ est une mesure,

$$\nu(\bigcup_{n \in \mathbb{N}} B_n) = \mu(\bigcup_{n \in \mathbb{N}} f^{-1}(B_n)) = \sum_{n \in \mathbb{N}} \mu(f^{-1}(B_n)) = \sum_{n \in \mathbb{N}} \nu(B_n).$$

Donc ν est une mesure.

2.3 Caractérisation de la mesurabilité.

La proposition suivante permet de montrer facilement la mesurabilité d'une fonction.

Proposition. 2.7 (Première caractérisation de la mesurabilité). *Soient $(\mathbb{E}_1, \mathfrak{T}_2)$ et $(\mathbb{E}_2, \mathfrak{T}_2)$ deux espaces mesurables, avec $\mathfrak{T}_2 = \sigma(\mathcal{C})$ où $\mathcal{C}$ est une famille de parties de $\mathbb{E}_2$. Alors f est mesurable ssi $f^{-1}(\mathcal{C}) \subset \mathfrak{T}_1$ $(f^{-1}(B) \in \mathfrak{T}_1, \forall B \in \mathcal{C})$.*

Démonstration. $\Rightarrow$) Soit f est mesurable, alors pour tout $B \in \mathfrak{T}_2 = \sigma(\mathcal{C})$, $f^{-1}(B) \in \mathfrak{T}_1$, alors $\forall B \in \mathcal{C}$, $f^{-1}(B) \in \mathfrak{T}_1$, puisque $\mathcal{C} \subset \sigma(\mathcal{C})$.

$\Leftarrow$) Supposons donc que $f^{-1}(B) \in \mathfrak{T}_1, \forall B \in \mathcal{C}$, et considérons la tribu image de $\mathfrak{T}_1$ par f :

$$\mathfrak{T} = \{B \subset \mathbb{E}_2, f^{-1}(B) \in \mathfrak{T}_1\}.$$

Alors $\mathfrak{T}$ contient $\mathcal{C}$, donc $\mathfrak{T}$ contient $\sigma(\mathcal{C}) = \mathfrak{T}_2$, et en particulier, f est mesurable.

Proposition. 2.8. *Soient $(\mathbb{E}, \mathfrak{T})$ un espace mesurable et $f : \mathbb{E} \to (\mathbb{R}, \mathcal{B}(\mathbb{R}))$ une fonction. Alors les propriétés suivantes sont équivalentes.*

1. f est mesurable sur $\mathbb{E}$.

2. $\forall a \in \mathbb{R}, f^{-1}(]a, +\infty[) = \{x \in \mathbb{E}, f(x) > a\} \in \mathfrak{T}$.

3. $\forall a \in \mathbb{R}, f^{-1}([a, +\infty[) = \{x \in \mathbb{E}, f(x) \geq a\} \in \mathfrak{T}$.

4. $\forall a \in \mathbb{R}, f^{-1}(] -\infty, a[) = \{x \in \mathbb{E}, a < f(x)\} \in \mathfrak{T}$.

5. $\forall a \in \mathbb{R}, f^{-1}(] -\infty, a]) = \{x \in \mathbb{E}, a \geq f(x)\} \in \mathfrak{T}$.

6. $\forall a, b \in \mathbb{R}, f^{-1}(]a, b[) = \{x \in \mathbb{E}, a < f(x) < b\} \in \mathfrak{T}$.

Démonstration. Par proposition [1.7], et proposition précédente, puisque $\mathcal{B}(\mathbb{R}) = \sigma(]a, +\infty[) = \sigma([a, +\infty[) = \sigma(]-\infty, a[) = \sigma(]-\infty, a]) = \sigma(]a, b[), \forall a, b \in \mathbb{R}$.

Remarque 2.2. *Dans le cas* $\overline{\mathbb{R}} = \mathbb{R} \cup \{-\infty, +\infty\}$ *et* $\overline{\mathbb{R}}_+ = \mathbb{R}_+ \cup \{+\infty\}$, *les boréliens associés à ces ensembles sont respectivement engendrés par* $\{]a, +\infty], a \in \mathbb{R}\}$ *et* $\{]a, +\infty], a \in \mathbb{R}_+\}$, *avec la convention* $0 \times \infty = 0$.

Exemple 2.3. *Un cas particulier simple de fonctions mesurables est celui des fonctions continues de* $\mathbb{R}^n$ *dans* $\mathbb{R}^m$ *quand ces deux espaces sont munis de leurs tribus boréliennes. En-effet : On a* $\mathcal{B}(\mathbb{R}^n) = \sigma(\{O \subset \mathbb{R}^n, O \text{ **ouvert** }\})$. *Par continuité de* f, $f^{-1}(O)$ *est ouvert (donc dans* $\mathcal{B}(\mathbb{R}^m)$) *pour tout ouvert* O *de* $\mathbb{R}^n$.

Exemple 2.4. *Soient* $f, g : (\mathbb{E}, \mathfrak{T}) \to \mathbb{R}$ *mesurables. Alors la fonction*

$$\Phi : \mathbb{E} \longrightarrow \mathbb{R}^2$$
$$x \longmapsto \Phi(x) = (f(x), g(x)),$$

est mesurable. En effet, pour $A, B \in \mathcal{B}(\mathbb{R}), \Phi^{-1}(A \times B) = f^{-1}(A) \cap g^{-1}(B) \in \mathfrak{T}$. *Donc* Φ *est mesurable.*

Proposition. 2.9. *Soient* $(\mathbb{E}_1, \mathfrak{T}_1), (\mathbb{E}_2, \mathfrak{T}_2)$ *et* $(\mathbb{E}_3, \mathfrak{T}_3)$ *des espaces mesurables. Si* $f : \mathbb{E}_1 \to \mathbb{E}_2$ *et* $g : \mathbb{E}_2 \to \mathbb{E}_3$ *sont mesurables, alors* $g \circ f$ *l'est aussi.*

Démonstration. Soit $B \in \mathfrak{T}_3$. Alors $g^{-1}(B) \in \mathfrak{T}_2$ car g est mesurable. Comme f est mesurable, $(g \circ f)^{-1}(B) = f^{-1}(g^{-1}(B)) \in \mathfrak{T}_1$, donc $g \circ f$ est mesurable.

Proposition. 2.10. *Soit* $(\mathbb{E}, \mathfrak{T})$ *un espace mesurable,* $f, g : \mathbb{E} \to (\mathbb{R}, \mathcal{B}(\mathbb{R}))$ *des fonctions mesurables et* $\alpha \in \mathbb{R}$. *Alors* $f + \alpha$, αf, $f + g$, fg, $\inf(f, g)$, $\sup(f, g)$, $f^+ := \sup(f, 0)$, $f^- := -\inf(f, 0)$, $\dfrac{f}{g}, g \neq 0$ *et* $|f|$ *sont des fonctions mesurables.*

Démonstration. Si $f, g : \mathbb{E} \to (\mathbb{R}, \mathcal{B}(\mathbb{R}))$ des fonctions mesurables,

1. Montrer que $f + \alpha$ est mesurable. Pour tout nombre réel a,

$$\{x \in \mathbb{E}, f(x) + \alpha < a\} = \{x \in \mathbb{E}, f(x) < a - \alpha\}.$$

Puisque l'ensemble de droite est mesurable, nous avons que $f + \alpha$ est mesurable.

2. Montrer que αf est mesurable. Si $\alpha > 0$, alors $\{x \in \mathbb{E}, \alpha f(x) < a\} = \{x \in \mathbb{E}, f(x) < \frac{a}{\alpha}\}$. D'où αf est mesurable. Si $\alpha < 0$, alors $\{x \in \mathbb{E}, \alpha f(x) < a\} = \{x \in \mathbb{E}, f(x) > \frac{a}{\alpha}\}$. D'où αf est mesurable. Pour $\alpha = 0$, $\alpha f = 0$, est une fonction constante mesurable.

3. Montrer que $f(x) + g(x)$ est mesurable. Si $f(x) + g(x) < a$, alors $f(x) < a - g(x)$, et il existe un rationnel r tel que $f(x) < r < a - g(x)$. D'où

$$\{x \in \mathbb{E}, f(x) + g(x) < a\} = \bigcup_{r \in \mathbb{Q}} (\{x \in \mathbb{E}, f(x) < r\} \cap \{x \in \mathbb{E}, g(x) < a - r\}).$$

Donc $f + g$ est mesurable.

4. Les fonctions définies sur $\mathbb{R}^2$ dans $\mathbb{R}$, par

$$\Psi_1(x,y) = x + y, \quad \Psi_2(x,y) = xy, \quad \Psi_3(x,y) = \inf(x,y), \quad \Psi_4(x,y) = \sup(x,y),$$

$$\Psi_5(x,y) = \sup(x,0), \quad \Psi_6(x,y) = -\inf(x,0), \quad \Psi_7(x,y) = \frac{x}{y}, y \neq 0,$$

sont continues, donc mesurable. Par Proposition 2.9 et Exemple 2.4 on obtient $\Psi_i(\Phi)$ égale $f + g$, fg, $\inf(f,g)$, $\sup(f,g)$, f^+, f^-, $\frac{f}{g}, g \neq 0$, $i = 1, ..., 7$, respectivement,

5. On a $|f| = f^+ + f^-$. Donc $|f|$ est mesurable car c'est la somme de deux fonctions mesurables.

Remarque 2.3. *1. Si $|f|$ est une fonction mesurable alors on ne peut rien conclure sur la mesurabilité de f. En-effet : Soit $A \notin \mathfrak{T}$. On considère la fonction définie sur $\mathbb{E}$ par*

$$f(x) = \begin{cases} -1 & si \ x \notin A, \\ 1 & si \ x \in A \end{cases}$$

On a $|f| = 1$, est une fonction mesurable, mais f n'est pas mesurable car il existe $B = [0, +\infty[\in \mathcal{B}(\mathbb{R})$ tel que $f^{-1}([0, +\infty[) = A \notin \mathfrak{T}$.

2. On a $f^+ = \dfrac{|f| + f}{2} = \sup(f,0)$, $f^- = \dfrac{|f| - f}{2} = -\inf(f,0)$, $f = f^+ - f^-$, $|f| = f^+ + f^-$, $\sup(f,g) = \dfrac{|f - g| + f + g}{2}$, et $\inf(f,g) = \dfrac{-|f - g| + f + g}{2}$.

3. On a, f est mesurable $\Leftrightarrow$ f^-, f^+ sont mesurables. En-effet : Si $f \in \mathcal{M}$ alors $f^-, f^+ \in \mathcal{M}$ d'après la proposition précédente. Si $f^-, f^+ \in \mathcal{M}$ alors $f = f^- + f^+ \in \mathcal{M}$.

Proposition. 2.11. *Soit $(f_n)_{n \in \mathbb{N}}$ une suite de fonctions mesurables de $(\mathbb{E}, \mathfrak{T})$ dans $(\mathbb{R}, \mathcal{B}(\mathbb{R}))$.*

1. $\sup_{n \in \mathbb{N}}(f_n)$, $\inf_{n \in \mathbb{N}}(f_n)$ sont mesurables.

2. $\lim_{n \to +\infty} \sup(f_n)$, $\lim_{n \to +\infty} \inf(f_n)$ *sont mesurables.*

3. *Si* $\forall x \in \mathbb{E}$, $\lim_{n \to +\infty} f_n(x) = f(x)$ (f_n *converge simplement vers* f), *alors* f *est mesurable.*

4. *Soit* $\mathcal{C} = \{x \in \mathbb{E}, \lim_{n \to +\infty} f_n(x) \text{ existe }\}$, *alors* $\mathcal{C} \in \mathfrak{T}$.

Démonstration. 1. On pose $f(x) = \sup_{n \in \mathbb{N}}(f_n)$. Nous allons montrer que $\forall a \in \mathbb{R}$, $f^{-1}(]-\infty, a]) \in \mathfrak{T}$. Fixons donc $a \in \mathbb{R}$ et prenons $A = f^{-1}(]-\infty, a[)$. On remarque que

$$A = \{x \in \mathbb{E}, f(x) \leq a\} = \{x \in \mathbb{E}, f_n(x) \leq a, \forall n\} = \bigcap_{n \in \mathbb{N}} \{x \in \mathbb{E}, f_n(x) \leq a\}.$$

Pour tout n, $\{x \in \mathbb{E}, f_n(x) \leq a\} = f_n^{-1}(]-\infty, a[) \in \mathfrak{T}$ car f_n est mesurable. La famille $\mathfrak{T}$ est une tribu, elle est donc stable par intersection dénombrable donc $f^{-1}(A) \in \mathfrak{T}$. Il en va de même de $\inf_{n \in \mathbb{N}}(f_n) = -\sup_{n \in \mathbb{N}}(-f_n)$.

2. Pour $\lim_{n \to +\infty} \sup(f_n)$, on note $g_k = \sup_{n \geq k} f_n(x)$. D'après le résultat pour le sup, les fonctions g_k, $k \geq 1$, sont toutes mesurables. Puis $\lim_{n \to +\infty} \sup(f_n) = \inf_{n \geq k} g_k$ est mesurable car inf de fonctions mesurables. Pour $\lim_{n \to +\infty} \inf(f_n)$ enfin, l'argument est analogue ou on utilise $\lim_{n \to +\infty} \inf_{n \in \mathbb{N}}(f_n) = \lim_{n \to +\infty} -\sup_{n \in \mathbb{N}}(-f_n)$.

3. Si (f_n) converge simplement vers f. alors $f = \lim_{n \to +\infty} \sup(f_n)$, qui est mesurable d'après 2).

4. On a $\mathcal{C} = \{x \in \mathbb{E}, \lim_{n \to +\infty} f_n(x) \text{ existe }\} = \{x \in \mathbb{E}, \lim_{n \to +\infty} \inf f_n(x) = \lim_{n \to +\infty} \sup f_n(x)\}$ d'où $\mathcal{C} \in \mathfrak{T}$.

Nous approchons ici toute fonction mesurable réelle par une suite de fonctions étagées.

Proposition. 2.12 (Mesurabilité positive). *Soient* $(\mathbb{E}, \mathfrak{T})$ *un espace mesurable, et* $f : \mathbb{E} \to \overline{\mathbb{R}}_+$. *Alors* $f \in \mathcal{M}_+$ *si et seulement s'il existe une suite* $(f_n)_{n \in \mathbb{N}} \subset \mathcal{E}^+$, *telle que :*

1. *pour tout* $x \in \mathbb{E}$, $f_n(x) \to f(x)$, *quand* $n \to +\infty$,

2. $f_{n+1}(x) \geq f_n(x)$, *pour tout* $x \in \mathbb{E}$, *et tout* $n \in \mathbb{N}$.

Les deux conditions précédentes seront notées dans la suite sous la forme $f_n \uparrow f$ *quand* $n \to +\infty$.

Démonstration. Soit $(f_n)_{n \in \mathbb{N}} \subset \mathcal{E}^+$ tel que $f_n \uparrow f$ quand $n \to +\infty$. On remarque que, pour tout $\alpha \in \mathbb{R}$,

$$f^{-1}(]\alpha, +\infty]) = \bigcup_{n \in \mathbb{N}} f_n^{-1}(]\alpha, +\infty[).$$

Comme f_n est mesurable, pour tout $n \in \mathbb{N}$, on a $f_n^{-1}(]\alpha, +\infty[) \in \mathfrak{T}$ pour tout $n \in \mathbb{N}$ et donc, par stabilité de $\mathfrak{T}$ par union dénombrable, $f^{-1}(]\alpha, +\infty]) \in \mathfrak{T}$, donc $f \in \mathcal{M}_+$.

Réciproquement, on suppose que $f \in \mathcal{M}_+$. Pour $n \in \mathbb{N}^*$, on définit la fonction f_n par :

$$f_n(x) = \begin{cases} \frac{p}{2^n} & \text{si } f(x) \in [\frac{p}{2^n}, \frac{p+1}{2^n}[, \text{ avec } p \in \{0, ..., n2^n - 1\}, \\ n & \text{si } f(x) \geq n, \end{cases}$$

de sorte que

$$f_n(x) = n 1_{\{x \in \mathbb{E}, f(x) \geq n\}} + \sum_{p=0}^{n2^n - 1} \frac{p}{2^n} 1_{\{x \in \mathbb{E}, f(x) \in [\frac{p}{2^n}, \frac{p+1}{2^n}[\}}.$$

Comme $f \in \mathcal{M}_+$, on a $\{x \in \mathbb{E}, f(x) \geq n\} \in \mathfrak{T}$ et $\{x \in \mathbb{E}, f(x) \in [\frac{p}{2^n}, \frac{p+1}{2^n}[\} \in \mathfrak{T}$ pour tout n et tout p, on a donc $(f_n)_{n \in \mathbb{N}^*} \subset \mathcal{E}^+$.

On montre maintenant que, pour tout $x \in \mathbb{E}$, on a $f_n(x) \to f(x)$, quand $n \to +\infty$. Si $f(x) < +\infty$. On a alors, pour $n \geq f(x), |f(x) - f_n(x)| \leq \frac{1}{2^n}$. On a donc $f_n(x) \to f(x)$, quand $n \to +\infty$. On suppose $f(x) = +\infty$. On a alors $f_n(x) = n$ pour tout $n \in \mathbb{N}^*$ et donc $f_n(x) \to f(x)$, quand $n \to +\infty$.

On montre enfin que, pour tout $x \in \mathbb{E}$ et pour tout $n \in \mathbb{N}^*$, on a $f_{n+1}(x) \geq f_n(x)$. Soit $x \in \mathbb{E}$ et $n \in \mathbb{N}^*$. On distingue trois cas :

Si $f(x) \geq n + 1$. On a alors $f_{n+1}(x) = n + 1 > n = f_n(x)$.

Si $n \leq f(x) < n+1$. Il existe alors $i \in \{n2^{n+1}, ..., (n+1)2^{n+1} - 1\}$ tel que $f(x) \in [\frac{i}{2^{n+1}}, \frac{i+1}{2^{n+1}}[$. On a alors $f_n(x) = n \leq \frac{i}{2^{n+1}} = f_{n+1}(x)$.

Si $f(x) < n$. Il existe alors $p \in \{0, 1, ...n2^n - 1\}$ tel que $f(x) \in [\frac{p}{2^n}, \frac{p+1}{2^n}[= [\frac{2p}{2^{n+1}}, \frac{2(p+1)}{2^{n+1}}[$. Si $f(x) \in [\frac{2p}{2^{n+1}}, \frac{2p+1}{2^{n+1}}[$, on a $f_n(x) = \frac{p}{2^n} = \frac{2p}{2^{n+1}} = f_{n+1}(x)$. Si $f(x) \in [\frac{2p+1}{2^{n+1}}, \frac{2(p+1)}{2^{n+1}}[$, on a $f_n(x) = \frac{p}{2^n} < \frac{2p+1}{2^{n+1}} = f_{n+1}(x)$. On a toujours $f_n(x) \leq f_{n+1}(x)$.

Remarque 2.4. *Si la fonction f est à valeurs réelles et bornée, alors la suite f_n définie dans la preuve de la proposition précédente converge en fait uniformément vers f.*

Proposition. 2.13 (Mesurabilité sans signe). *Soit $(\mathbb{E}, \mathfrak{T})$ un espace mesurable, et $f : \mathbb{E} \to \mathbb{R}$. On suppose que f est mesurable. Il existe une suite $(f_n)_{n \in \mathbb{N}} \subset \mathcal{E}$ telle que, pour tout $x \in \mathbb{E}, f_n(x) \to f(x)$, quand $n \to +\infty$.*

Démonstration. On a $f = f^+ - f^-$, et comme $f^+, f^- \in \mathcal{M}_+$, Donc il existe $((f_n)_{n \in \mathbb{N}} \subset \mathcal{E}^+$ et $(g_n)_{n \in \mathbb{N}} \subset \mathcal{E}^+$ t.q. $f_n \uparrow f^+$ et $g_n \uparrow f^-$ quand $n \to +\infty$. On pose $h_n = f_n - g_n$, de sorte que $h_n(x) \to f(x)$, quand $n \to +\infty$, pour tout $x \in \mathbb{E}$. D'autre part, comme $\mathcal{E}$ est un espace vectoriel, on a $(h_n)_{n \in \mathbb{N}} \subset \mathcal{E}$.

Proposition. 2.14 (Deuxième caractérisation de la mesurabilité). *Soit* $(\mathbb{E}, \mathfrak{T})$ *un espace mesurable, et* $f : \mathbb{E} \to \mathbb{R}$. *Alors, f est mesurable si et seulement s'il existe une suite* $(f_n)_{n \in \mathbb{N}} \subset \mathcal{E}$ *telle que, pour tout* $x \in \mathbb{E}$, $f_n(x) \to f(x)$, *quand* $n \to +\infty$.

Démonstration. Cette caractérisation est donnée par la proposition précédente pour le "sens seulement si" et par la propriété 3 de la proposition ?? pour le sens "si".

2.4 Convergence p.p et convergence en mesure.

On introduit ici plusieurs notions de convergence de fonctions définies sur un espace mesuré et on donne des liens entre ces différentes convergences.

Définition 2.5 (égalité presque partout). *Soient* $(\mathbb{E}_1, \mathfrak{T}, \mu)$ *un espace mesuré,* $\mathbb{E}_2$ *un ensemble et f et g des fonctions définies de* $\mathbb{E}_1$ *dans* $\mathbb{E}_2$, *on dit que $f = g$ μ-presque partout (et on note $f = g$ $\mu - p.p.$) si l'ensemble* $\{x \in \mathbb{E}_1, f(x) \neq g(x)\}$ *est négligeable, c'est-à-dire qu'il existe* $A \in \mathfrak{T}$ *tel que* $\{f \neq g\} \subset A$ *et* $\mu(A) = 0$ *et* $f(x) = g(x)$ *pour tout* $x \in A^c$.

Remarque 2.5. *On peut remarquer que si f et g sont mesurables, alors* $\{f \neq g\}$ *est mesurable et donc $f = g$ presque partout si et seulement si* $\mu(\{f \neq g\}) = 0$.

Définition 2.6 (Convergence presque partout). *Soient* $(\mathbb{E}_1, \mathfrak{T}, \mu)$ *un espace mesuré,* $\mathbb{E}_2$ *un ensemble,* $(f_n)_{n \in \mathbb{N}}$ *une suite de fonctions de* $\mathbb{E}_1$ *dans* $\mathbb{E}_2$ *et f une fonction de* $\mathbb{E}_1$ *dans* $\mathbb{E}_2$, *on dit que f_n converge presque partout vers f* $(f_n \to f p.p.)$ *s'il existe une partie A de* $\mathbb{E}_1$, *négligeable, t.q., pour tout élément x de A^c, la suite* $(f_n)_{n \in \mathbb{N}}$ *converge vers* $f(x)$.

Remarque 2.6. 1. *Si les fonctions f_n et f sont mesurables, alors la suite* $(f_n)_n$ *converge presque par tout vers f si*

$$\mu(\{\lim_{n \to \infty} f_n \neq f\}) = 0.$$

2. *La convergence simple implique la convergence presque partout car si* $f_n \to f$ *simplement on a*

$$\mu(\{\lim_{n \to \infty} f_n \neq f\}) = \mu(\varnothing) = 0.$$

Exemple 2.5. *Soient* $([0,1], \mathcal{B}([0,1]), \lambda)$ *espace mesuré, et* $(f_n)_n$ *la suite de fonctions définie par* $f_n(x) = (-x)^n$. *Pour tout* $x \in [0,1[$ *on a* $\lim_{n \to \infty} f_n(x) = 0$ *et*

$$\lambda(\{x \in [0,1], \lim_{n \to \infty} f_n(x) \neq 0\}) = \lambda(\{1\}) = 0.$$

Donc $\lim_{n \to \infty} f_n(x) = 0$ *p.p.*

On note les propriétés élémentaires suivantes de convergence presque partout.

Définition 2.7 (Convergence presque uniforme). *Soient $(\mathbb{E}_1, \mathfrak{T}, \mu)$ un espace mesuré, $(f_n)_{n \in \mathbb{N}} \in \mathcal{M}$ et $f \in \mathcal{M}$, on dit que f_n converge presque uniformément vers f ($f_n \to f\,p.u.$) si, pour tout $\epsilon > 0$, il existe $A \in \mathfrak{T}$ tel que $\mu(A) < \epsilon$ et $(f_n)_{n \in \mathbb{N}}$ converge uniformément vers $f(x)$ sur A^c.*

$$\lim_{n \to \infty} \left(\sup_{x \in A^c} |f_n(x) - f(x)| \right) = 0.$$

Remarque 2.7. *La convergence presque uniforme entraîne la convergence presque partout (voir Exercice 2.24).*

Définition 2.8 (Convergence en mesure). *Soient $(\mathbb{E}_1, \mathfrak{T}, \mu)$ un espace mesuré, $(f_n)_{n \in \mathbb{N}} \in \mathcal{M}$ et $f \in \mathcal{M}$, on dit que f_n converge en mesure vers f, si*

$$\forall \epsilon > 0, \ \lim_{n \to +\infty} \mu(\{x \in \mathbb{E}, |f(x) - f_n(x)| \geq \epsilon\}) = 0.$$

Remarque 2.8. *La convergence presque partout n'entraîne pas la convergence en mesure. En-effet : Soient $(\mathbb{R}, \mathcal{B}(\mathbb{R}), \lambda)$ espace mesuré, et $(f_n)_n$ la suite de fonctions définie par $f_n = 1_{[n,n+1]}$, il existe $n_0 = [x] + 1$ tel que pour tout $n \geq n_0$ on a $f_n(x) = 0$. Alors $(f_n)_n$ converge simplement vers 0 sur $\mathbb{R}$. Ce qui donne $\lim_{n \to \infty} f_n(x) = 0$ p.p. D'autre part si on pose $\varepsilon = 1$ on a*

$$\lambda(\{x \in \mathbb{R}, |f_n(x) - 0| \geq 1\}) = \lambda(\{x \in \mathbb{R}, 1_{[n,n+1]} \geq 1\}) = \lambda([n, n+1]) = 1.$$

donc f_n ne tend pas vers 0 en mesure.

Proposition. 2.15. *Soit $(\mathbb{E}, \mathfrak{T}, \mu)$ un espace mesuré.*

1. *Si μ est une mesure finie, la convergence μ-p.p. entraine la convergence en mesure.*

2. *Réciproquement, la convergence en mesure d'une suite de fonctions mesurables $(f_n)_n$ de $(\mathbb{E}, \mathfrak{T})$ dans $\mathbb{R}$, vers une fonction mesurable f entraine l'existence d'une sous suite $(f_{n_j})_{n_j}$ qui converge μ-p.p. vers f.*

Démonstration. 1. Nous montrons que

$$\forall \epsilon > 0 \ \lim_{n \to +\infty} \mu(\{x \in \mathbb{E}, |f(x) - f_n(x)| \geq \epsilon\}) = 0.$$

Soit ϵ un nombre positif, et les ensembles $A_1, A_2, \dots$ et $B_1, B_2, \dots$ par

$$A_n = \{x \in \mathbb{E}, |f(x) - f_n(x)| \geq \epsilon\},$$

et $B_n = \bigcup_{k \geq n} A_k$. La suit $\{B_n\}$ est décroissante, et son intersection est incluse dans

$$\{x \in \mathbb{E}, \{f_n(x)\} \text{ ne converge pas vers } f(x)\}.$$

Ainsi $\mu(\bigcap_n B_n) = 0$, alors par continuité décroissante de mesure on a $\lim_n \mu(B_n) = 0$. Puisque $A_n \subset B_n$, il s'ensuit que

$$\lim_{n \to +\infty} \mu(\{x \in \mathbb{E}, |f(x) - f_n(x)| \geq \epsilon\}) = \lim_n \mu(A_n) = 0.$$

Donc $(f_n)_n$ converge vers f en mesure.

2. Observons que l'on peut construire une suite d'entiers n_j strictement croissante telle que pour tout j, $\mu(\{|f_{n_j} - f| \geq \frac{1}{2^j}\}) \leq \frac{1}{2^j}$. Montrons que $f_{n_j} \to f$ μ-p.p. Posons $A_j = \{|f_{n_j} - f| \geq \frac{1}{2^j}\}$. On a

$$\limsup_{n \to \infty} A_j = \bigcap_j \bigcup_{k \geq j} A_k \in \mathfrak{T},$$

et on a $\mu(\limsup_{n \to \infty} A_j) = 0$, car

$$\sum_{j \geq 1} \mu(A_j) \leq \sum_{j \geq 1} \frac{1}{2^j} < \infty,$$

et donc

$$\mu(\bigcup_{k \geq j} A_k) \leq \sum_{k \geq j} \mu(A_k) \to_{n \to \infty} 0,$$

Soit $x \notin \limsup_{n \to \infty} A_j$. On a $\exists j_0, \forall j \geq j_0, x \notin A_j$, et donc $\forall j \geq j_0, |f_{n_j} - f| < \frac{1}{2^j}$. Il s'en suit que $f_{n_j}(x) \to f(x)$. D'où $(f_{n_j})_{n_j}$ converge μ-p.p. vers f.

$\square$

Exemple 2.6. *Soit $([0, 1[, \mathcal{B}([0, 1[), \lambda)$ espace mesuré. Soit la suite $(f_n)_n$ de fonctions définie par $f_n = 1_{[\frac{1}{n}, \frac{2}{n}[}$. Montrer que $\lim_{n \to \infty} f_n(x) = 0$ en mesure, mais que $(f_n)_n$ ne converge pas vers 0 presque partout.*

En-effet : $\forall \epsilon > 0$, on a $\lambda(\{x \in [0, 1[, |0 - f_n(x)| \geq \epsilon\}) \subset [\frac{1}{n}, \frac{2}{n}[$, donc

$$\lim_{n \to +\infty} \lambda(\{x \in [0, 1[, |f(x) - 0| \geq \epsilon\}) \leq \lambda([\frac{1}{n}, \frac{2}{n}[= \frac{1}{n} \to 0.$$

Il s'ensuit que $\lim_{n \to \infty} f_n(x) = 0$ en mesure. D'autre part

$$\limsup_{n \to \infty} f_n(x) = 1 \neq \liminf_{n \to \infty} f_n(x) = 0,$$

alors pour tout $x \in [0, 1[, \lim_{n \to \infty} f_n(x) \neq 0$. D'où

$$\lim_{n \to +\infty} \lambda(\{x \in [0, 1[, \lim_{n \to \infty} f_n(x) \neq 0\}) = \lambda([0, 1[) = 1.$$

et donc $(f_n)_n$ ne peut converger presque partout vers 0.

2.5 Exercices avec solutions.

Exercice 2.1. *Soit* $f : \mathbb{E} \to \mathbb{R}$ *une fonction ne prenant qu'un nombre fini de valeurs. Montrer que* f *s'écrit comme combinaison linéaire de fonctions caractéristiques.*

Solution 2.1. *Soit* $a_1, ..., a_n$ *les valeurs prises par* f *(noter que* $a_i \neq a_j$ *si* $i \neq j$*). On pose alors* $A_i = \{x \in \mathbb{E}, f(x) = a_i\}$*. On voit alors que*

$$f = \sum_{i=1}^{n} a_i 1_{A_i}.$$

Exercice 2.2. *Pour tout* $n \geqslant 1$*, on définit la fonction étagée* $\varphi_n : [0, +\infty] \longrightarrow [0, +\infty[$ *par*

$$\varphi_n(t) = \begin{cases} 2^{-n} E\left(2^n t\right) & si\ 0 \leqslant t < n, \\ n & si\ t \geqslant n \end{cases}$$

où $E(x)$ *désigne la partie entière de* $x \in \mathbb{R}$*.*

1. *Démontrer que* $0 \leqslant \varphi_n(t) \leqslant \varphi_{n+1}(t)$ *pour tout* $t \in [0, +\infty]$ *et* $n \geqslant 1$*.*

2. *On pose* $f_n = \varphi_n \circ f$*. Vérifier que* f_n *est étagée et montrer que la suite* $(f_n)_n$ *est croissante.*

3. *Démontrer que si* $f(x) < \infty$ *alors pour* n *suffisament grand on a*

$$f(x) - 2^{-n} \leqslant f_n(x) \leqslant f(x).$$

Conclure.

Solution 2.2. *1. On a trois cas*

a Pour $t \geqslant n+1$ *(ou aussi* $t = +\infty$ *). Alors* $\varphi_{n+1}(t) = n+1 > n = \varphi_n(t)$*.*

b Pour $n \leqslant t < n+1$*. D'après la croissance de la fonction partie entière on a*

$$E\left(2^{n+1} t\right) \geqslant E\left(2^{n+1} n\right) = 2^{n+1} n,$$

ce qui implique que

$$\varphi_{n+1}(t) = \frac{1}{2^{n+1}} E\left(2^{n+1} t\right) \geqslant n = \varphi_n(t).$$

c Pour $0 \leqslant t < n$*. Puisque*

$$2^{n+1} t \geqslant 2E\left(2^n t\right) \in \mathbb{N},$$

on a

$$E\left(2^{n+1} t\right) \geqslant 2E\left(2^n t\right),$$

alors

$$\varphi_{n+1}(t) = \frac{1}{2^{n+1}} E\left(2^{n+1}t\right) \geqslant \frac{1}{2^n} E\left(2^n t\right) = \varphi_n(t).$$

Donc dans tout les cas, pour tout $t \in [0, +\infty]$ et $n \geqslant 1$ on a

$$\varphi_n(t) \leqslant \varphi_{n+1}(t)$$

2. Il est clair que les applications φ_n sont étagées pour tout $n \geqslant 1$, alors les f_n sont aussi étagées car

$$f_n(\mathbb{E}) = \varphi_n(f(\mathbb{E})) = \varphi_n([0, +\infty]),$$

est finie. D'autre part par la croissance de la suite $(\varphi_n)_n$ on peut écrire

$$f_n(x) = \varphi_n(f(x)) \leqslant \varphi_{n+1}(f(x)) = f_{n+1}(x), \forall n \geqslant 1, \forall x \in \mathbb{E}.$$

3. Pour n suffisamment grand choisissons $n > f(x)$, dans ce cas nous avons

$$f_n(x) = \frac{1}{2^n} E\left(2^n f(x)\right),$$

par les propriétés de la partie entière

$$2^n f(x) - 1 \leqslant E\left(2^n f(x)\right) \leqslant 2^n f(x),$$

donc

$$f(x) - \frac{1}{2^n} \leqslant f_n(x) \leqslant f(x),$$

finalement par le passage à la limite quand $n \longrightarrow +\infty$ nous concluons que $f_n \longrightarrow f$ simplement.

Exercice 2.3. *Dans la tribu $\mathcal{B}(\overline{\mathbb{R}_+})$.*

1. *Montrer que $\{[0, \beta[, \beta \in \mathbb{R}_+^*\}$ engendre $\mathcal{B}(\overline{\mathbb{R}_+})$.*

2. *Montrer que $\{]0, \beta[, \beta \in \mathbb{R}_+^*\}$ n'engendre pas $\mathcal{B}(\overline{\mathbb{R}_+})$.*

Solution 2.3. *1. On note $\mathcal{C} = \{[0, \beta[, \beta \in \mathbb{R}_+^*\}$. Comme $[0, \beta[$ est un ouvert de $\overline{\mathbb{R}_+}$ pour tout $\beta \in \mathbb{R}_+^*$, on a $\mathcal{C} \subset \mathcal{B}(\overline{\mathbb{R}_+})$ et donc $\sigma(\mathcal{C}) \subset \mathcal{B}(\overline{\mathbb{R}_+})$.*

Par stabilité d'une tribu par passage au complémentaire, on a $\{[\beta, \infty], \beta \in \mathbb{R}_+^*\} \subset \sigma(\mathcal{C})$. Comme $[0, \infty] = [0, 1[\cup[1, \infty] \in \sigma(\mathcal{C})$, on a aussi $\{[\alpha, \infty], \alpha \in \mathbb{R}_+\} \subset \sigma(\mathcal{C})$. Par stabilité d'une tribu par intersection, on a alors $\{[\alpha, \beta[, \alpha < \beta, \alpha, \beta \in \mathbb{R}_+\} \subset \sigma(\mathcal{C})$. Par stabilité d'une tribu par union dénombrable, on montre alors que $\{]\alpha, \beta[, \alpha < \beta, \alpha, \beta \in \mathbb{R}_+\} \subset \sigma(\mathcal{C})$ et $\{]\beta, \infty], \beta \in \mathbb{R}_+^*\} \subset \sigma(\mathcal{C})$. Comme tout ouvert de $\overline{\mathbb{R}_+}$ est une réunion au plus dénombrable d'intervalles du type $]\alpha, \beta[$ (avec $\alpha, \beta \in \mathbb{R}_+ \cap \mathbb{Q}$), $[0, \beta[$ (avec $\beta \in \mathbb{R}_+ \cap \mathbb{Q}$) et $]\beta, \infty]$ (avec $\beta \in \mathbb{R}_+ \cap \mathbb{Q}$), on en déduit que tout ouvert de $\overline{\mathbb{R}_+}$ est dans $\sigma(\mathcal{C})$ et donc $\mathcal{B}(\overline{\mathbb{R}_+}) \subset \sigma(\mathcal{C})$.

2. *On prend un ensemble $\mathbb{E}$ (ayant au moins 2 éléments) et une tribu $\mathfrak{T}$ sur $\mathbb{E}$ différente de $\mathcal{P}(\mathbb{E})$. Soit alors $A \subset \mathbb{E}$, $A \notin \mathfrak{T}$. On définit f de $\mathbb{E}$ dans $\overline{\mathbb{R}_+}$ par $f(x) = \infty$ si $x \in A$ et $f(x) = 0$ si $x \notin A$. Comme $A \notin \mathfrak{T}$, la fonction f est non mesurable $(f^{-1}(]1,\infty]) = A \notin \mathfrak{T})$. On a pourtant $f^{-1}(]0,\beta[) = \varnothing \in \mathfrak{T}$ pour tout $\beta \in \mathbb{R}_+^*$. Ceci montre que $\{]0,\beta[, \beta \in \mathbb{R}_+^*\}$ n'engendre pas $\mathcal{B}(\overline{\mathbb{R}_+})$.*

Exercice 2.4. *Soit $f : \mathbb{E} \to \mathbb{R}$ une fonction. Montrer qu'elle est mesurable si et seulement si les ensembles*

$$\{x \in \mathbb{E}, f(x) > r\}, \forall r \in \mathbb{Q},$$

sont mesurables.

Solution 2.4. *Cette condition est évidemment nécessaire et elle est aussi suffisante parce que tout nombre réel a peut s'écrire comme la limite d'une suite décroissante de nombres rationnels r_n. On a*

$$\{x \in \mathbb{E}, f(x) > a\} = \bigcup_{n \in \mathbb{N}} \{x \in \mathbb{E}, f(x) > r_n\} \in \mathfrak{T}.$$

Exercice 2.5. *Soit $(\mathbb{E}, \mathfrak{T})$ un espace mesurable et $f : \mathbb{E} \to \mathbb{R}$ une fonction mesurable. Montrer que la troncature f_a, $a > 0$, de f définie par :*

$$f_a(x) = \begin{cases} -a & \text{si } f(x) < -a, \\ f(x) & \text{si } |f(x)| \leq a \\ a & \text{si } f(x) > a \end{cases} .$$

est mesurable.

Solution 2.5. *Soient*

$$\begin{aligned}
E_1 &= \{x \in \mathbb{E}, f(x) < -a\} = f^{-1}(]-\infty, -a[), \\
E_2 &= \{x \in \mathbb{E}, |f(x)| \leq a\} = f^{-1}([-a, a]), \\
E_1 &= \{x \in \mathbb{E}, f(x) > a\} = f^{-1}(]a, +\infty[).
\end{aligned}$$

Comme $]-\infty, -a[, [-a, a],]a, +\infty[$ appartiennent à la tribu borélienne et f est mesurable, les ensembles E_1, E_2, et E_3 appartiennent à $\mathfrak{T}$. Alors $f_a = f 1_{E_2} - a 1_{E_1} + a 1_{E_3}$ est mesurable comme somme de produits de fonctions mesurables.

Exercice 2.6. *Soit la fonction* $f : (\mathbb{R}^2, \mathcal{B}(\mathbb{R}^2)) \to (\mathbb{R}, \mathcal{B}(\mathbb{R}))$ *définie par*

$$
f(x,y) = \begin{cases}
\frac{1}{(1+x)^2} & si \ x > 0 \ et \ x < y \leq 2x, \\[2mm]
\frac{-1}{(1+x)^2} & si \ x > 0 \ et \ 2x < y \leq 3x \\[2mm]
0 & si \ x > 0 \ et \ y \notin\,]x, 3x[\\[2mm]
0 & si \ x \leq 0.
\end{cases}
$$

Pour tout $n \in \mathbb{N}^*$, *on pose*

$$
A_n = \{(x,y) \in \mathbb{R}^2, x > 0, x < y < 2x + \frac{1}{n}\} \ et \ B_n = \{(x,y) \in \mathbb{R}^2, x > 0, 2x < y < 3x + \frac{1}{n}\}.
$$

Déterminer $A = \bigcap_{n \geq 1} A_n$ *et* $B = \bigcap_{n \geq 1} B_n$. *En déduire que la fonction* f *est mesurable.*

Solution 2.6. *On a* $A = \{(x,y) \in \mathbb{R}^2, x > 0, x < y \leq 2x\}$ *et* $B = \{(x,y) \in \mathbb{R}^2, x > 0, 2x < y \leq 3x\}$. *On pose maintenant* $g(x,y) = \dfrac{1}{(1 + |x|)^2}$ *pour tout* $(x,y) \in \mathbb{R}^2$. *La fonction* $g : (\mathbb{R}^2, \mathcal{B}(\mathbb{R}^2)) \to (\mathbb{R}, \mathcal{B}(\mathbb{R}))$ *est mesurable car elle est continue. On remarque maintenant que*

$$
f = g 1_A - g 1_B,
$$

Pour tout $n \in \mathbb{N}^*$ *les ensembles* A_n *et* B_n *sont des ouverts de* $\mathbb{R}^2$ *ils appartiennent donc à* $\mathcal{B}(\mathbb{R}^2)$. *On en déduit que* $A, B \in \mathcal{B}(\mathbb{R}^2)$ *et alors les fonctions* 1_A *et* 1_B *sont mesurables. En fin la fonction* f *est mesurable comme somme de produits de fonctions mesurables.*

Exercice 2.7. *Soit* $f : \mathbb{E}_1 \to \mathbb{E}_2$ *une application. Peut-on toujours trouver des tribus* $\mathfrak{T}_1, \mathfrak{T}_2$, *respectivement de* $\mathbb{E}_1$ *et* $\mathbb{E}_2$, *telles que* f *est mesurable pour ces tribus ?*

Solution 2.7. *Oui, cela existe toujours : en effet si on prend* $\mathfrak{T}_1 = \mathcal{P}(\mathbb{E}_1)$, *l'application est trivialement mesurable. De même si on prend* $\mathfrak{T}_2 = \{\mathbb{E}_2, \varnothing\}$ *(la tribu grossière), alors* f *est trivialement mesurable.*

Exercice 2.8. *Soit* $(\mathbb{E}_1, \mathfrak{T}_1)$ *et* $(\mathbb{E}_2, \mathfrak{T}_2)$ *deux espaces mesurables. Soit* $f : E_1 \to \mathbb{E}_2$ *et* $g : \mathbb{E}_2 \to \mathbb{R}$ *($\mathbb{R}$ est muni, comme toujours, de la tribu borélienne). On suppose que* f *et* g *sont mesurables. Montrer que* $g \circ f$ *est mesurable (de* $\mathbb{E}$ *dans* $\mathbb{R}$*).*

Solution 2.8. *Soit* $B \in \mathcal{B}(\mathbb{R})$, *on remarque que* $(g \circ f)^{-1}(B) = f^{-1}(g^{-1}(B))$. *Comme* $g^{-1}(B) \in \mathfrak{T}_2$ *car* g *est mesurable, on a donc* $f^{-1}(g^{-1}(B)) \in \mathfrak{T}_1$ *car* f *est mesurable. Ceci montre bien que* $g \circ f$ *est mesurable (de* $\mathbb{E}$ *dans* $\mathbb{R}$*).*

Exercice 2.9. *Soit* $(\mathbb{E}_1, \mathfrak{T})$ *un espace mesurable,* $(\mathbb{E}_2, \mathcal{T})$ *un espace topologique,* $f_1, f_2 : \mathbb{E}_1 \to \mathbb{R}$ *des applications mesurables, et* $g : \mathbb{R}^2 \to \mathbb{E}_2$ *une application continue. Pour tout* $x \in \mathbb{E}_1$, *on note* $h(x) = g(f_1(x), f_2(x))$. *Alors* $h : \mathbb{E}_1 \to \mathbb{E}_2$ *est mesurable.*

Solution 2.9. *Notons $F(x) = (f_1(x), f_2(x))$ de sorte que $F : \mathbb{E}_1 \to \mathbb{R}^2$. Alors $h = g \circ F$. Comme g est borélienne (car continue), il suffit de vérifier que F est mesurable. Soient $I_1, I_2 \subset \mathbb{R}$ deux intervalles, et soit $R = I_1 \times I_2 \subset \mathbb{R}^2$. Alors $F^{-1}(R) = f_1^{-1}(I_1) \cap f_2^{-1}(I_2) \in \mathfrak{T}$. Comme la tribu de Borel sur $\mathbb{R}^2$ est engendrée par les rectangles de la forme ci-dessus, on a que F est mesurable.*

Exercice 2.10. *Soit f une application de $\mathbb{R}$ dans $\mathbb{R}$. On munit $\mathbb{R}$ (au départ et à l'arrivée) de la tribu borélienne.*

1. *On suppose f continue. Montrer que f est mesurable (on dit aussi que f est borélienne).*

2. *On suppose f croissante. Montrer que f est mesurable.*

Solution 2.10. *Soit $f : \mathbb{R} \to \mathbb{R}$.*

1. *Soit O un ouvert de $\mathbb{R}$. Comme f est continue, $f^{-1}(O)$ est aussi un ouvert de $\mathbb{R}$, donc $f^{-1}(O) \in \mathcal{B}(\mathbb{R})$. Comme l'ensemble des ouverts engendre $\mathcal{B}(\mathbb{R})$, on en déduit que f est mesurable.*

2. *Soit $a \in \mathbb{R}$. On pose $A = f^{-1}([a, +\infty[)$. On suppose $A \neq \varnothing$ (si $A = \varnothing$, on a bien $A \in \mathcal{B}(\mathbb{R})$). Si $x \in A$, on a $f(x) \geq a$ et, comme f est croissante, on a aussi $f(y) \geq a$ pour tout $y \geq x$. Donc, $[x, +\infty[\subset A$. En posant $b = \inf A \in \mathbb{R} \cup \{-\infty\}$, on en déduit que $]b, +\infty[\subset A \subset [b, +\infty[$. A est donc nécessairement un intervalle (dont la borne supérieure est ∞), ce qui prouve que $A \in \mathcal{B}(\mathbb{R})$, on en déduit que f est mesurable.*

Exercice 2.11. *On munit $\mathbb{R}$ de sa tribu borélienne. La fonction $1_{\mathbb{Q}}$ est-elle mesurable ?*

Solution 2.11. *Oui, la fonction $1_{\mathbb{Q}}$ est mesurable. En effet, si $A \in \mathcal{B}(\mathbb{R})$, on a*

$$
(1_{\mathbb{Q}})^{-1}(A) = \begin{cases} \varnothing & \textit{si } 0, 1 \notin A, \\ \mathbb{R} & \textit{si } 0, 1 \in A \\ \mathbb{Q} & \textit{si } 1 \in A \wedge 0 \notin A \\ \mathbb{R} - \mathbb{Q} & \textit{si } 0 \in A \wedge 1 \notin A \end{cases}.
$$

Comme ces 4 ensembles sont des boréliens, on en déduit que $1_{\mathbb{Q}}$ est borélienne.

Exercice 2.12. *Soient $(\mathbb{E}, d)$ un espace métrique (par exemple $\mathbb{R}$), et $(f_n)_{n \geq 1}$ une suite de fonctions $\mathbb{E} \to \mathbb{R}$ mesurables. Pourquoi la fonction $\limsup_{n \geq 1} f_n$ est-elle mesurable ?*

Solution 2.12. *Il suffit de montrer que* $\sup_{n\geq 1} f_n$ *est mesurable. rappelons que* $\{]a, +\infty[, a \in \mathbb{R}\}$ *engendre* $\mathcal{B}(\mathbb{R}))$, *il suffit de montrer que pour tout* $a > 0, \{x, \sup_{n>1} f_n(x) > a\}$ *est mesurable. Ceci découle de l'écriture :*

$$\{x, \sup_{n\geq 1} f_n(x) > a\} = \bigcup_{n\geq 1}\{x, f_n(x) > a\}.$$

C'est un ensemble mesurable, étant une union dénombrable d'ensembles mesurables (car $\{x, \sup_{n\geq 1} f_n(x) > a\} = f^{-1}(]a, +\infty[)$ *est mesurable,* f_n *étant mesurable).*

Exercice 2.13. *Soit* $f :]0, 1[\to \mathbb{R}$ *une fonction dérivable. montrer que la fonction dérivée* f' *est mesurable.*

Solution 2.13. *Pour* $x \in]0, 1[$,

$$f'(x) = \lim_{n\to+\infty} \frac{f(x + \frac{1}{n}) - f(x)}{\frac{1}{n}},$$

ainsi f' *est mesurable comme une limite simple de fonctions mesurables.*

Exercice 2.14. *Soient* $(\mathbb{E}, \mathfrak{T})$ *un espace mesurable,* $(f_n(x))_{n\in\mathbb{N}}$ *une suite de fonctions mesurables réelles sur* $\mathbb{E}$ *et* A *l'ensemble des éléments* x *de* $\mathbb{E}$ *tels que la suite* $(f_n(x))_{n\in\mathbb{N}}$ *soit de Cauchy. Montrer que* $A \in \mathfrak{T}$.

Solution 2.14. *Puisque* $\mathbb{R}$ *est un espace métrique complet, pour tout* $x \in A$ *la suite réelle* $(f_n(x))_{n\in\mathbb{N}}$ *est de Cauchy si et seulement si elle est convergente dans* $\mathbb{R}$, *donc si et seulement si la fonction* $h = \limsup f_n - \liminf f_n$ *s'annule en* x. *Donc* $A = h^{-1}(\{0\})$. *Or* h *est mesurable, et le singleton* $\{0\}$ *est borélien. Donc* A *est mesurable.*

Exercice 2.15. *Soit* A *un ensemble mesurable (mesure de Lebesgue) tel que* $A \subset [0, 1]$, *et soit*

$$f(x) = \mu(A \cap [0, x]).$$

1. *Montrer que* f *est continue.*

2. *On pose* $\mu(A) = \alpha, (\alpha > 0)$. *Montrer que*

$$\forall \beta, 0 \leqslant \beta \leqslant \alpha; \exists B \subset A; \mu(B) = \beta$$

Solution 2.15. *1. Montrons que* f *est continue :*

$$\forall \epsilon > 0; \exists \delta > 0; |x - x_0| < \delta \implies |f(x) - f(x_0)| < \epsilon$$

donc

$$|f(x) - f(x_0)| = |\mu(A \cap [0, x]) - \mu(A \cap [0, x_0])|$$

$$= |\,\mu(A \cap\,]\inf(x, x_0)\,;\sup(x, x_0)])\,|$$

$$\leqslant |\,\mu(]\inf(x, x_0)\,;\sup(x, x_0)])\,| = |x - x_0|$$

$\Longrightarrow f$ *est continue.*

2. On a

$$f(0) = 0;\, f(1) = \mu(A \cap [0, 1]) = \mu(A) = \alpha$$

f est continue et d'après le théorème des valeurs intermédiaires il existe $c \in [0, 1]$ tel que $f(c) = \beta$ avec $\beta \in [0, \alpha]$ ce qui signifie l'existence d'un ensemble de la forme $B = A \cap [0, c]$ qui est inclue dans l'ensemble A et aussi

$$f(c) = \mu(A \cap [0, c]) = \mu(B) = \beta.$$

Exercice 2.16. *Soit $\mathfrak{T}$ une tribu sur un ensemble $\mathbb{E}$.*

1. *Soit $A \in \mathfrak{T}$ tel que : $B \in \mathfrak{T}$ et $B \subset A$ implique $B = \varnothing$, ou $B = A$. Montrer que toute fonction mesurable (de $\mathbb{E}$ dans $\mathbb{R}$) est constante sur A.*

2. *Soient $(A_i)_{i \in I}$ une partition de $\mathbb{E}$ et*

$$\mathfrak{T} = \{\bigcup_{i \in J}(A_i),\ \text{avec } J \subset I \text{ et } J \text{ ou } J^c \text{ au plus dénombrable}\}.$$

Montrer que toute fonction mesurable de $\mathbb{E}$ dans $\mathbb{R}$ est constante.

Solution 2.16. *Soit $(\mathbb{E}, \mathfrak{T})$ un espace mesurable.*

1. *Soit f une fonction mesurable de $\mathbb{E}$ dans $\mathbb{R}$. On peut supposer $A \neq \varnothing$. Soit $x \in A$, on pose $a = f(x)$ et $B = A \cap f^{-1}(\{a\})$. Comme f est mesurable et que $\{a\} \in \mathcal{B}(\mathbb{R})$, on a $B \in \mathfrak{T}$. Comme $B \subset A$ et $B \neq \varnothing$ (car $x \in B$) on a nécessairement $B = A$, donc $A \subseteq f^{-1}(\{a\})$, d'où $f(y) = a$ pour tout $y \in A$, ce qui prouve que f est constante sur A.*

2. *Soit $(A_i)_{i \in I}$ une partition de $\mathbb{E}$. On a donc $\bigcup_{i \in I} A_i = \mathbb{E}$ et $A_i \cap A_j = \varnothing$ si $i \neq j$. On peut aussi supposer aussi que $A_i \neq \varnothing$, pour tout $i \in I$. Soit f une fonction mesurable de de $\mathbb{E}$ dans $\mathbb{R}$. Soit $i \in I$. Comme les A_j sont disjoints deux à deux et non vides et que tout élément de $\mathfrak{T}$ est une réunion de A_j, on a*

$$B \in \mathfrak{T}, B \subset A_i \Rightarrow B = \varnothing \text{ ou } B = A_i.$$

On peut donc appliquer la première question, elle donne que f est constante sur A_i.

Exercice 2.17. *Montrer que la fonction* $f : \mathbb{R} \to \mathbb{R}$ *telle que*

$$f(x) = \begin{cases} \frac{1}{x} & si\ x \neq 0, \\ 0 & si\ x = 0 \end{cases}$$

est borélienne.

Solution 2.17. *Pour* $n \geq 1$ *et* $x \in \mathbb{R}$, *notons*

$$g_n(x) = \frac{1}{x}, \ pour\ |x| \geq \frac{1}{n}$$

et

$$h_n(x) = g_n(x)1_{\mathbb{R}-[\frac{-1}{n},\frac{1}{n}]} + 01_{[\frac{-1}{n},\frac{1}{n}]} = g_n(x)1_{\mathbb{R}-[\frac{-1}{n},\frac{1}{n}]}.$$

Pour tout n *les fonctions* g_n *sont continues, donc boréliennes. Comme* $\mathbb{R} - [\frac{-1}{n}, \frac{1}{n}]$ *est ouvert, il est borélien, donc la fonction indicatrice de cette partie est borélienne. Donc* $h_n : \mathbb{R} \to \mathbb{R}$ *est borélienne, comme produit de deux fonctions boréliennes. Or* (h_n) *converge simplement vers la fonction* f. *Donc cette dernière est borélienne.*

Exercice 2.18. *Soient* $(\mathbb{E}_1, \mathfrak{T}_1)$ *et* $(\mathbb{E}_2, \mathfrak{T}_2)$ *deux espaces mesurables. Soient* $f : \mathbb{E}_1 \to \mathbb{E}_2$ *une fonction mesurable et* $A \subset \mathbb{E}_1$. *Considérons la fonction* $f\mid_A : (A, \mathfrak{T}_1 \cap A) \to (\mathbb{E}_2, \mathfrak{T}_2)$ *défini par* $f\mid_A (x) = f(x)$ *pour tout* $x \in A$. *Montrer que la fonction* $f\mid_A$ *est mesurable.*

Solution 2.18. *Soit* $V \in \mathfrak{T}_2$. *On a*

$$f^{-1}\mid_A (V) = \{x \in A : f\mid_A (x) \in V\} = \{x \in A : f(x) \in V\} = f^{-1}(V) \cap A \in \mathfrak{T}_1 \cap A$$

car $V \in \mathfrak{T}_2$, *d'où* $f\mid_A$ *est mesurable.*

Exercice 2.19. *Soit* $\mathbb{E} = [0,1[$ *muni de la tribu borélienne et de la mesure de Lebesgue* λ. *Soit la suite* $(f_n)_n$ *de fonctions définie par* $f_n = 1_{[\frac{1}{n},\frac{2}{n}[}$. *Montrer que* $f_n \longrightarrow 0$ *en mesure, mais que* $(f_n)_n$ *ne converge pas vers* 0 *presque partout.*

Solution 2.19. *Pour tout* $\alpha > 0$ *on a*

$$\{x \in \mathbb{E} : |f_n(x) - 0| \geqslant \alpha\} \subset \left[\frac{1}{n}, \frac{2}{n}\right[,$$

donc

$$\lambda(\{x \in \mathbb{E} : |f_n(x) - 0| \geqslant \alpha\}) \leqslant \lambda([\frac{1}{n}, \frac{2}{n}[) = \frac{1}{n} \longrightarrow 0,$$

il s'ensuit que $f_n \longrightarrow 0$ *en mesure. D'autre part*

$$\limsup_{n \longrightarrow +\infty} f_n = 1 \neq \liminf_{n \longrightarrow +\infty} f_n = 0,$$

$$\lambda\left(\left\{x \in \mathbb{E} : \lim_{n \longrightarrow +\infty} f_n(x) \neq 0\right\}\right) = \lambda([0,1[) = 1 \neq 0,$$

et donc $(f_n)_n$ *ne peut converger presque partout vers 0 .*

Exercice 2.20. *Soient $f : \mathbb{E} \to \mathbb{R}$ une fonction mesurable et $g : \mathbb{E} \to \mathbb{R}$ une fonction, tel que $f = g$ p.p.. Montrer que g est mesurable.*

Solution 2.20. *L'ensemble $\{x \in \mathbb{E}, g(x) \neq f(x)\} \subset N$, avec N est de mesure nulle et*

$$\{x \in \mathbb{E}, g(x) > a\} = (\{x \in \mathbb{E}, g(x) > a\} \cap N) \cup (\{x \in \mathbb{E}, f(x) > a\} \cap N^c),$$

le premier ensemble est mesurable parce que de mesure nulle et le second est mesurable parce que f l'est.

Exercice 2.21. *Soient $f, g, h : (\mathbb{E}, \mathfrak{T}, \mu) \to \mathbb{R}$ trois fonctions quelconques. Montrer que si $f = g$ presque partout et $g = h$ presque partout alors, $f = h$ presque partout.*

Solution 2.21. *Il existe $A, B \in \mathfrak{T}$ tels que*

$$\{f \neq g\} \subset A, \{g \neq h\} \subset B \text{ et } \mu(A) = \mu(B) = 0.$$

Puisque $\{f = g\} \cap \{g = h\} \subset \{f = h\}$, on a

$$\{f \neq h\} \subset \{f \neq g\} \cup \{g \neq h\} \subset A \cup B,$$

et on a $\mu(A \cup B) \leq \mu(A) + \mu(B) = 0$, d'où

$$\{f \neq h\} \subset A \cup B, \text{ avec } \mu(A \cup B) = 0.$$

Finalement $f = h$ presque partout.

Exercice 2.22. *Soient f et g des fonctions continues de $\mathbb{R}$ dans $\mathbb{R}$, λ la mesure de Lebesgue et δ_0 la mesure de Dirac en 0.*

1. *Montrer que $f = g$ $\lambda-$p.p. si et seulement si $f = g$.*

2. *Montrer que $f = g$ δ_0-p.p. si et seulement si $f(0) = g(0)$.*

Solution 2.22. 1. *Si $f = g$ (c'est-à-dire $f(x) = g(x)$ pour tout $x \in \mathbb{R}$), on a bien $f = g$ $\lambda-$p.p car $f = g$ sur $\varnothing^c$ et $\lambda(\varnothing) = 0$.*

   Pour la réciproque, si O est un ouvert non vide, il existe $a, b \in \mathbb{R}$ t.q. $a < b$ et $]a, b[\subset O$, on a donc $0 < \lambda(]a, b[) = b - a \leq \lambda(O)$.

   On suppose maintenant que $f = g$ $\lambda-$p.p, il existe $A \in \mathcal{B}(\mathbb{R})$ tel que $\lambda(A) = 0$ et

$f = g$ sur A^c. On a alors $\{f(x) \neq g(x)\} \subset A$. Or, $\{f(x) \neq g(x)\} = (f-g)^{-1}(\mathbb{R}^*)$ est un ouvert car $(f-g)$ est continue (de $\mathbb{R}$ dans $\mathbb{R}$) et $\mathbb{R}^*$ est un ouvert de $\mathbb{R}$. Donc $\{f(x) \neq g(x)\} \subset \mathcal{B}(\mathbb{R})$ et la monotonie de λ donne $\lambda(\{f(x) \neq g(x)\}) \leq \lambda(A) = 0$. On en déduit que $\{f(x) \neq g(x)\} = \varnothing$ (car un ouvert non vide est toujours de mesure de Lebesgue strictement positive) et donc $f = g$.

2. *Si $f(0) = g(0)$, on prend $A = \{0\}^c$. On a bien $A \in \mathcal{B}(\mathbb{R})$, $\delta_0(A) = 0$ et $f = g$ sur A^c car $A^c = \{0\}$. Donc, $f = g \ \delta_0-p.p.$.*

   Réciproquement, on suppose maintenant que $f = g \ \delta_0-p.p$, il existe donc $A \in \mathcal{B}(\mathbb{R})$ tel que $f = g$ sur A^c et $\delta_0(A) = 0$. Comme $\delta_0(A) = 0$, on a donc $0 \notin A$, c'est-à-dire $0 \in A^c$ et donc $f(0) = g(0)$.

Exercice 2.23. *Soient $(\mathbb{E}, \mathfrak{T}, \mu)$ un espace mesuré, $(f_n)_{n\in\mathbb{N}}$ et $(g_n)_{n\in\mathbb{N}}$ des suites de fonctions mesurables de $\mathbb{E}$ dans $\mathbb{R}$.*

1. *Montrer que s'il existe f et g fonctions mesurables de $\mathbb{E}$ dans $\mathbb{R}$ telles que $(f_n)_{n\in\mathbb{N}}$ converge en mesure vers f et g, alors $f = g$ p.p.. C'est-à-dire la limite est unique presque partout.*

2. *Montrer que si $(f_n)_{n\in\mathbb{N}}$ converge en mesure vers f mesurable et $(g_n)_{n\in\mathbb{N}}$ converge en mesure vers g mesurable, alors $(f_n + g_n)_{n\in\mathbb{N}}$ converge en mesure vers $f + g$.*

Solution 2.23.   1. *Pour tout $n \geq 1$ on a $|f - g| \leq |f_n - g| + |f_n - f|$. Donc si $k \geq 1$ on obtient*

$$\{|f_n - g| \leq \frac{1}{2k}\} \cap \{|f_n - f| \leq \frac{1}{2k}\} \subset \{|f - g| \leq \frac{1}{k}\},$$

et donc par passage au complémentaire,

$$\{|f - g| > \frac{1}{k}\} \subset \{|f_n - g| > \frac{1}{2k}\} \cup \{|f_n - f| > \frac{1}{2k}\}, \tag{2.1}$$

et donc

$$\mu(\{|f - g| > \frac{1}{k}\}) \leq \mu(\{|f_n - g| > \frac{1}{2k}\}) + \mu(\{|f_n - f| > \frac{1}{2k}\}),$$

En faisant tendre n vers l'infini, on trouve $\mu(\{|f - g| > \frac{1}{k}\}) = 0$. Comme

$$\{|f - g| \neq 0\} = \{|f - g| > 0\} = \bigcup_{k \geq 1}\{|f - g| > \frac{1}{k}\},$$

et donc

$$\mu(\{|f-g| \neq 0\}) = \mu(\{|f-g| > 0\}) = \mu(\bigcup_{k\geq 1}\{|f-g| > \frac{1}{k}\}) \leq \sum_{k\geq 1}\mu(\{|f-g| > \frac{1}{k}\}) = 0,$$

et en fin $f = g$ presque partout.

2. Soit $k \geq 1$, d'après la formule (2.1), on a

$$\{|f + g - (f_n + g_n)| > \frac{1}{k}\} \subset \{|f_n - f| > \frac{1}{2k}\} \cup \{|g_n - g| > \frac{1}{2k}\}.$$

Par sous additivité de μ, ceci donne

$$\mu(\{|f + g - (f_n + g_n)| > \frac{1}{k}\}) \leq \{|f_n - f| > \frac{1}{2k}\} + \mu(\{|g_n - g| > \frac{1}{2k}\}),$$

et donc que $\mu(\{|f + g - (f_n + g_n)| > \frac{1}{k}\}) \to 0$, quand $n \to \infty$. On a bien montré que $f_n + g_n) \to f + g$, quand $n \to \infty$.

Exercice 2.24. *Soient $(\mathbb{E}, \mathfrak{T}, \mu)$ un espace mesuré, $(f_n)_{n \in \mathbb{N}}$ et f des suites de fonctions mesurables de $\mathbb{E}$ dans $\mathbb{R}$. On suppose que $f_n \to f$ presque uniformément. Montrer que $f_n \to f$ p.p., quand $n \to +\infty$.*

Solution 2.24. *Soit $A_n \in \mathfrak{T}$ tel que $\mu(A_n) \leq \frac{1}{n}$ et $f_n \to f$ uniformément sur A_n^c. On pose $A = \bigcap_{n \in \mathbb{N}^*} A_n$, de sorte que $A \in \mathfrak{T}$ et $\mu(A) = 0$ car $\mu(A) \leq \mu(A_n) \leq \frac{1}{n}$ pour tout $n \in \mathbb{N}^*$. Soit $x \in A^c$, il existe $n \in \mathbb{N}^*$ tel que $x \in A_n^c$ et on a donc $f_n(x) \to f(x)$ quand $n \to +\infty$. Comme $\mu(A) = 0$, ceci donne bien $f_n \to f$ p.p., quand $n \to +\infty$.*

Chapitre 3

Fonctions intégrables.

Dans toute la suite, on considère un espace mesuré $(\mathbb{E}, \mathfrak{T}, \mu)$. Dans ce chapitre, on commence à construire l'intégrale de fonction par rapport à une mesure abstraite. C'est cette nouvelle intégrale qu'on appelle l'intégrale de Lebesgue. Pour cela, on commence avec ce chapitre par les intégrales de fonctions mesurables positives. La construction de cette nouvelle intégrale suit un cheminement classique, analogue par exemple à celle de l'intégrale de Riemann où on commence par la définir pour les fonctions en escalier puis on généralise ensuite à une classe de fonctions plus grande (les fonctions dites Riemann-intégrables). Pour l'intégration par rapport à une mesure abstraite μ (intégrale de Lebesgue), on commence aussi par définir l'intégrale pour des fonctions assez simples, les fonctions étagées (ou simples) avant de généraliser aux fonctions mesurables positives.

3.1 Intégrale d'une fonction étagée positive.

Définition 3.1. *Soit $f = \sum_{i=1}^{n} a_i 1_{A_i}$ une fonction étagée positive $(a_i \geq 0)$ avec les $A_i \subset \mathfrak{T}$ deux à deux disjoints, on définit l'intégrale de f par rapport à la mesure μ par*

$$\int f d\mu = \int_{\mathbb{E}} f d\mu = \sum_{i=1}^{n} a_i \mu(A_i) = \sum_{a \in f(\mathbb{E})} a\mu(\{f = a\}).$$

Ce nombre peut être $+\infty$. Une fonction positive étagée f est dite intégrable (ou $\mu-$intégrable) au sens de Lebesgue, si $\int f d\mu < +\infty$. On notera encore $\int_{\mathbb{E}} f d\mu = \int_{x \in \mathbb{E}} f(x) d\mu(x)$. Avec la convention, si $a_i = 0$ et $\mu(A_i) = \infty$, alors $a_i \mu(A_i) = 0$. En particulier, quand $\mu = \lambda$ (la mesure de Lebesgue), on notera $\lambda(dx) = dx$, $\int_{\mathbb{E}} f d\mu = \int_{x \in \mathbb{E}} f(x) d(x)$.

Comme $f 1_A = (\sum_{i=1}^{n} a_i 1_{A_i}) 1_A = \sum_{i=1}^{n} a_i 1_{A_i \cap A}$, est aussi une fonction étagée, on défini pour

$A \in \mathfrak{T}$ *l'intégrale de* f *sur* A *par*

$$\int_A f d\mu = \int_{\mathbb{E}} f 1_A d\mu = \sum_{i=1}^{n} a_i \mu(A_i \cap A).$$

Exemple 3.1.   *1. Si* f *est une fonction constante, alors sa décomposition canonique s'écrit* $f = a1_{\mathbb{E}}$, *avec* $a > 0$. *On a, alors*

$$\int f d\mu = a\mu(\mathbb{E}).$$

Et si $f = a1_A$ *avec* $a > 0$, $A \in \mathfrak{T}$ *et* $A \neq \mathbb{E}$, *sa décomposition canonique est* $f = a1_A + 01_{A^c}$ *d'où*

$$\int f d\mu = a\mu(A) + 0\mu(A^c) = a\mu(A).$$

2. *La fonction* $f = 1_{[0,+\infty[}$ *est une fonction étagée positive et* $\int_{\mathbb{R}} f d\lambda = +\infty$. *Elle n'est donc pas intégrable sur* $\mathbb{R}$. *Par contre* $\int_{[0,1]} f d\lambda = 1$, *donc elle est intégrable sur* $[0,1]$.

3. *La fonction* $f = 2.1_{[0,2]}$ *est une fonction étagée mesurable positive et* $\int_{\mathbb{R}} f d\lambda = 4$. *Elle est intégrable sur* $\mathbb{R}$. *Elle l'est aussi sur* $[0,1]$, *avec* $\int_{[0,1]} f d\lambda = 2$.

4. *Mesure de comptage sur* $\mathbb{N}$. *Soit* μ *la mesure de comptage sur* $(\mathbb{N}, \mathcal{P}(\mathbb{N}))$, *si* f *est étagée positive sur* $\mathbb{N}$, *alors*

$$\int_{\mathbb{N}} f d\mu = \sum_{n \in \mathbb{N}} f(n).$$

En-effet, si f *a pour valeurs distinctes* $\alpha_1, ..., \alpha_N$,

$$\int_{\mathbb{N}} f d\mu = \sum_{i=1}^{N} \alpha_i \mu(\{f = \alpha_i\}) = \sum_{i=1}^{N} \alpha_i \sum_{n \in \mathbb{N}, f(n) = \alpha_i} 1 = \sum_{n \in \mathbb{N}} f(n).$$

On déduit de la définition (3.1) les premières propriétés de l'intégrale de fonctions étagées :

Proposition. 3.1. *Soient* f, g *deux fonctions étagées positives et* $\alpha, \beta \in \mathbb{R}_+^*$, *on a*

1. $\int_{\mathbb{E}} f d\mu < +\infty \Leftrightarrow \mu(\{f \neq 0\}) < +\infty$.

2. *Linéarité positive :* $\alpha f + \beta g$ *est une fonction étagée, et*

$$\int_{\mathbb{E}} (\alpha f + \beta g) d\mu = \alpha \int_{\mathbb{E}} f d\mu + \beta \int_{\mathbb{E}} g d\mu.$$

3. *Monotonie : si* $f \leq g$ *alors*

$$\int_{\mathbb{E}} f d\mu \leq \int_{\mathbb{E}} g d\mu.$$

4. Si $A \subset B$ alors

$$\int_A f d\mu \leq \int_B f d\mu.$$

5. Si $\mu(A) = 0$, alors $\int_A f d\mu = 0$.

6. $\int_{\mathbb{E}} f d\mu = 0$ si et seulement si f est nulle μ-presque partout.

7. Si A et B sont mesurables disjoints, alors

$$\int_{A \cup B} f d\mu = \int_A f d\mu + \int_B f d\mu.$$

Démonstration. Soient f, g deux fonctions étagées positives,

1. On a $\int_{\mathbb{E}} f d\mu = \sum_{a \in f(\mathbb{E})} a\mu(\{f = a\}), a > 0$. Comme tous les $a \in f(\mathbb{E})$ sont strictement positifs, cette somme est finie si et seulement si $\mu(\{f = a\}) < \infty$ pour tout $a \in f(\mathbb{E})$, et comme

$$\mu(\{f \neq 0\}) = \mu\left(\bigcup_{a \in f(\mathbb{E}), a \neq 0} \{f = a\}\right) = \sum_{a \in f(\mathbb{E}), a \neq 0} \mu(\{f = a\}),$$

il revient au même de dire qu'on a $\mu(\{f \neq 0\}) < +\infty$.

2. Il est facile de montrer que $\alpha f + \beta g$ est une fonction étagée. Pour a et b dans $\mathbb{R}^+$, posons $A_a = \{f = a\}$ et $B_b = \{g = b\}$. Comme l'ensemble des A_a ou des B_b constitue une partition de $\mathbb{E}$, on a $\mu(A_a) = \sum_{b \in g(\mathbb{E})} \mu(A_a \cap B_b)$ ainsi que $\mu(B_b) = \sum_{a \in f(\mathbb{E})} \mu(A_a \cap B_b)$ et l'on peut donc écrire que

$$\int_{\mathbb{E}} f d\mu = \sum_{(a,b) \in f(\mathbb{E}) \times g(\mathbb{E})} a\mu(A_a \cap B_b), \text{ et } \int_{\mathbb{E}} g d\mu = \sum_{(a,b) \in f(\mathbb{E}) \times g(\mathbb{E})} b\mu(A_a \cap B_b).$$

On remarque aussi que pour tout $\alpha, \beta \in \mathbb{R}_+^*$,

$$\begin{aligned}
\int_{\mathbb{E}} (\alpha f + \beta g) d\mu &= \sum_{c \in \alpha f(\mathbb{E}) + \beta g(\mathbb{E})} c\mu(\{\alpha f + \beta g = c\}) \\
&= \sum_{c} \sum_{c = \alpha a + \beta b} c\mu(\{f = a \text{ et } g = b\}) \\
&= \sum_{(a,b) \in f(\mathbb{E}) \times g(\mathbb{E})} (\alpha a + \beta b)\mu(A_a \cap B_b) \\
&= \alpha \sum_{(a,b) \in f(\mathbb{E}) \times g(\mathbb{E})} a\mu(A_a \cap B_b) + \beta \sum_{(a,b) \in f(\mathbb{E}) \times g(\mathbb{E})} b\mu(A_a \cap B_b) \\
&= \alpha \int_{\mathbb{E}} f d\mu + \beta \int_{\mathbb{E}} g d\mu.
\end{aligned}$$

3. Pour démontrer la croissance, il suffit de remarquer que si $f \le g$ alors $g = f + (g - f)$ avec f et $g - f$ sont des fonctions étagées positives, donc

$$\int_E g d\mu = \int_E f + (g - f) d\mu = \int_E f d\mu + \int_E (g - f) d\mu,$$

et les deux termes de droite sont positifs.

4. Si $A \subset B$ alors $1_A \le 1_B$, ce qui nous permet de dire que $f 1_A \le f 1_B$ sur $\mathbb{E}$ alors

$$\int_A f d\mu = \int_E f 1_A d\mu \le \int_E f 1_B d\mu = \int_B f d\mu.$$

5. Si $\mu(A) = 0$, alors $\mu(A_i \cap A) \le \mu(A) = 0$, d'où

$$\int_A f d\mu = \sum_{i=1}^{n} a_i \mu(A_i \cap A) = 0.$$

6. écrivons $f = \sum_{i=1}^{n} a_i 1_{A_i}$ avec les $A_i \subset \mathfrak{T}$ et $(a_i \ge 0)$ $\forall 0 \le i \le n$. Supposons de plus $\int_E f d\mu = \sum_{i=1}^{n} a_i \mu(A_i) = 0$. Alors, pour tout $k \in \{1, 2, ..., n\}$, $a_k \mu(A_k) = 0$, donc $\mu(A_k) = 0$. Posons $A = \bigcup_{k=1}^{n} A_k$. Alors $\mu(A) \le \sum_{i=1}^{n} \mu(A_k) = 0$ et, pour tout $x \notin A$, $f(x) = \sum_{i=1}^{n} a_i 1_{A_i}(x) = 0$.

Inversement, supposons qu'il existe $A \in \mathfrak{T}$ avec $\mu(A) = 0$ et $f(x) = 0$ pour tout $x \notin A$. Alors $A_k \subset A$ pour tout $k \in \{1, 2, ..., n\}$, donc $\mu(A_k) \le \mu(A) = 0$. Ainsi

$$\int_E f d\mu = \sum_{i=1}^{n} a_i \mu(A_i) = 0.$$

7. Si A et B sont mesurables disjoints, alors $1_{A \cup B} = 1_A + 1_B$, il vient alors

$$\int_{A \cup B} f d\mu = \int_E f 1_{A \cup B} d\mu = \int_E f(1_A + 1_B) d\mu = \int_E f 1_A d\mu + \int_E f 1_B d\mu = \int_A f d\mu + \int_B f d\mu.$$

Remarque 3.1. *1. Pour f une fonction étagée positive, d'après 1) de proposition précédente, on a $\int_{\mathbb{E}} f d\mu = +\infty$ si et seulement si il existe $a \in f(\mathbb{E}) - \{0\}$ tel que $\mu(\{f = a\}) = +\infty$.*

2. Pour la linéarité positive de l'intégrale sur $\mathcal{E}^+$ est que, n'importe quelle décomposition de $f = \sum_{i=1}^{n} a_i 1_{A_i} \in \mathcal{E}^+$, on a encore, par linéarité positive :

$$\int_{\mathbb{E}} f d\mu = \sum_{i=1}^{n} a_i \int_{\mathbb{E}} 1_{A_i} d\mu = \sum_{i=1}^{n} a_i \mu(A_i).$$

3. *Une conséquence de la monotonie de l'intégrale sur $\mathcal{E}^+$ est que, pour tout $f \in \mathcal{E}^+$, on a :*

$$\int_{\mathbb{E}} f d\mu = \sup\{\int_{\mathbb{E}} g d\mu, g \in \mathcal{E}^+, g \leq f\}.$$

4. *On note que si f est étagée positive, alors $\int_{\mathbb{E}} f d\mu \geq 0$.*

Exemple 3.2.   *1. Si f est nulle alors $\int_{\mathbb{E}} f d\mu = 0$.*

2. Si $\mu = \delta_a$, alors

$$\int_{\mathbb{E}} f d\mu = \sum_{\alpha \in f(\mathbb{E})} \alpha \mu(\{f = \alpha\}) = f(a).$$

En-effet : si $\alpha_1, ..., \alpha_n$ sont les valeurs distinctes de f, et si $f(a) = \alpha_{i_0}$, on a

$$\int_{\mathbb{E}} f d\delta_a = \sum_{i=1}^{n} \alpha_i \delta_a(\{f = \alpha_i\}) = \alpha_{i_0} + 0 = f(a).$$

3. Si λ est la mesure de Lebesgue sur $\mathbb{R}$,

$$\int_{\mathbb{R}} 1_{\mathbb{Q}} d\lambda = \lambda(\mathbb{Q}) = 0.$$

4. Si f est une fonction constante, alors sa décomposition canonique s'écrit $f = c1_{\mathbb{E}}$ avec $c \in \mathbb{R}$. Alors $\int_{\mathbb{E}} f d\mu = c\mu(\mathbb{E})$.

3.2   Intégrale d'une fonction mesurable positive.

Maintenant qu'on a défini l'intégrale pour les fonctions simples positives, on peut passer aux fonctions mesurables positives. Puisque toute fonction mesurable f est limite simple d'une suite de fonctions étagées f_n, il ne reste que à prendre, pour l'intégrale de f, la limite des intégrales des f_n.

Définition 3.2. *Soient $(\mathbb{E}, \mathfrak{T}, \mu)$ un espace mesuré, et $f \in \mathcal{M}_+$. D'après la proposition sur la mesurabilité positive, il existe une suite $(f_n)_{n \in \mathbb{N}} \subset \mathcal{E}^+$, telle que $f_n \uparrow f$ quand $n \to +\infty$ c'est-à-dire :*

1. pour tout $x \in \mathbb{E}, f_n(x) \to f(x)$, quand $n \to +\infty$,

2. $f_{n+1}(x) \geq f_n(x)$, pour tout $x \in \mathbb{E}$, et tout $n \in \mathbb{N}$.

On définit l'intégrale de f en posant :

$$\int_{\mathbb{E}} f d\mu = \lim_{n \to +\infty} \int_{\mathbb{E}} f_n d\mu.$$

Si $A \in \mathfrak{T}$, on sait que $f 1_A \in \mathcal{M}_+$, et on étend donc la notation du paragraphe précédent :

$$\int_A f d\mu = \int_{\mathbb{E}} f 1_A d\mu.$$

Une fonction mesurable positive f est dite intégrable si $\int_{\mathbb{E}} f d\mu < \infty$.

On a aussi la caractérisation suivante, parfois bien utile, de l'intégrale d'une fonction mesurable positive à partir d'intégrales de fonctions étagées positives :

Proposition. 3.2. *Soient $(\mathbb{E}, \mathfrak{T}, \mu)$ un espace mesuré, et $f \in \mathcal{M}_+$. On définit son intégrale comme le sup des intégrales de fonctions étagées majorées par f. Alors*

$$\int_{\mathbb{E}} f d\mu = \sup\{\int_{\mathbb{E}} g d\mu, g \in \mathcal{E}^+, g \le f\}.$$

Démonstration. Soit $(f_n)_{n \in \mathbb{N}} \subset \mathcal{E}^+$, telle que $f_n \uparrow f$ quand $n \to +\infty$. La monotonie de l'intégrale sur $\mathcal{E}^+$ donne que $\int_{\mathbb{E}} f_n d\mu = \sup\{\int_{\mathbb{E}} g d\mu, g \in \mathcal{E}^+, g \le f_n\}$. Comme $f_n \le f$, on a donc, pour tout $n \in \mathbb{N}$:

$$\int_{\mathbb{E}} f_n d\mu = \sup\{\int_{\mathbb{E}} g d\mu, g \in \mathcal{E}^+, g \le f_n\} \le \sup\{\int_{\mathbb{E}} g d\mu, g \in \mathcal{E}^+, g \le f\}.$$

La définition de $\int_{\mathbb{E}} f d\mu$ donne alors :

$$\int_{\mathbb{E}} f d\mu = \lim_{n \to +\infty} \int_{\mathbb{E}} f_n d\mu \le \sup\{\int_{\mathbb{E}} g d\mu, g \in \mathcal{E}^+, g \le f\}.$$

Pour montrer l'inégalité inverse, considérons une fonction $g \in \mathcal{M}_+$ telle que $g \le f$. Comme $f_n \uparrow f$,

$$\int_{\mathbb{E}} g d\mu \le \lim_{n \to +\infty} \int_{\mathbb{E}} f_n d\mu = \int_{\mathbb{E}} f d\mu$$

On a donc

$$\sup\{\int_{\mathbb{E}} g d\mu, g \in \mathcal{E}^+, g \le f\} \le \int_{\mathbb{E}} f d\mu.$$

Voici maintenant quelques propriétés de l'intégrale d'une fonction positive :

Proposition. 3.3. *Soient $f, g \in \mathcal{M}_+$ et $\alpha, \beta \in \mathbb{R}_+^*$, on a*

1. *$\int_{\mathbb{E}} f d\mu < +\infty$ alors f est fini μ-p.p.*

2. *Linéarité positive :*

$$\int_{\mathbb{E}} (\alpha f + \beta g) d\mu = \alpha \int_{\mathbb{E}} f d\mu + \beta \int_{\mathbb{E}} g d\mu.$$

3. *Monotonie : si $f \leq g$ alors*
$$\int_{\mathbb{E}} f d\mu \leq \int_{\mathbb{E}} g d\mu.$$

4. *Si $A \subset B$ alors*
$$\int_A f d\mu \leq \int_B f d\mu.$$

5. *Si $\mu(A) = 0$, alors $\int_A f d\mu = 0$.*

6. *Si A et B sont mesurables disjoints, alors*
$$\int_{A \cup B} f d\mu = \int_A f d\mu + \int_B f d\mu.$$

7. *Si $f = g$ p.p.. alors,*
$$\int_{\mathbb{E}} f d\mu = \int_{\mathbb{E}} g d\mu.$$

8. *$f = 0$ p.p.. si est seulement si*
$$\int_{\mathbb{E}} f d\mu = 0.$$

Démonstration. Soient $f, g \in \mathcal{M}_+$ et $\alpha, \beta \in \mathbb{R}_+^*$, on a

1. Soit $A = \{x \in \mathbb{E} / f(x) = +\infty\}$. On a $(+\infty)1_A \leq f$ donc
$$(+\infty)\mu(A) = \lim_{n \longrightarrow +\infty} n\mu(A) = \lim_{n \longrightarrow +\infty} \int_{\mathbb{E}} n 1_A d\mu = \int_{\mathbb{E}} (+\infty) 1_A d\mu \leq \int_{\mathbb{E}} f d\mu < +\infty,$$
et donc $\mu(A) = 0$

2. La linéarité positive se démontre de manière très simple à partir de la linéarité positive sur $\mathcal{E}^+$ (proposition 3.1). et de la définition 3.2.

3. Si $h \in \mathcal{E}^+$ est telle que $h \leq f$ alors $h \leq g$ donc
$$\int_{\mathbb{E}} f d\mu = \sup\{\int_{\mathbb{E}} h d\mu, h \in \mathcal{E}^+, h \leq f\} \leq \sup\{\int_{\mathbb{E}} h d\mu, h \in \mathcal{E}^+, h \leq g\} = \int_{\mathbb{E}} g d\mu.$$

4. Si $A \subset B$, alors $1_A \leq 1_B$, ce qui nous permet de dire que $f 1_A \leq f 1_B$ sur $\mathbb{E}$ pour toute fonction mesurable positive. D' après (3) on a
$$\int_A f d\mu = \int_{\mathbb{E}} f 1_A d\mu \leq \int_{\mathbb{E}} f 1_B d\mu = \int_B f d\mu.$$

5. Soit A une partie mesurable telle que $\mu(A) = 0$,
$$\int_A f d\mu = \sup\{\int_{\mathbb{E}} g 1_A d\mu, g \in \mathcal{E}^+, g \leq f\},$$
mais pour tout fonction étagée g on a $\int_{\mathbb{E}} f 1_A d\mu = \sum_{i=1}^n \alpha_i \mu(A_i \cap A) = 0$, car $A_i \cap A \subset A$ et $\mu(A) = 0$, alors $\int_A f d\mu = 0$.

6. Comme $A \cap B = \varnothing$, on a $1_{A \cup B} = 1_A + 1_B$, alors

$$\int_{A \cup B} f d\mu = \int_{\mathbb{E}} f 1_{A \cup B} d\mu = \int_{\mathbb{E}} f 1_A d\mu + \int_{\mathbb{E}} f 1_B d\mu = \int_A f d\mu + \int_B f d\mu.$$

7. Soit $f, g \in \mathcal{M}_+$ t.q. $f = g$ presque partout. Soit $A \in \mathfrak{T}$ t.q. $\mu(A) = 0$ et $f 1_{A^c} = g 1_{A^c}$. On a donc $f 1_{A^c}, g 1_{A^c} \in \mathcal{M}_+$ et $\int_{\mathbb{E}} f 1_{A^c} d\mu = \int_{\mathbb{E}} g 1_{A^c} d\mu$. D'autre part, comme $\int_{\mathbb{E}} f 1_A d\mu = \int_{\mathbb{E}} g 1_A d\mu = 0$, on a aussi, par linéarité positive

$$\int_{\mathbb{E}} f d\mu = \int_{\mathbb{E}} f 1_{A^c} d\mu + \int_{\mathbb{E}} f 1_A d\mu = \int_{\mathbb{E}} f 1_{A^c} d\mu,$$

(et de même pour g). Donc,

$$\int_{\mathbb{E}} f d\mu = \int_{\mathbb{E}} g d\mu.$$

8. $\Rightarrow$) Par le point 7., pour $g = 0$. Inversement, supposons que $\int_{\mathbb{E}} f d\mu = 0$. Pour tout entier $n \in \mathbb{N}^*$, on note

$$A_n = \left\{ x \in \mathbb{E}, f(x) > \frac{1}{n} \right\}.$$

Alors A_n est mesurable (image réciproque de $[\frac{1}{n}, +\infty[$ par f), $A_n \subset A_{n+1}$ et

$$\bigcup_{n \in \mathbb{N}^*} A_n = \{ x \in \mathbb{E}, f(x) > 0 \}.$$

D'après l'inégalité de Markov, Exercice 3.4, on a

$$\forall n \in \mathbb{N}^*, \mu(A_n) \leq n \int_{\mathbb{E}} f d\mu = 0.$$

Ainsi, on en déduit que

$$\mu(\{ x \in \mathbb{E}, f(x) > 0 \}) = \lim_{n \to +\infty} \mu(A_n) = 0.$$

Remarque 3.2. *Si $f \in \mathcal{M}_+$ alors elle est intégrable sur tout borélien $A \subset \mathbb{E}$. En-effet : $A \subset \mathbb{E}$ alors $\int_A f d\mu \leq \int_{\mathbb{E}} f d\mu < \infty$.*

3.3 Intégrale d'une fonction mesurable de signe quelconque.

Nous avons, jusqu'à présent, définit l'intégral des fonctions mesurables positives. Il reste donc de généraliser cette notion pour les fonctions mesurables numériques de signe quelconque. Pour une fonction mesurable $f : \mathbb{E} \to \mathbb{R}$, l'intégrale est définie en utilisant les parties positives et négatives de f. Ainsi, on pose

$$f = f^+ - f^-, \ \ et \ |f| = f^+ + f^-.$$

Définition 3.3. *Une fonction f mesurable sur un espace mesuré $(\mathbb{E}, \mathfrak{T}, \mu)$ est dite intégrable si f^+ et f^- le sont, et dans ce cas, on définit l'intégrale de f (sur $\mathbb{E}$ par rapport à μ) par*

$$\int_{\mathbb{E}} f d\mu = \int_{\mathbb{E}} f^+ d\mu - \int_{\mathbb{E}} f^- d\mu.$$

et, $\forall A \in \mathfrak{T}$, l'intégrale de f sur A par

$$\int_A f d\mu = \int_{\mathbb{E}} f 1_A d\mu = \int_A f^+ d\mu - \int_A f^- d\mu.$$

Remarque 3.3. *Cette définition est naturelle puisque f^+ et f^- sont deux fonctions positives, qui sont mesurables si f l'est. De la même façon, il est possible de définir l'intégrale d'une fonction à valeurs dans $\overline{\mathbb{C}}$, comme la somme de deux fonctions à valeurs dans $\overline{\mathbb{R}}$. Les propriétés de l'intégrale pour les fonctions positives et en escalier sont donc toujours valables.*

Notation 3.1. *On note $\mathcal{L}^1(\mathbb{E}, \mathfrak{T}, \mu)$ l'espace des fonctions intégrables par rapport à μ (ou intégrable au sens de Lebesgue),*

$$\mathcal{L}^1(\mathbb{E}, \mathfrak{T}, \mu) = \left\{ f : \mathbb{E} \to \overline{\mathbb{R}}, \ mesurable \ \int_{\mathbb{E}} |f| d\mu < \infty \right\}.$$

Nous avons ainsi les propriétés données dans la proposition suivante.

Proposition. 3.4. *Soient $f, g \in \mathcal{L}^1(\mathbb{E}, \mathfrak{T}, \mu)$. Alors*

1. *La fonction mesurable f est intégrable si, et seulement si $|f|$ est intégrable, $\int_{\mathbb{E}} |f| d\mu < \infty$, et l'on a*
$$\left| \int_{\mathbb{E}} f d\mu \right| \leq \int_{\mathbb{E}} |f| d\mu.$$

2. *$\mathcal{L}^1(\mathbb{E}, \mathfrak{T}, \mu)$ est un espace vectoriel, et $f \mapsto \int_{\mathbb{E}} f d\mu$ est une application linéaire de $\mathcal{L}^1(\mathbb{E}, \mathfrak{T}, \mu)$ dans $\mathbb{R}$.*

3. *Si $f \leq g$, alors*
$$\int_{\mathbb{E}} f d\mu \leq \int_{\mathbb{E}} g d\mu.$$

4. *Si $f = g$ presque partout, alors*
$$\int_{\mathbb{E}} f d\mu = \int_{\mathbb{E}} g d\mu.$$

5. *$f = 0$ presque partout, si est seulement si*

$$\int_{\mathbb{E}} |f| d\mu = 0.$$

Démonstration.   1. f^+ et f^- sont intégrables, donc $f^+ + f^-$ est intégrable $\Rightarrow |f|$ est intégrable. Inversement $f^+ \leq f^+ + f^-$ et $f^- \leq f^+ + f^-$, d'où f^+ et f^- sont intégrables. De-plus

$$
\begin{aligned}
\left| \int_{\mathbb{E}} f d\mu \right| &= \left| \int_{\mathbb{E}} f^+ d\mu - \int_{\mathbb{E}} f^- d\mu \right| \\
&\leq \left| \int_{\mathbb{E}} f^+ d\mu \right| + \left| \int_{\mathbb{E}} f^- d\mu \right| \\
&= \int_{\mathbb{E}} f^+ d\mu + \int_{\mathbb{E}} f^- d\mu = \int_{\mathbb{E}} |f| d\mu.
\end{aligned}
$$

2. Soient $f, g \in \mathcal{L}^1(\mathbb{E}, \mathfrak{T}, \mu)$ et $a, b \in \mathbb{R}$. Alors la fonction $af + bg$ est mesurable. Par croissance et additivité de l'intégrale des fonctions positives, on a

$$\left| \int_{\mathbb{E}} af + bg d\mu \right| \leq |a| \int_{\mathbb{E}} |f| d\mu + |b| \int_{\mathbb{E}} |g| d\mu < +\infty,$$

donc $af + bg \in \mathcal{L}^1(\mathbb{E}, \mathfrak{T}, \mu)$, d'où $\mathcal{L}^1(\mathbb{E}, \mathfrak{T}, \mu)$ est un espace vectoriel. De-plus soit $F : \mathcal{L}^1(\mathbb{E}, \mathfrak{T}, \mu) \to \mathbb{R}, F(f) = \int_{\mathbb{E}} f d\mu$. Soient $f, g \in \mathcal{L}^1(\mathbb{E}, \mathfrak{T}, \mu)$ et $a, b \in \mathbb{R}$, alors

$$
\begin{aligned}
F(af + bg) &= \int_{\mathbb{E}} (af + bg) d\mu \\
&= \int_{\mathbb{E}} [a(f^+ - f^-) + b(g^+ - g^-)] d\mu \\
&= a[\int_{\mathbb{E}} f^+ d\mu + \int_{\mathbb{E}} f^- d\mu] + b[\int_{\mathbb{E}} g^+ d\mu + \int_{\mathbb{E}} g^- d\mu] \\
&= a \int_{\mathbb{E}} f d\mu + b \int_{\mathbb{E}} g d\mu = aF(f) + bF(g).
\end{aligned}
$$

3. Si $f \leq g$ alors $g = f + (g - f)$ d'où $\int_{\mathbb{E}} g d\mu = \int_{\mathbb{E}} f d\mu + \int_{\mathbb{E}}(g - f) d\mu$, comme $g - f$ est une fonction positive, on déduire que $\int_{\mathbb{E}}(g - f) d\mu \geq 0$, ce qui montre que

$$\int_{\mathbb{E}} f d\mu \leq \int_{\mathbb{E}} g d\mu.$$

4. Soit $f, g \in \mathcal{L}^1(\mathbb{E}, \mathfrak{T}, \mu)$ tel que $f = g$ presque partout. On a alors

$$| \int_{\mathbb{E}} f d\mu - \int_{\mathbb{E}} g d\mu | = | \int_{\mathbb{E}} (f - g) d\mu | \leq \int_{\mathbb{E}} |f - g| d\mu = 0,$$

donc

$$\int_{\mathbb{E}} f d\mu = \int_{\mathbb{E}} g d\mu.$$

5. $\int_{\mathbb{E}} |f| d\mu = 0$ si est seulement si $|f| = 0$ presque partout, et donc $\int_{\mathbb{E}} |f| d\mu = 0$ si est seulement si $f = 0$ presque partout.

Exemple 3.3. *On retient de la proposition précédente que deux fonctions égales presque partout ont la même intégrale. Soient les fonctions suivantes définies sur $[0; \pi]$,*

$$f(x) = \sin(x),$$

$$g(x) = \begin{cases} sin(x) & si \ x \neq \pi/2 \\ 0 & si \ x = \pi/2 \ . \end{cases}$$

Les fonctions $f = g$ λ p.p. Nous avons donc

$$\begin{aligned} \int_0^\pi g(x)dx &= \int_0^\pi f(x)dx \\ &= [-\cos(x)]_0^\pi = 1 - (-1) = 2 \ . \end{aligned}$$

Remarque 3.4. *Pour avoir la propriété de croissance, il suffit en fait de supposer que $f \leq g$ p.p. : il suffit de considérer $f 1_{\{f \leq g\}}$ et $g 1_{\{f \leq g\}}$ au lieu de f et g.*

Exemple 3.4. *Si $[a, b]$ est un segment de $\mathbb{R}$, alors on a pour toute fonction borélienne $f : [a, b] \to [0, \infty]$:*

$$\int_{[a,b]} f d\lambda = \int_{]a,b[} f d\lambda = \int_{]a,b]} f d\lambda = \int_{[a,b[} f d\lambda.$$

Avec λ mesure de Lebesgue. En-effet : découle de l'additivité de l'intégrale par rapport au domaine et du fait que les singletons sont négligeables : par exemple,

$$\int_{[a,b]} f d\lambda = \int_{\{a\}} f d\lambda + \int_{]a,b]} f d\lambda = \int_{]a,b]} f d\lambda.$$

Définition 3.4 (Fonctions intégrables sur $\mathbb{C}$). *Soit $f : \mathbb{E} \to \mathbb{C}$ une fonction mesurable. On dit que f est intégrable par rapport à μ si*

$$\int_{\mathbb{E}} |f| d\mu < +\infty,$$

où $|.|$ est le module. Dans ce cas, on pose

$$\int_{\mathbb{E}} f d\mu = \int_{\mathbb{E}} Im(f) d\mu + i \int_{\mathbb{E}} Re(f) d\mu.$$

On note $\mathcal{L}_{\mathbb{C}}^1(\mathbb{E}, \mathfrak{T}, \mu)$ l'espace des fonctions intégrables sur $\mathbb{E}$.

Si $\int_{\mathbb{E}} |f| d\mu < +\infty$, alors comme $|Re(f)|$, $|Im(f)| \leq |f|$, on a aussi les intégrales de $Re(f)$ et $m(f)$ qui sont finies.

3.4 Mesure et densité de probabilité.

Proposition. 3.5 (Mesure de densité). *Pour une fonction $f : (\mathbb{E}, \mathfrak{T}, \mu) \to \overline{\mathbb{R}}^+$ mesurable et $A \in \mathfrak{T}$ posons*

$$\nu(A) = \int_A f d\mu = \int_{\mathbb{E}} 1_A f d\mu.$$

Alors ν est une mesure sur $(\mathbb{E}, \mathfrak{T})$, appelée mesure de densité f par rapport à μ, et on note $d\nu = f d\mu$ ou $\nu = f\mu$.

Démonstration. Il est évident que ν est bien définie, qu'elle prend des valeurs dans $\overline{\mathbb{R}}^+$ et que $\nu(\varnothing) = 0$. Soient $A_1, A_2, \ldots \in \mathbb{E}$ deux à deux disjoints. Alors, par le théorème de convergence monotone,

$$\nu(\bigcup_{n \in \mathbb{N}} A_i) = \int_{\bigcup_{n \in \mathbb{N}} A_i} f d\mu = \sum_{n \in \mathbb{N}} \int_{A_n} f d\mu = \sum_{n \in \mathbb{N}} \nu(A_n).$$

Remarque 3.5. *1. ν est finie si et seulement si f est intégrable sur $\mathbb{E}$. Donc pour toute fonction mesurable g positive on a*

$$\int_{\mathbb{E}} g d\nu = \int_{\mathbb{E}} g f d\mu.$$

En-effet : On utilise la technique des fonctions étagées. Pour $g = 1_A$ où $A \in \mathfrak{T}$ on a

$$\int_{\mathbb{E}} 1_A d\nu = \nu(A) = \int_A f d\mu = \int_{\mathbb{E}} 1_A f d\mu.$$

Si g est une fonction étagée positive de décomposition standard $g = \sum_{i=1}^n a_i 1_{A_i}$, alors la linéarité de l'intégrale donne le résultat :

$$\int_{\mathbb{E}} g d\nu = \sum_{i=1}^n a_i \nu(A_i) = \sum_{i=1}^n a_i \int_{\mathbb{E}} 1_A f d\mu = \int_{\mathbb{E}} g f d\mu.$$

Si enfin g est mesurable, alors il existe une suite $(g_n)_n$ de fonctions étagées positives qui converge en croissant vers g. On a

$$\int_{\mathbb{E}} g d\nu = \lim_{n \to +\infty} \int_{\mathbb{E}} g_n d\nu = \lim_{n \to +\infty} \int_{\mathbb{E}} f g_n d\mu = \int_{\mathbb{E}} g f d\mu.$$

Remarquer qu'on a la suite $(f g_n)_n$ qui converge en croissant vers fg.

2. Si A est un ensemble mesurable de mesure nulle pour ν, alors $\int_{\mathbb{E}} f 1_A d\mu = 0$. Donc $f 1_A = 0$ μ-presque-partout. Un ensemble mesurable A est de mesure nulle pour ν si, et seulement si, $\{f \neq 0\} \cap A$ est de mesure nulle pour μ.

Exemple 3.5. *On suppose* $\mathbb{E} = [-1, 1]$ *et* $\mathfrak{T} = \mathcal{B}([-1, 1])$. *Pour toute fonction g mesurable positive, on a* $\delta_0(\{0\}) = 1 \neq 0 = \int_{[0]} g d\lambda$. *Donc δ_0 n'admet pas de densité par rapport à la mesure de Lebesgue.*

Si λ admet la densité f par rapport à δ_0, alors pour $g = 1_{]0,1]}$ on a $\int_{[-1,1]} g d\lambda = 1 \neq 0 = g(0)f(0) = \int_{[-1,1]} g f d\delta_0$. *Donc λ n'a pas de densité, par rapport à la mesure de Dirac δ_0.*

3.5 Convergence monotone et lemme de Fatou.

Cette section présente deux résultats cruciaux : le théorème de convergence monotone et le lemme de Fatou.

Théorème 3.1 (Convergence monotone ou Théorème de Beppo Levi). *Soit $(\mathbb{E}, \mathfrak{T}, \mu)$ un espace mesuré et soit $(f_n)_{n \in \mathbb{N}} \subset \mathcal{M}^+$, t.q. $f_{n+1}(x) \geq f_n(x)$ pour tout $n \in \mathbb{N}$ et tout $x \in \mathbb{E}$. On pose $f(x) = \lim_{n \to \infty} f_n(x)$. Alors $f \in \mathcal{M}^+$ et*

$$\lim_{n \to +\infty} \int_{\mathbb{E}} f_n d\mu = \int_{\mathbb{E}} f d\mu.$$

Démonstration. Comme $(f_n)_{n \in \mathbb{N}} \subset \mathcal{M}^+$ converge simplement et en croissant vers f, donc $f \in \mathcal{M}^+$. Comme pour tout entier n, on a $f_n \leq f_{n+1} \leq f$, par monotonie de l'intégrale sur $\mathcal{M}^+$, on a

$$\lim_{n \to +\infty} \int_{\mathbb{E}} f_n d\mu \leq \int_{\mathbb{E}} f d\mu.$$

Réciproquement, on construire la suite de fonctions $(g_p)_{p \in \mathbb{N}} \subset \mathcal{E}_+$ t.q $g_p \uparrow f$, quand $p \to \infty$, et $g_p \leq f_p$, pour tout $p \in \mathbb{N}$. Pour tout $n \in \mathbb{N}$, $f_n \in \mathcal{M}_+$; il existe une suite de fonctions $(f_{n,p})_{p \in \mathbb{N}} \subset \mathcal{E}_+$ t.q. $f_{n,p} \uparrow f_n$ lorsque p tend vers $+\infty$. On définit alors :

$$g_p = \sup_{n \leq p} f_{n,p}.$$

On note que :

1. $g_p \in \mathcal{E}_+$ car g_p est le sup d'un nombre fini d'éléments de $\mathcal{E}_+$ (donc g_p est mesurable, $\mathrm{Im}\,(g_p) \subset \mathbb{R}_+$ et card $(\mathrm{Im}\,(g_p)) < \infty$, ce qui donne $g_p \in \mathcal{E}_+$).

2. $g_{p+1} \geq g_p$, pour tout $p \in \mathbb{N}$. En effet, comme $f_{n,p+1} \geq f_{n,p}$ (pour tout n et p), on a

$$g_{p+1} = \sup \left\{ f_{p+1,p+1}, \sup_{n \leq p} f_{n,p+1} \right\} \geq \sup_{n \leq p} f_{n,p+1} \geq \sup_{n \leq p} f_{n,p} = g_p.$$

On peut donc définir, pour $x \in \mathbb{E}$, $g(x) = \lim_{p \to \infty} g_p(x) \in \overline{\mathbb{R}}_+$ (car la suite $(g_p(x))_{p \in \mathbb{N}}$ est croissante dans $\overline{\mathbb{R}}_+$).

3. $g = f$. En effet, on remarque que $g_p \geq f_{n,p}$ si $n \leq p$. On fixe n et on fait tendre p vers l'infini, on obtient $g \geq f_n$ pour tout $n \in \mathbb{N}$. En faisant $n \to +\infty$ on en déduit $g \geq f$. D'autre part, on a $f_{n,p} \leq f_n \leq f$ pour tout n et tout p. On a donc $g_p \leq f$ pour tout p. En faisant $p \to \infty$ on en déduit $g \leq f$. On a bien montré que $f = g$.

4. $g_p \leq f_p$ pour tout $p \in \mathbb{N}$. En effet, $f_{n,p} \leq f_n \leq f_p$ si $n \leq p$. On a donc $g_p = \sup_{n \leq p} f_{n,p} \leq f_p$.

Les points 1 à 3 ci-dessus donnent $(g_p)_{p \in \mathbb{N}} \in \mathcal{E}_+$ et $g_p \uparrow f$ quand $p \to \infty$. Donc, la définition de l'intégrale sur $\mathcal{M}_+$ donne $\int f d\mu = \lim_{p \to \infty} \int g_p d\mu$. Le point 4 donne (par monotonie de l'intégrale sur $\mathcal{M}_+$) $\int g_p d\mu \leq \int f_p d\mu$, on en déduit

$$\int f d\mu = \lim_{p \to \infty} \int g_p d\mu \leq \lim_{p \to \infty} \int f_p d\mu.$$

Finalement, on obtient bien

$$\lim_{n \to +\infty} \int_{\mathbb{E}} f_n d\mu = \int_{\mathbb{E}} f d\mu.$$

Remarque 3.6. *Le théorème est faux pour une suite positive décroissante. En-effet : sur* $(\mathbb{R}^+, \mathcal{B}(\mathbb{R}^+), \lambda)$*, prenons* $f_n(x) = \frac{1}{x+n}$ *pour* $n \geq 1$*. Pour tout* $n \geq 1$*, on a* $f_n(x) \geq f_{n+1}(x)$ *et* $\lim_{n \to +\infty} f_n(x) = 0$*. Mais*

$$\int_{\mathbb{R}^+} \lim_{n \to +\infty} f_n(x) d\lambda = 0 \neq \lim_{n \to +\infty} \int_{\mathbb{R}^+} f_n(x) d\lambda = \lim_{n \to +\infty} \int_0^\infty \frac{1}{x+n} dx = \infty.$$

Proposition. 3.6 (Séries à termes positifs). *Soient* $(\mathbb{E}, \mathfrak{T}, \mu)$ *un espace mesuré,* $(f_n)_{n \in \mathbb{N}} \subset \mathcal{M}^+$*, on pose, pour tout* $x \in \mathbb{E}$*,* $f(x) = \sum_{n \geq 0} f_n(x)$*. Alors* $f \in \mathcal{M}^+$ *et*

$$\int_{\mathbb{E}} f d\mu = \sum_{n \geq 0} \int_{\mathbb{E}} f_n d\mu$$

Démonstration. On applique la convergence monotone pour la suite de fonctions $(g_n)_{n \in \mathbb{N}}$ définie par

$$g_n = \sum_{k \geq 0}^{n} f_n, \quad alors \quad \lim_{n \to +\infty} g_n = \sum_{k \geq 0}^{\infty} f_k = f(x).$$

$(g_n)_{n \in \mathbb{N}}$ est une suite croissante de fonctions mesurables positives, alors

$$
\begin{aligned}
\sum_{n \geq 0} \int_{\mathrm{E}} f_n d\mu \;&=\; \lim_{n \to +\infty} \sum_{k \geq 0}^{n} \int_{\mathrm{E}} f_n d\mu \\
&=\; \lim_{n \to +\infty} \int_{\mathrm{E}} \sum_{k \geq 0}^{n} f_n d\mu \\
&=\; \lim_{n \to +\infty} \int_{\mathrm{E}} g_n d\mu \\
&=\; \int_{\mathrm{E}} \lim_{n \to +\infty} g_n d\mu \\
&=\; \int_{\mathrm{E}} f d\mu.
\end{aligned}
$$

Exemple 3.6. *Soit l'espace mesuré $(\mathbb{N}, \mathcal{P}(\mathbb{N}), \mathrm{card})$. Soit $f(k) = \frac{1}{(k+1)^2}$ et pour tout $n \geq 0$, $f_n(k) = \frac{1}{(k+1)^2} 1_{\{k \leq n\}}$. Pour tout k, $f_n(k) \underset{n \to +\infty}{\nearrow} f(k)$. Fixons $n \geq 0$, la fonction f_n est étagée et son intégrale vaut*

$$
\begin{aligned}
\int_{\mathbb{N}} f_n(x)\, \mathrm{card}(dx) \;&=\; \frac{1}{1} \times \mathrm{card}(\{0\}) + \frac{1}{2^2} \times \mathrm{card}(\{1\}) + \ldots \\
&\quad \ldots + \frac{1}{(n+1)^2} \times \mathrm{card}(\{n\}) + 0 \times \mathrm{card}(\{n+1, n+2, \ldots\}) \\
&=\; \sum_{k=0}^{n} \frac{1}{(k+1)^2}\, .
\end{aligned}
$$

Par théorème de convergence monotone,

$$
\int_{\mathbb{N}} f_n(x)\, \mathrm{card}(dx) \to \int_{\mathbb{N}} f(x)\, \mathrm{card}(dx)
$$

et donc

$$
\int_{\mathbb{N}} f(x)\, \mathrm{card}(dx) = \sum_{k=0}^{+\infty} \frac{1}{(k+1)^2}\, .
$$

On peut ainsi montrer que pour n'importe quelle fonction $g : \mathbb{N} \to \mathbb{R}^+$,

$$
\int_{\mathbb{N}} g(x)\, \mathrm{card}(dx) = \sum_{k=0}^{+\infty} g(k)
$$

et donc, pour l'espace mesuré $(\mathbb{N}, \mathcal{P}(\mathbb{N}), \mathrm{card})$, calculer une intégrale d'une fonction positive revient à faire la somme d'une série.

Un autre corollaire important qui porte le nom de lemme de Fatou peut être déduit du théorème de convergence monotone.

Proposition. 3.7 (lemme de Fatou). *Soient $f_1, f_2, \ldots$ des fonctions mesurable positives sur* $\mathbb{E}$. *Alors,*

$$\liminf_{n \to +\infty} \int_{\mathbb{E}} f_n d\mu \geq \int_{\mathbb{E}} \liminf_{n \to +\infty} f_n d\mu.$$

Démonstration. Pour $f_n = 1_{A_n}$ où $A_n \in \mathfrak{T}$, le lemme de Fatou se traduit par une inégalité que nous connaissions déjà

$$\mu(\liminf_{n \to +\infty} A_n) \leq \liminf_{n \to +\infty} \mu(A_n).$$

Soit $f_1, f_2, \ldots$ des fonctions mesurable positives sur $\mathbb{E}$. Soit $g_n = \inf_{k \geq n} f_k$ et $g := \lim_{n \to +\infty} \inf f_n = \lim_n \uparrow g_n$. Comme g est la limite de la suite croissante (g_n), le théorème de Convergence monotone assure que

$$\int_{\mathbb{E}} g d\mu = \lim_n \uparrow \int_{\mathbb{E}} g_n d\mu.$$

D'autre part, $g_n \leq f_k$ donc par croissance de l'intégrale, $\int_{\mathbb{E}} g_n d\mu \leq \int_{\mathbb{E}} f_k d\mu$, si $p \geq n$ et donc (en fixant n) $\int_{\mathbb{E}} g_n d\mu \leq \inf_{k \geq n} \int_{\mathbb{E}} f_k d\mu$. On en déduit

$$\int_{\mathbb{E}} \liminf_{n \to +\infty} f_n d\mu = \int_{\mathbb{E}} g d\mu = \lim_n \uparrow \int_{\mathbb{E}} g_n d\mu \leq \lim_{n \to +\infty} \inf_{k \geq n} \int_{\mathbb{E}} f_k d\mu = \int_{\mathbb{E}} \liminf_{n \to +\infty} f_n d\mu.$$

Remarque 3.7. *Le résultat n'est valable que pour des fonctions positives. En-effet : si $f_n = 1_{[0,1]} - 1_{[n,n+1]}$, alors pour tout n, $\int_{\mathbb{R}} f_n d\lambda = 0$, mais $\int_{\mathbb{R}} \lim_n \inf f_n d\lambda = 1$.*

3.6 L'espace L^1 des fonctions intégrables.

Dans toute cette section, on travaille avec un espace mesuré $(\mathbb{E}, \mathfrak{T}, \mu)$. Pour construire un espace vectoriel normé associé à $\mathcal{L}^1(\mathbb{E}, \mathfrak{T}, \mu)$, on quotiente l'espace $\mathcal{L}^1(\mathbb{E}, \mathfrak{T}, \mu)$ par la relation p.p. Plus précisément, on considère la relation d'équivalence $\backsim$ sur $\mathcal{L}^1(\mathbb{E}, \mathfrak{T}, \mu)$ définie par :

$$f \sim g \Leftrightarrow f = g, p.p.$$

Définition 3.5 (Semi-norme sur $\mathcal{L}^1(\mathbb{E}, \mathfrak{T}, \mu)$). *Soient $(\mathbb{E}, \mathfrak{T}, \mu)$ un espace mesuré et $f \in \mathcal{L}^1(\mathbb{E}, \mathfrak{T}, \mu)$. On pose :*

$$\|f\|_1 = \int_{\mathbb{E}} |f| d\mu.$$

L'application de $\mathcal{L}^1(\mathbb{E}, \mathfrak{T}, \mu)$ dans $\mathbb{R}^+$ définie par $f \to \|f\|_1$ est une semi-norme sur $\mathcal{L}^1(\mathbb{E}, \mathfrak{T}, \mu)$. C'est à dire, $\|.\|_1$ satisfait les propriétés suivantes :

1. positivité : pour tout $f \in \mathcal{L}^1(\mathbb{E}, \mathfrak{T}, \mu)$, on a $\|f\|_1 \in \mathbb{R}^+$,

2. absolue homogénéité : pour tout $f \in \mathcal{L}^1(\mathbb{E}, \mathfrak{T}, \mu)$, et pour tout $\alpha \in \mathbb{R}$, on a $\|\alpha f\|_1 = |\alpha| \|f\|_1$,

3. sous-additivité : pour tous $f, g \in \mathcal{L}^1(\mathbb{E}, \mathfrak{T}, \mu)$, on a $\|f + g\|_1 \leq \|f\|_1 + \|g\|_1$.

Remarque 3.8. *$\|.\|_1$ n'est pas une norme sur $\mathcal{L}^1(\mathbb{E}, \mathfrak{T}, \mu)$ car $\|.\|_1 = 0$ n'entraîne pas $f = 0$ mais seulement $f = 0$ p.p.. En-effet : Soit $f \in \mathcal{L}^1(\mathbb{E}, \mathfrak{T}, \mu)$, alors d'après proposition ▨▨ on a $\|f\|_1 = 0$ si et seulement si $|f| = 0$ p.p., et donc $\|f\|_1 = 0$ si et seulement si $f = 0$ p.p.*

Définition 3.6 (L'espace $L^1 := L^1(\mathbb{E}, \mathfrak{T}, \mu)$). *L'ensemble $L^1 := L^1(\mathbb{E}, \mathfrak{T}, \mu)$ est l'ensemble des classes d'équivalence de la relation ($= $ p.p.) définie sur $\mathcal{L}^1(\mathbb{E}, \mathfrak{T}, \mu)$, i.e.*

$$L^1(\mathbb{E}, \mathfrak{T}, \mu) = \mathcal{L}^1(\mathbb{E}, \mathfrak{T}, \mu)\backslash_{(=p.p.)} = \{\overline{f}, f \in \mathcal{L}^1(\mathbb{E}, \mathfrak{T}, \mu)\},$$

l'ensemble quotient de $\mathcal{L}^1(\mathbb{E}, \mathfrak{T}, \mu)$ par la relation d'équivalence $\sim$.

Soit $F \in L^1(\mathbb{E}, \mathfrak{T}, \mu)$ et $f \in F$ (on dit que f est un représentant de la classe F, noter que $f \in \mathcal{L}^1(\mathbb{E}, \mathfrak{T}, \mu)$). On pose :

$$\int_{\mathbb{E}} F d\mu = \int_{\mathbb{E}} f d\mu \ et \ \|F\|_1 = \int_{\mathbb{E}} |f| d\mu.$$

Soit $F \in L^1(\mathbb{E}, \mathfrak{T}, \mu)$ et $A \in \mathfrak{T}$, on notera $F1_A$ la classe de $f1_A$ si $f \in F$ et on a donc $F1_A \in L^1(\mathbb{E}, \mathfrak{T}, \mu)$. Cette définition est cohérente car la classe de $f1_A$ ne dépend pas du choix de f dans F. On notera alors, comme cela a été fait dans $\mathcal{M}_+$,

$$\int_A F d\mu = \int_{\mathbb{E}} F1_A d\mu.$$

Remarque 3.9.   *1. Un élément de $L^1(\mathbb{E}, \mathfrak{T}, \mu)$ est donc une partie de $\mathcal{L}^1(\mathbb{E}, \mathfrak{T}, \mu)$.*

2. [Structure vectorielle sur $L^1(\mathbb{E}, \mathfrak{T}, \mu)$] On munit $L^1(\mathbb{E}, \mathfrak{T}, \mu)$ d'une structure vectorielle (faisant de $L^1(\mathbb{E}, \mathfrak{T}, \mu)$ un espace vectoriel sur $\mathbb{R}$)

a. Soient $F \in L^1(\mathbb{E}, \mathfrak{T}, \mu)$ et $\alpha \in \mathbb{R}$. On choisit $f \in F$ et on pose

$$\alpha F = \{g \in \mathcal{L}(\mathbb{E}, \mathfrak{T}, \mu), g = \alpha f \quad p.p.\}.$$

b. Soient $F, G \in L^1(\mathbb{E}, \mathfrak{T}, \mu)$. On choisit $f \in F, g \in G$ et on pose

$$F + G = \{h \in \mathcal{L}(\mathbb{E}, \mathfrak{T}, \mu), h = f + g \quad p.p.\}.$$

3. L'application $\Psi : \overline{f} \to \int_{\mathbb{E}} f d\mu$ est une forme linéaire continue sur $L^1(\mathbb{E}, \mathfrak{T}, \mu)$ de norme ≤ 1. En-effet : Pour tout $f \in \mathcal{L}^1(\mathbb{E}, \mathfrak{T}, \mu)$ on a

$$|\Psi(\overline{f})| = |\int_{\mathbb{E}} f d\mu| \leq \int_{\mathbb{E}} |f| d\mu = \|\overline{f}\|_1,$$

ce qui prouve que l'application linéaire Ψ est continue de norme ≤ 1.

Proposition. 3.8 (Norme sur $L^1(\mathbb{E}, \mathfrak{T}, \mu)$). *Soit $F \in L^1(\mathbb{E}, \mathfrak{T}, \mu)$. On choisit $f \in F$ et on pose $\|F\|_1 = \|f\|_1$. L'application $F \to \|F\|_1$ est une norme sur $L^1(\mathbb{E}, \mathfrak{T}, \mu)$. L'espace $L^1(\mathbb{E}, \mathfrak{T}, \mu)$ muni de la norme $\|.\|_1$ est donc un espace vectoriel normé.*

Démonstration. On a $\|.\|_1$ est bien une norme sur $\mathbb{R}$, sachant que c'est déjà une semi-norme sur $\mathcal{L}^1(\mathbb{E}, \mathfrak{T}, \mu)$, et pour $\|F\|_1 = 0$ implique que $F = 0$ (0 est ici l'élément neutre de $L^1(\mathbb{E}, \mathfrak{T}, \mu)$, c'est-à-dire $\{h \in \mathcal{L}^1(\mathbb{E}, \mathfrak{T}, \mu), h = 0 - p.p\}$.

Remarque 3.10. *Dans la pratique, on commet l'abus de langage qui consiste à notés par la même lettre la fonction $f \in \mathcal{L}^1(\mathbb{E}, \mathfrak{T}, \mu)$ et sa classe $\overline{f} \in L^1(\mathbb{E}, \mathfrak{T}, \mu)$. L'intérêt est que les éléments de $\mathcal{L}^1(\mathbb{E}, \mathfrak{T}, \mu)$ sont des fonctions (non des classes d'équivalence), mais l'intérêt de $L^1(\mathbb{E}, \mathfrak{T}, \mu)$ est d'être un espace vectoriel normé.*

On va donner les notions de convergence presque partout, convergence en mesure et la notion de convergence habituelle dans un espace normé, c'est-à-dire ici la convergence pour la norme $L^1(\mathbb{E}, \mathfrak{T}, \mu)$. la notion de convergence simple n'a pas de sens dans $L^1(\mathbb{E}, \mathfrak{T}, \mu)$.

Définition 3.7 (Convergence p.p., en mesure et dans $L^1(\mathbb{E}, \mathfrak{T}, \mu)$). *1. Soient $(F_n)_{n \in \mathbb{N}} \subset L^1(\mathbb{E}, \mathfrak{T}, \mu)$ et $F \in L^1(\mathbb{E}, \mathfrak{T}, \mu)$. On dit que $F_n \to F$ p.p. quand $n \to +\infty$ si $f_n \to f$ p.p., quand $n \to +\infty$, avec $f_n \in F_n$ et $f \in F$.*

2. Soient $(F_n)_{n \in \mathbb{N}} \subset L^1(\mathbb{E}, \mathfrak{T}, \mu)$ et $F \in L^1(\mathbb{E}, \mathfrak{T}, \mu)$. On dit que $F_n \to F$ en mesure quand $n \to +\infty$ si $f_n \to f$ en mesure, quand $n \to +\infty$, avec $f_n \in F_n$ et $f \in F$.

3. Soient $(F_n)_{n \in \mathbb{N}} \subset L^1(\mathbb{E}, \mathfrak{T}, \mu)$ et $F \in L^1(\mathbb{E}, \mathfrak{T}, \mu)$. On dit que $F_n \to F$ dans $L^1(\mathbb{E}, \mathfrak{T}, \mu)$ quand $n \to +\infty$ si $\|F_n - F\|_1 \to 0$ quand $n \to +\infty$. (Ici aussi, noter que $\|F_n - F\|_1 = \|f_n - f\|_1$ si $f_n \in F_n$ et $f \in F$.)

4. Soient $F, G \in L^1(\mathbb{E}, \mathfrak{T}, \mu)$. On dit que $F \leq G$ p.p. si $f \leq g$ p.p. avec $f \in F$ et $g \in G$.

3.7 Théorème de convergence dominée.

Le théorème de la convergence dominée qui en résulte donne des conditions suffisantes pour qu'on puisse intervertir l'intégration et le passage à la limite des fonctions. Il est crucial de la théorie de l'intégration.

Théorème 3.2 (Convergence dominée dans $\mathcal{L}^1(\mathbb{E}, \mathfrak{T}, \mu)$). *Soit $(f_n)_{n \in \mathbb{N}} \subset \mathcal{L}^1(\mathbb{E}, \mathfrak{T}, \mu)$, $f \in \mathcal{M}$ et $g \in \mathcal{L}^1(\mathbb{E}, \mathfrak{T}, \mu)$ t.q. $f_n \to f$ p.p., quand $n \to \infty$, et, pour tout $n \in \mathbb{N}, |f_n| \leq g$ p.p..*

On a alors $f \in \mathcal{L}^1(\mathbb{E}, \mathfrak{T}, \mu)$, $\|f_n - f\|_1 \to 0$, quand $n \to \infty$ et

$$\int f_n d\mu \to \int f d\mu, \quad \text{quand } n \to \infty.$$

Démonstration. Comme $f_n \to f$ p.p. quand $n \to +\infty$, Il existe $A \in \mathfrak{T}$ tel que $m(A) = 0$ et $f_n(x) \to f(x)$ pour tout $x \in A^c$. Puis, comme $|f_n| \leq g$ p.p., il existe, pour tout $n \in \mathbb{N}$, $B_n \in \mathfrak{T}$ tel que $\mu(B_n) = 0$ et $|f_n| \leq g$ sur B_n^c. On pose $C = A \cup \left(\bigcup_{n \in \mathbb{N}} B_n\right)$. Par σ-sous additivité de μ, on a aussi $\mu(C) = 0$. On pose alors $h_n = f_n 1_{C^c}, h = f 1_{C^c}$ $G = g 1_{C^c}$, de sorte que $h_n = f_n$ p.p., $h = f$ p.p. et $G = g$ p.p.. De plus les fonctions h_n, h et G sont toujours mesurables et donc $h_n \in \mathcal{L}^1(\mathbb{E}, \mathfrak{T}, \mu), h \in \mathcal{M}$ et $G \in \mathcal{L}^1(\mathbb{E}, \mathfrak{T}, \mu)$. Comme $|h_n(x)| \leq G(x)$ pour tout $x \in \mathbb{E}$ (et pour tout $n \in \mathbb{N}$) et $h_n(x) \to h(x)$ pour tout $x \in \mathbb{E}$. On a aussi $|h| \leq G$. Ceci montre que $h \in \mathcal{L}^1(\mathbb{E}, \mathfrak{T}, \mu)$ et donc que $f \in \mathcal{L}^1(\mathbb{E}, \mathfrak{T}, \mu)$.

On pose maintenant $F_n = 2G - |h_n - h|$. Comme $|h_n - h| \leq 2G$, on a $F_n \in \mathcal{M}_+$ et on peut donc appliquer le lemme de Fatou à la suite $(F_n)_{n \in \mathbb{N}}$. Comme $\liminf_{n \to +\infty} F_n = 2G$, on obtient :

$$\int 2G d\mu \leq \liminf_{n \to +\infty} \int \left(2G - |h_n - h|\right) d\mu = \lim_{n \to +\infty} \left(\inf_{p \geq n} \int \left(2G - |h_n - h|\right) d\mu\right). \qquad (3.1)$$

La linéarité de l'intégrale sur $\mathcal{L}^1(\mathbb{E}, \mathfrak{T}, \mu)$ donne $\int \left(2G - |h_n - h|\right) d\mu = \int 2G d\mu - \int |h_n - h| \, d\mu$. Donc :

$$\inf_{p \geq n} \int \left(2G - |h_n - h|\right) d\mu = \int 2G d\mu - \sup_{p \geq n} \int |h_n - h| \, d\mu,$$

et

$$\liminf_{n \to +\infty} \int \left(2G - |h_n - h|\right) d\mu = \int 2G d\mu - \limsup_{n \to +\infty} \int |h_n - h| \, d\mu.$$

L'inégalité (3.1) devient alors (en remarquant que $\int 2G d\mu \in \mathbb{R}$) :

$$\limsup_{n \to +\infty} \int |h_n - h| \, d\mu \leq 0$$

On a donc $\|h_n - h\|_1 \to 0$ quand $n \to +\infty$ et, comme $h_n - h = f_n - f$ p.p., on en déduit $\|f_n - f\|_1 \to 0$, quand $n \to +\infty$, et donc $\int f_n d\mu \to \int f d\mu$, quand $n \to +\infty$ (grâce à la propriétés de $\mathcal{L}^1(\mathbb{E}, \mathfrak{T}, \mu)$).

Exemple 3.7. *Soit l'espace mesuré $([0,1], \mathcal{B}([0,1]), \lambda)$. Soient les fonctions (pour $n \geq 1$)*

$$f_n \; : \; [0,1] \; \to \; \mathbb{R}^+$$
$$x \; \mapsto \; 1 - x^{1/n}$$

Pour tout $x \in]0,1]$, $\lim_{n \to +\infty} f_n(x) = 0$ et $f_n(0) = 1$ pour tout $n \geq 1$. Donc $f_n \to f$ (sur $[0,1]$) avec f la fonction nulle. Pour tout $n \geq 1$, $|f_n(x)| \leq 1$ qui est une fonction intégrable sur $[0,1]$. En effet

$$\int_{[0,1]} 1 dx = 1 < \infty \ .$$

Donc, par théorème de convergence dominée,

$$\int_{[0,1]} f_n(x)\mu(dx) \to 0 \ .$$

3.8 Intégrales dépendant d'un paramètre.

Soient $(\mathbb{E}, \mathfrak{T}, \mu)$ un espace mesuré et $f : \mathbb{E} \times \mathbb{R} \to \mathbb{R}$. On désigne par f_t, f_x les applications partielles

$$x \longmapsto f_t(x) = f(x,t) \quad \text{et} \quad t \longmapsto f_x(t) = f(x,t).$$

Nous supposerons dans tout ce paragraphe que, pour tout $t \in \mathbb{R}$, la fonction f_t est intégrable

$$f_t \in L^1(\mathbb{E}, \mathfrak{T}, \mu), \text{ pour tout } t \in \mathbb{R}. \tag{3.2}$$

On définit alors une fonction $F : \mathbb{R} \longrightarrow \mathbb{R}$ en posant

$$F(t) = \int f_t(x) d\mu(x) = \int f(x,t) d\mu(x). \tag{3.3}$$

La fonction F s'appelle, suivant les auteurs, une « intégrale à paramètre », « intégrale dépendant d'un paramètre », ...   Dans cette partie, nous allons démontrer diverses propriétés des intégrales à paramètre à l'aide du théorème de convergence dominée.

Théorème 3.3 (Continuité sous l'intégrale). *Soit $f : \mathbb{E} \times \mathbb{R} \to \mathbb{R}$ une fonction vérifiant l'hypothèse (3.2) et $t_0 \in \mathbb{R}$, on suppose de plus que*

1. *Pour presque partout $x \in X$, la fonction f_x est continue de la variable t au point $t_0 \in \mathbb{R}$*

2. *Il existe $\varepsilon > 0$, et $g \in L^1(\mathbb{E}, \mathfrak{T}, \mu)$ tels que*

$$|f(x,t)| \leq g(x), \ \text{ pour tout } t \in]t_0 - \varepsilon, t_0 + \varepsilon[.$$

Alors, la fonction $F : \mathbb{R} \longrightarrow \mathbb{R}$ définie par (3.3), est continue en t_0.

Démonstration. Il suffit de montrer que $F(t_n) \longrightarrow F(t_0)$ pour toute suite $(t_n)_n$ de $]t_0 - \varepsilon, t_0 + \varepsilon[$ qui converge vers t_0. Posons

$$f_n(x) = f(x, t_n) \ .$$

Pour presque partout $x \in \mathbb{E}$, la fonction f_x est continue au point t_0 et donc

$$f_n(x) = f(x, t_n) = f_x(t_n) \longrightarrow f_x(t_0) = f(x, t_0)$$

quand $n \longrightarrow +\infty$. Par ailleurs,

$$|f_n(x)| = |f(x, t_n)| \leq g(x).$$

D'après le théorème de convergence dominée, on a

$$F(t_n) = \int f_n(x) d\mu(x) \longrightarrow \int f(x, t_0) \, d\mu(x) = F(t_0)$$

quand $n \longrightarrow +\infty$, d'où le théorème.

Théorème 3.4 (Dérivation sous l'intégrale). *Soit $f : \mathbb{E} \times \mathbb{R} \longrightarrow \mathbb{R}$ une fonction vérifiant l'hypothèse (3.2) et $t_0 \in \mathbb{R}$, on suppose de plus qu'il existe $\varepsilon > 0, A \in \mathfrak{T}$ et $g \in L^1(\mathbb{E}, \mathfrak{T}, \mu)$ tels que*

1. L'application $t \mapsto f(x, t)$ est dérivable pour tout $t \in]t_0 - \varepsilon, t_0 + \varepsilon[$ et pour tout $x \in A^c$.

2. Pour tout $t \in]t_0 - \varepsilon, t_0 + \varepsilon[$ et pour tout $x \in A^c$ on a

$$\left| \frac{\partial f}{\partial t}(x, t) \right| \leq g(x)$$

Alors, la fonction $F : \mathbb{R} \longrightarrow \mathbb{R}$ définie par (3.3), est dérivable en t_0 et

$$F'(t_0) = \int \frac{\partial f}{\partial t}(x, t_0) \, d\mu(x)$$

Démonstration. Soit $(t_n)_n$ une suite de $]t_0 - \varepsilon, t_0 + \varepsilon[$ telle que $t_n \longrightarrow t_0$ lorsque et $t_n \neq t_0$ pour tout $n \geq 1$. Soit f_n définie par

$$f_n(x) = \frac{f(x, t_n) - f(x, t_0)}{t_n - t_0}$$

La suite $(f_n)_n$ est dans $L^1(\mathbb{E}, \mathfrak{T}, \mu)$ et converge presque partout vers la fonction $x \longmapsto \frac{\partial f}{\partial t}(x, t_0)$ car l'application $t \longmapsto \frac{\partial f}{\partial t}(x, t)$ est continue pour tout $x \in A^c$. Par ailleurs, d'après le théorème d'accroissements finis, si $x \in A^c$ et $n \geq 1$, il existe $\theta_{x,n} \in]0, 1[$ tel que

$$f_n(x) = \frac{\partial f}{\partial t}(x, \theta_{x,n} t_0 + (1 - \theta_{x,n}) t_n)$$

et donc

$$|f_n(x)| \leq g(x), \text{ pour tout } x \in A^c \text{ et } n \geq 1$$

D'après le théorème de convergence dominée (appliquée sur la suite $(f_n)_n$), la fonction $x \longrightarrow \frac{\partial f}{\partial t}(x,t)$ (qui est définie presque partout $x \in \mathbb{E}$) est dans $L^1(\mathbb{E}, \mathfrak{T}, \mu)$ et on a

$$\lim_{n \longrightarrow +\infty} \int f_n(x)d\mu(x) = \int \frac{\partial f}{\partial t}(x,t_0)\, d\mu(x)$$

Ceci étant vrai pour toute suite $(t_n)_n$ dans $]t_0 - \varepsilon, t_0 + \varepsilon[$ telle que $t_n \longrightarrow t_0$ lorsque et $t_n \neq t_0$ pour tout $n \geq 1$, on en déduit bien que F est dérivable en t_0 et

$$F'(t_0) = \int \frac{\partial f}{\partial t}(x,t_0)\, d\mu(x)$$

Remarque 3.11. *Ces théorèmes restent vrais si on remplace $u \in \mathbb{R}$ par $u \in I$ avec I intervalle ouvert de $\mathbb{R}$.*

Exemple 3.8. *[Convolution] Soit $f : \mathbb{R} \to \mathbb{R}$ intégrable et $\varphi : \mathbb{R} \to \mathbb{R}$ bornée et continue. La convolée de f et φ est définie par*

$$u \mapsto (f \star \varphi)(u) := \int_{\mathbb{R}} \varphi(u - x)f(x)\lambda(dx)$$

Notons $h(u,x) = \varphi(u-x)f(x)$. Pour tout x, $u \mapsto \varphi(u-x)f(x)$ est continue. Pour tout u, $|\varphi(u-x)f(x)| \leq \|\varphi\|_\infty|f(x)|$ et $\int_\Omega \|\varphi\|_\infty|f(x)|\lambda(dx) < \infty$ par hypothèse. On rappelle que $\|\varphi\|_\infty := \sup_{v \in \mathbb{R}} \varphi(v)$. Pour tout $u \in \mathbb{R}$, $x \mapsto \varphi(u-x)f(x)$ est mesurable comme produit de fonctions mesurables. Donc $f \star \varphi$ est continue sur $\mathbb{R}$.

Exemple 3.9. *Soit, pour $u > 0$, $F(u) = \int_0^{+\infty} e^{-ut}\frac{\sin(t)}{t}dt$. La fonction $t \mapsto e^{-t}\frac{\sin(t)}{t}$ est intégrable sur $]0, +\infty[$ car $\left|e^{-t}\frac{\sin(t)}{t}\right| \leq e^{-t}$ (car $\left|\frac{\sin(t)}{t}\right| \leq 1$). Pour tout $t > 0$, $u \mapsto e^{-ut}\frac{\sin(t)}{t}$ est dérivable sur $]0, +\infty[$ et $\frac{\partial}{\partial u}\left(e^{-ut}\frac{\sin(t)}{t}\right) = -e^{-ut}\sin(t)$.*

Soit $\epsilon > 0$. Pour tout $u > \epsilon$, $|-e^{-ut}\sin(t)| \leq e^{-\epsilon t}$ (car $|\sin(t)| \leq 1$) qui est intégrable sur $]0, +\infty[$. Donc par théorème de dérivation globale, nous avons pour $u > \epsilon$

$$F'(u) = \int_0^{+\infty} -e^{-ut}\sin(t)dt \ .$$

Cela est vrai $\forall \epsilon > 0$ donc $\forall u > 0$, $F'(u) = \int_0^{+\infty} -e^{-ut}\sin(t)dt$. Calculons

$$\begin{aligned}
F'(u) &= \left[e^{-ut}\cos(t)\right]_0^{+\infty} + \int_0^{+\infty} ue^{-ut}\cos(t)dt \\
&= -1 + \left[ue^{-ut}\sin(t)\right]_0^{+\infty} + \int_0^{+\infty} u^2e^{-ut}\sin(t)dt \\
&= -1 - u^2 F'(u) \ .
\end{aligned}$$

Donc $F'(u) = \frac{-1}{1+u^2}$. Donc il existe une constante C telle que $F(u) = C - \arctan(u)$. Posons pour $n \in \mathbb{N}^*$, $f_n(t) = \exp(-nt)\frac{\sin(t)}{t}$. Les fonctions f_n sont mesurables. Pour tout $t > 0$, $f_n(t) \to 0$ et $|f_n(t)| \leq e^{-t} \times 1$ qui est intégrable sur $[0, +\infty[$. Donc, par théorème de convergence dominée, $F(n) = \int f_n(t)\mu(dt) \to 0$. Nous avons $\lim_{n \to +\infty} \arctan(n) = \frac{\pi}{2}$ donc $C = \frac{\pi}{2}$. Donc

$$F(u) = \frac{\pi}{2} - \arctan(u) \ .$$

3.9 Comparaison de l'intégrale de Lebesgue avec l'intégral de Riemann.

L'intégrale de Riemann est une intégrale pour les fonctions définies sur $\mathbb{R}$. La mesure classique à considérer sur $\mathbb{R}$ étant la mesure de Lebesgue. On va donc faire le lien entre l'intégrale de Riemann et l'intégrale de Lebesgue pour la mesure de Lebesgue et pourquoi Lebesgue c'est mieux que Riemann. Soit $(\mathbb{R}, \mathcal{B}(\mathbb{R}), \lambda)$ l'espace des réels muni de la mesure de Lebesgue λ. Soit $[a, b]$ un intervalle compact de $\mathbb{R}$ et $f : [a, b] \longrightarrow \mathbb{R}$ une fonction quelconque. Pour toute subdivision $\tau := [a = t_0 < t_1 < t_2 < ... < t_n = b]$ de cet intervalle on définit la somme inférieure et la somme supérieure de Darboux :

$$S_-(f, \tau) := \sum_{i=1}^{n} (\inf_{t_{i-1} \leq x \leq t_i} f(x))(t_i - t_{i-1}) \ et \ S^-(f, \tau) := \sum_{i=1}^{n} (\sup_{t_{i-1} \leq x \leq t_i} f(x))(t_i - t_{i-1}),$$

qui correspondent aux sommes des aires des rectangles.

Proposition. 3.9. *$\{S^-(f, \tau), \tau\}$ (resp. $\{S_-(f, \tau), \tau\}$) admet une borne inférieure (resp. supérieure) dans $\mathbb{R}$ notée $D(f)$ (resp. $d(f)$).*

Définition 3.8 (Intégrable de Riemann). *Une fonction $f : [a, b] \to \mathbb{R}$, est intégrable au sens de Riemann si f est bornée et si $d(f) = D(f)$. On note alors $\int_a^b f(t)dt := D(f) = d(f)$ et on dit que $\int_a^b f(t)dt$ est l'intégrale de f au sens de Riemann sur $[a, b]$.*

Définition 3.9 (Intégrable de Riemann en termes de fonctions en escalier). *Une fonction $f : [a, b] \to \mathbb{R}$ est intégrable au sens de Riemann si, pour tout $\epsilon > 0$, il existe des fonctions en escalier φ et ψ sur $[a, b]$ telles que*

$$\varphi \leq f \leq \psi \ et \ \int_a^b (\psi - \varphi)dx < \epsilon,$$

où l'intégrale de la fonction en escalier $(\psi - \varphi)$ est définie élémentairement (comme pour les fonctions étagées : si $\varphi = \sum_i a_i 1_{]x_i, x_{i+1}[}$ alors $\int_a^b \varphi dx = \sum_i a_i(x_{i+1} - x_i)$. Et dans ce cas *on note*

$$\int_a^b f dx = \sup_{\varphi \ en \ escalier, \ \varphi \leq f} \int_a^b \varphi dx = \inf_{\psi \ en \ escalier, \ f \leq \psi} \int_a^b \psi dx.$$

Remarque 3.12. *1. Toute fonction Riemann-intégrable est bornée (car φ et ψ le sont).*

2. Toute application continue (resp. monotone) sur $[a,b]$ est intégrable au sens de Riemann.

3. (Newton-Leibniz) Si f est intégrable sur $[a,b]$ alors la fonction $F(x) := \int_a^x f(t)dt$ est continue. De plus si f est continue en x_0 alors F est dérivable en x_0 et $F'(x_0) = f(x_0)$.

4. L'avantage de Riemann c'est qu'il n'y a pas besoin d'être bien savant pour mesurer des longueurs sur $\mathbb{R}$: les intervalles suffisent. L'inconvénient de Riemann c'est :

(a) L'intégration de Riemann ne gère pas les fonctions avec beaucoup de discontinuités.

(b) L'intégration de Riemann n'a pas assez de fonctions intégrables pour avoir les bons théorèmes de convergence.

Définition 3.10 (Voie de Lebesgue). *La voie Lebesgue consiste à faire la même chose que Riemann, mais sur l'axe des y au lieu de l'axe des x, c'est-à-dire à encadrer f à partir des valeurs de $y = f(x)$ et non pas des valeurs de x. Pour cela, on partage l'image $[A, B]$ de f en n parties en utilisant des points $t_0 = A < t_1 < t_2 < ... < t_n = B$. On considère alors, pour $i = 0, ..., n - 1$, les ensembles*

$$E_i = f^{-1}([t_i, t_{i+1}[) = \{x \in [a,b], t_i \leq f(x) < t_{i+1}\}.$$

on peut encadrer $\int_a^b f d\lambda$ entre les $\sum_{i=1}^{n-1} t_i \lambda(E_i)$ et $\sum_{i=1}^{n-1} t_{i+1} \lambda(E_i)$.
Pour partitionner l'image d'une fonction, il n'est plus nécessaire que la fonction soit continue : il suffit qu'elle soit bornée.

Proposition. 3.10. *Si f est Riemann-intégrable sur $[a,b]$, alors f est Lebesgue-intégrable sur $[a,b]$ et*

$$\int_a^b f dx = \int_{[a,b]} f d\lambda.$$

Démonstration. f est intégrable au sens de Riemann s'il existe des fonctions en escalier φ et ψ sur $[a,b]$ telles que $\varphi \leq f \leq \psi$, alors $\int_a^b \varphi(x)dx = \int_{[a,b]} \varphi d\lambda$, $\int_a^b \psi(x)dx = \int_{[a,b]} \psi d\lambda$ et

$$\int_a^b \varphi(x)dx \leq \int_{[a,b]} f d\lambda \leq \int_a^b \psi(x)dx,$$

comme $\int_a^b (\psi - \varphi)dx < \epsilon$, alors

$$\int_a^h f dx = \int_{[a,b]} f d\lambda < +\infty.$$

Remarque 3.13. *La réciproque de la prposition* 3.10 *, est fausse. En-effet : soit* $([0,1], \mathcal{B}([0,1]), \lambda)$
espace mesuré, soit $Q_0 = \mathbb{Q} \cap [0,1]$ *est un ensemble dénombrable donc* $\lambda(Q_0) = 0$*. la fonction*
f *est définie sur* $[0,1]$ *comme*
$$f(x) = \begin{cases} 1 & si \ x \notin Q_0, \\ 0 & si \ x \in Q_0 \end{cases}.$$

Alors, f est une fonction mesurable positive. La fonction f n'est pas continue en toute point de $[0,1]$ et n'est pas intégrable sur $[0,1]$ au sens de Riemann, En effet : soit τ_N la subdivision $(x_i)_{0 \leq t \leq N}$ de $[0,1]$ où $x_k := \frac{k}{N}$, N entier fixé supérieur à 1. Les sommes de Darboux de f associées à τ_N sont $S^-(f, \tau_N) = 1$ et $S_-(f, \tau) = 0$ pour tout $N \in \mathbb{N}^*$ (on utilise la densité des rationnels de $[0,1]$). Par suite $S^-(f, \tau_N) = 1 > S_-(f, \tau) = 0$, d'où $\int_0^1 f(x)dx$ n'existe pas. mais intégrale de Lebesgue existe et elle se calcule comme suit :

$$\int_{[0,1]} f d\lambda = 0\lambda(Q_0) + 1\lambda([0,1] - Q_0) = 1.$$

Théorème 3.5 (Théorème de Lebesgue). *Une fonction bornée f sur $[a,b]$ est Riemann intégrable si et seulement si l'ensemble des points de discontinuité est négligeable pour la mesure de Lebesgue λ. On dit alors que f est continue $\lambda-p.p.$ sur $[a,b]$. Dans ce cas, f est Lebesgue intégrable sur $[a,b]$ et l'intégrale de Lebesgue $\int_{[a,b]} f d\lambda$ est égal à l'intégrale de Riemann $\int_a^b f dx$, c'est-à-dire les deux intégrales concident.*

Proposition. 3.11. *Soit f une fonction mesurable intégrable au sens de Riemann sur un intervalle borné $[0,a]$, pour tout $a \in \mathbb{R}$, alors f est intégrable au sens de Lebesgue sur $[0, +\infty[$ si et seulement si :*

$$\int_0^{+\infty} |f(x)|dx < +\infty.$$

Démonstration. Par définition f est intégrable au sens de Lebesgue si et seulement si $\int_0^{+\infty} |f(x)|dx < +\infty$. Le théorème de convergence monotone entraîne que :

$$\int_0^{+\infty} |f| d\lambda = \lim_{n \to +\infty} \int_0^{+\infty} |f| 1_{[0,n]} d\lambda = \lim_{n \to +\infty} \int_0^n |f(x)|dx.$$

Donc f est intégrable si et seulement si $\int_0^{+\infty} |f(x)|dx < +\infty$.

Remarque 3.14 (L'intégrale de Riemann est celle qui se calcule avec la primitive). *Si f admet une primitive F alors son intégrale de Riemann est*

$$\int_a^b f(x)dx = [F(x)]_a^b = F(b) - F(a)$$

avec la convention que si F n'est pas définie en a (et pareil en b), par exemple parce que $a = -\infty$, alors $F(a) = \lim_{x \to a, x \in [a,b]} F(x)$. On parle alors d'intégrale généralisée (ou d'intégrale de Riemann généralisée). L'intégrale de Riemann n'est définie que si $F(a)$ et $F(b)$ sont finis. On a les règles de signe suivantes :

$$\int_a^b f(x)dx = -\int_b^a f(x)dx, \ et \ \int_{[a,b]} f\lambda = \int_{[b,a]} f\lambda.$$

Dans le cas où f a une intégrale de Riemann, nous avons l'égalité suivante entre les deux types d'intégrales si $a \leq b$

$$\int_{[a,b]} f\lambda = \int_a^b f(x)dx \ .$$

Finalement, nous présentons quelques points et remarques concernant le lien entre les intégrales de Riemann et de Lebesgue.

Remarque 3.15. *1. On a deux notations (a priori) différentes pour les intégrales de Riemann et de Lebesgue d'une fonction (continue) f mais finalement les deux inté- grales concident :*
$$\int_a^b fdx = \int_{[a,b]} fd\lambda.$$

2. Les deux types d'intégrale de Riemann et de Lebesgue concident donc pour les fonctions en escalier.

3. Si f la limite uniformes de fonctions en escalier, alors les deux types d'intégrale de Riemann et de Lebesgue concident.

4. Les intégrales de Riemann et de Lebesgue concident donc pour des fonctions continues sur des intervalles bornées.

5. Tous les calculs que l'on sait faire avec l'intégrale de Riemann restent donc valables avec l'intégrale de Lebesgue. Les calculs de primitives, intégration par parties, change- ments de variables usuels, etc, ne disparaissent pas.

3.10 Exercices avec solutions.

Exercice 3.1. *Intégrales de Wallis*

Pour tout $n \in \mathbb{N}$, on pose :

$$I_n = \int_0^{\pi/2} \sin^n(x)dx \ .$$

1. *Calculer I_0 et I_1.*

2. *Donner une relation de récurrence entre I_n et I_{n+2}.*

3. *En déduire que :*

$$\forall p \in \mathbb{N}, \ I_{2p} = \frac{(2p-1)(2p-3)\ldots 1}{2p(2p-2)\ldots 2}\frac{\pi}{2} \ et \ I_{2p+1} = \frac{2p(2p-2)\ldots 2}{(2p+1)(2p-1)\ldots 1} \ .$$

4. *Montrer que $\forall p \in \mathbb{N}, I_{2p+1} \leq I_{2p} \leq I_{2p-1}$. En déduire que $\lim_{p\to+\infty}\frac{I_{2p}}{I_{2p+1}} = 1$.*

5. *En déduire la formule de Wallis :*

$$\lim_{p\to+\infty}\frac{1}{p}\left[\frac{2p(2p-2)\ldots 2}{(2p-1)(2p-3)\ldots 1}\right]^2 = \pi \ .$$

6. *Montrer que $\forall n \in \mathbb{N}, I_n \underset{n\to+\infty}{\sim} \sqrt{\frac{\pi}{2n}}.$*

Solution 3.1. *1. $I_0 = \int_0^{\pi/2} 1dx = \frac{\pi}{2}$, $I_1 = \int_0^{\pi/2}\sin(x)dx = [-\cos(x)]_0^{\pi/2} = 1$.*

2. *On intègre par parties pour tout $n \geq 2$:*

$$\begin{aligned}
I_{n+2} &= \int_0^{\pi/2} \sin^{n+1}(x)\sin(x)dx \\
&= [-\sin^{n+1}(x)\cos(x)]_0^{\pi/2} + (n+1)\int_0^{\pi/2}\sin^n(x)\cos^2(x)dx \\
&= (n+1)(I_n - I_{n+2})
\end{aligned}$$

d'où $I_{n+2} = \frac{n+1}{n+2}I_n$.

3. *Démonstration par récurrence de la formule pour I_{2p} (démonstration similaire pour I_{2p+1}) :*

— *c'est vrai en $p = 0$*

— *si c'est vrai jusqu'au rang p alors $I_{2p+2} = \frac{2p+1}{2p+2}I_{2p} = \frac{(2p+1)(2p-1)\ldots 1}{(2p+2)(2p)\ldots 2}\frac{\pi}{2}$*

4. *$\forall p \in \mathbb{N}, \forall x \in [0,\pi/2], 0 \leq \sin^{2p+1}(x) \leq \sin^{2p}(x) \leq \sin^{2p-1}(x)$ donc par intégration*

$\forall p \in \mathbb{N}, I_{2p+1} \leq I_{2p} \leq I_{2p-1}$, donc $1 \leq \frac{I_{2p}}{I_{2p+1}} \leq \frac{I_{2p-1}}{I_{2p+1}} = \frac{2p+1}{2p}$, donc

$$\lim_{p\to+\infty}\frac{I_{2p}}{I_{2p+1}} = 1$$

5. *on déduit de la question précédente :* $\lim_{p \to +\infty} \frac{\pi}{2} \left[\frac{(2p-1)(2p-3)...1}{2p(2p-2)...2} \right]^2 (2p+1) = 1$, *d'où la formule de Wallis*

6. *On fait la démonstration pour n impair . Soit $n = 2p+1$:*

$$
\begin{aligned}
I_{2p+1} &= \frac{2p(2p-2)\ldots 2}{(2p+1)\ldots 1} \\
&= \frac{\sqrt{p}}{2p+1} \sqrt{\frac{1}{p} \left(\frac{2p(2p+2)\ldots 2}{(2p-1)\ldots 1} \right)^2} \\
&\underset{p \to +\infty}{\sim} \frac{1}{\sqrt{2(2p+1)}} \sqrt{\pi} \ .
\end{aligned}
$$

Exercice 3.2. *Soient $(\mathbb{E}, \mathfrak{T}, \mu)$ un espace mesuré et $A, B \in \mathfrak{T}$. Calculer $\int_A 1_B d\mu$ et $\int_{\mathbb{E}} f d\mu$ avec $f(x) = 3$ si $x \in A$, et $f(x) = 2$ sinon.*

Solution 3.2. *On a*

$$
\int_A 1_B d\mu = \int_{\mathbb{E}} 1_A 1_B d\mu = \int_{\mathbb{E}} 1_{A \cap B} d\mu = \mu(A \cap B).
$$

Et

$$
\int_{\mathbb{E}} f d\mu = \int_{\mathbb{E}} 3 1_A + 2 1_{A^c} d\mu = 3\mu(A) + 2\mu(A^c).
$$

Exercice 3.3. *Soient $(\mathbb{N}, \mathcal{P}(\mathbb{N}), \mu)$ espace mesuré et μ est la mesure du dénombrement définie pour toute partie A de $\mathbb{N}$ par*

$$
\mu(A) = \begin{cases} Card(A) & \text{si } A \text{ est un ensemble fini,} \\ +\infty & \text{sinon} \end{cases}.
$$

Soit $f : \mathbb{N} \to \overline{\mathbb{R}}^+$. On peut également voir f comme une suite réelle $u_n = f(n)$. En remarquant que f s'écrit sous la forme $f = \sum_{n \geq 0} f(n) 1_{\{n\}}$, montrer que f est mesurable puis expliciter la valeur de $\int_{\mathbb{N}} f d\mu$.

Solution 3.3. *Soit $f : (\mathbb{N}, \mathcal{P}(\mathbb{N}), \mu) \to \overline{\mathbb{R}}^+$ où $\mu(A) = card(A)$, $\forall A \subset \mathbb{N}$. On a*

$$
f = \sum_{n \geq 0} f(n) 1_{\{n\}} = \lim_{n \to +\infty} \sum_{k \geq 0}^{n} f(k) 1_{\{k\}} = \lim_{n \to +\infty} f_n,
$$

(limite simple) avec $f_n = \sum_{k \geq 0}^{n} f(k) 1_{\{k\}} \geq 0$ est une fonction étagée, mesurable $\forall n \in \mathbb{N}$, la suite $(f_n)_n$ est croissante. Alors f est mesurable et on a :

$$
\int_{\mathbb{N}} f_n d\mu = \sum_{k \geq 0}^{n} f(k) \mu(\{k\}) = \sum_{k \geq 0}^{n} f(k).
$$

D'après le Théorème de la convergence monotone on a :

$$\lim_{n \to +\infty} \int_{\mathbb{N}} f_n d\mu = \int_{\mathbb{N}} \lim_{n \to +\infty} f_n d\mu \Leftrightarrow \int_{\mathbb{N}} f d\mu = \lim_{n \to +\infty} \sum_{k \geq 0}^{n} f(k) = \sum_{k \geq 0} f(k).$$

Exercice 3.4 (Inégalité de Markov). *Soit $f : (\mathbb{E}, \mathfrak{T}, \mu) \to \mathbb{R}^+$ une fonction mesurable et $\alpha > 0$. Montrer que*

$$\mu(\{x \in \mathbb{E}, f(x) \geq \alpha\}) \leq \frac{1}{\alpha} \int_{\mathbb{E}} f d\mu.$$

Solution 3.4. *Posons $A = \{x \in \mathbb{E}, f(x) \geq \alpha\}$, on a dans ce cas*

$$\alpha 1_A(x) = \begin{cases} 0 & si \ x \notin A, \\ \alpha & si \ x \in A \end{cases},$$

alors $\alpha 1_A(x) \leq f(x)$, pour tout $x \in \mathbb{E}$. En intégrant on obtient

$$\int_{\mathbb{E}} f d\mu \geq \int_{\mathbb{E}} \alpha 1_A(x) d\mu = \alpha \int_{\mathbb{E}} 1_A(x) d\mu = \alpha \mu(\{x \in \mathbb{E}, f(x) \geq \alpha\}).$$

D'où le résultat voulu.

Exercice 3.5. *Soient $(\mathbb{E}, \mathfrak{T}, \mu)$ espace mesuré et $\mu(\mathbb{E}) < \infty$, f une application mesurable. On suppose que $\int_{\mathbb{E}} f^2 d\mu \leq \infty$. Montrer que $\int_{\mathbb{E}} f d\mu \leq \infty$. Montrer par un exemple que l'hypothèse "μ mesure finie" est nécessaire.*

Solution 3.5. *On remarque $f \leq f^2 1_{\{f>1\}} + 1_{\{f\leq 1\}}$ donc*

$$\int_{\mathbb{E}} f d\mu \leq \int_{\{f>1\}} f^2 d\mu + \mu(\{f \leq 1\}) \leq \int_{\mathbb{E}} f^2 d\mu + \mu(\mathbb{E}) < +\infty.$$

Ce qui donne l'intégrabilité de f.

Si $\mathbb{E} = \mathbb{R}, \mathfrak{T} = \mathcal{B}(\mathbb{R})$ et $\mu = \lambda$ la mesure de Lebesgue, alors $\lambda(\mathbb{R}) = +\infty$. Soit f la fonction positive intégrable sur tout compact au sens de Riemann définie par $f(x) = \frac{1}{x} 1_{[1,+\infty[}$. En se ramenant à un calcul d'intégrale de Riemann, on a $\int_{\mathbb{R}} f^2 d\lambda \leq +\infty$, et $\int_{\mathbb{R}} f d\lambda = +\infty$.

Exercice 3.6. *Soient $(\mathbb{E}, \mathfrak{T}, \mu)$ un espace mesuré et A un ensemble mesurable. On définit la suite $(f_n)_n$ de fonctions par*

$$f_n = \begin{cases} 1_A & si \ n \ est \ pair \\ 1 - 1_A & si \ n \ est \ impair. \end{cases}$$

Montrer en choisissant convenablement $\mathbb{E}$, A et μ que l'on peut obtenir soit l'égalité soit l'inégalité stricte dans le lemme de Fatou.

Solution 3.6.   *1. On choisit* $\mathbb{E} = [0,1], \mathfrak{T} = \mathcal{B}([0,1])$ *et* $\mu = \lambda$ *la mesure de Lebesgue. Pour* $A = \mathbb{Q} \cap [0,1]$ *on a* $\liminf_n f_n = 0$ *et* $\liminf_n \int_{\mathbb{E}} f_n d\lambda = \inf\{0,1\} = 0$ *donc* $\liminf_n \int_{\mathbb{E}} f_n d\lambda = \int_{\mathbb{E}} \liminf_n f_n d\lambda.$

2. On choisit $\mathbb{E} = \mathbb{R}, \mathfrak{T} = \mathcal{B}(\mathbb{R})$ *et* $\mu = \lambda$ *la mesure de Lebesgue. Pour* $A = \bigcup_{n \in \mathbb{N}} [2n, 2n + \frac{1}{2}]$ *on a* $\liminf_n f_n = 0$ *et* $\int_{\mathbb{E}} f_n d\lambda = +\infty$ *donc* $\int_{\mathbb{E}} \liminf_n f_n d\lambda < \liminf_n \int_{\mathbb{E}} f_n d\lambda.$

Exercice 3.7. *Soient* $(\mathbb{E}, \mathfrak{T}, \mu)$ *espace mesuré et* $\mu(\mathbb{E}) < \infty$, *alors toute fonction* $f : \mathbb{E} \to \mathbb{R}$ *borélienne bornée,* $\exists m > 0, \sup_{x \in \mathbb{E}} |f(x)| \leq m$, *est intégrable.*

Solution 3.7. *On a*

$$\int_{\mathbb{E}} |f| d\mu \leq \int_{\mathbb{E}} \sup_{x \in \mathbb{E}} |f(x)| d\mu(x) \int_{\mathbb{E}} m d\mu(x) = m\mu(\mathbb{E}) < \infty.$$

Exercice 3.8. *Soit* $(f_n)_n$ *une suite de fonctions mesurables et positives sur l'espace mesuré* $(\mathbb{E}, \mathfrak{T}, \mu)$, *qui converge simplement vers une fonction* f. *Montrer que s'il existe* $M > 0$ *telle que* $\int_{\mathbb{E}} f_n d\mu \leq M$, *pour tout entier* n, *alors on obtient*

$$\int_{\mathbb{E}} f d\mu \leq M.$$

Solution 3.8. $(f_n)_n$ *une suite de fonctions mesurables positives de* $(\mathbb{E}, \mathfrak{T}, \mu)$ *vers* $\overline{\mathbb{R}}^+$ *telle que* $\forall n \in \mathbb{N} : \int_{\mathbb{E}} f_n d\mu \leq M$. *Supposons que* $\lim_{n \to +\infty} f_n(c) = f(x)$. *D'après le lemme de Fatou on a :*

$$\lim_{n \to +\infty} \inf \int_{\mathbb{E}} f_n d\mu \geq \int_{\mathbb{E}} \lim_{n \to +\infty} \inf f_n d\mu,$$

et d'après la convergence simple on a : $\lim_{n \to +\infty} \inf f_n = f$. *alors*

$$\lim_{n \to +\infty} \inf \int_{\mathbb{E}} f_n d\mu \geq \int_{\mathbb{E}} f d\mu,$$

comme $\int_{\mathbb{E}} f_n d\mu \leq M, \forall n \in \mathbb{N}$ *on obtient*

$$M \geq \lim_{n \to +\infty} \inf \int_{\mathbb{E}} f_n d\mu \geq \int_{\mathbb{E}} f d\mu.$$

Exercice 3.9. *Soit* $f \in \mathcal{M}^+$. *Montrer que*

$$(+\infty) \int_{\mathbb{E}} f d\mu = \int_{\mathbb{E}} (+\infty) f d\mu.$$

Solution 3.9. *Pour tout* n *on a* $nf \in \mathcal{M}^+$ *et* $nf \uparrow (+\infty)f$ *donc* $(+\infty)f \in \mathcal{M}^+$ *et en vertu de Beppo-Levi :*

$$\int_{\mathbb{E}} (+\infty) f d\mu = \int_{\mathbb{E}} (\sup(n)) f d\mu = \int_{\mathbb{E}} \sup(nf) d\mu = \sup \int_{\mathbb{E}} nf d\mu = \sup(n) \int_{\mathbb{E}} f d\mu = (+\infty) \int_{\mathbb{E}} f d\mu.$$

Exercice 3.10. *Soit $(f_n)_{n\geq 0}$ une suite décroissante de fonctions mesurables et positives sur l'espace mesuré $(\mathbb{E}, \mathfrak{T}, \mu)$, qui converge presque partout sur $\mathbb{E}$ vers une fonction f. On suppose que $\int_{\mathbb{E}} f_0 d\mu < +\infty$. Montrer que*

$$\lim_{n\to+\infty} \int_{\mathbb{E}} f_n d\mu = \int_{\mathbb{E}} f d\mu < +\infty.$$

Peut-on supprimer l'hypothèse $\int_{\mathbb{E}} f_0 d\mu < +\infty$?. Si non donner un contre exemple.

Solution 3.10. *Soit $(f_n)_{n\geq 0}$ une suite décroissante de fonctions mesurables positives. On montre que*

$$si \int_{\mathbb{E}} f_0 d\mu < +\infty \Rightarrow \lim_{n\to+\infty} \int_{\mathbb{E}} f_n d\mu = \int_{\mathbb{E}} f d\mu < +\infty.$$

Si on veut appliquer le TCM, on doit construire une suite croissante de fonctions mesurables et positives sur l'espace mesuré $((\mathbb{E}, \mathfrak{T}, \mu)$, qu'on note par $(g_n)_{n\geq 0}$. Comme $(f_n)_{n\geq 0}$ décroissante, posons : $\forall n \geq 0, g_n = f_0 - f_n \geq 0$, donc $(g_n)_{n\geq 0}$ une suite croissante de fonctions mesurables positives et $g_n \to g = f_0 - f, \mu - p.p$, alors (d'après le TCM) on a

$$\lim_{n\to+\infty} \int_{\mathbb{E}} g_n d\mu = \int_{\mathbb{E}} \lim_{n\to+\infty} g_n d\mu \Leftrightarrow \lim_{n\to+\infty} \int_{\mathbb{E}} f_0 - f_n d\mu = \int_{\mathbb{E}} f_0 - f d\mu,$$

$$\Leftrightarrow \lim_{n\to+\infty} \int_{\mathbb{E}} f_0 - \int_{\mathbb{E}} f_n d\mu = \int_{\mathbb{E}} f_0 - \int_{\mathbb{E}} f d\mu.$$

Comme $\int_{\mathbb{E}} f_0 d\mu < +\infty$, on peut retrancher cette quantité de chaque membre de l'égalité pour avoir

$$\lim_{n\to+\infty} \int_{\mathbb{E}} f_n d\mu = \int_{\mathbb{E}} \lim_{n\to+\infty} f_n d\mu = \int_{\mathbb{E}} f d\mu.$$

On ne peut pas supprimer la condition $\int_{\mathbb{E}} f_0 d\mu < +\infty$.

Contre exemple : on prend $f_n : \mathbb{R} \to \overline{\mathbb{R}}^+$ telle que $f_n = 1_{[n,+\infty[}$, pour tout $n \in \mathbb{N}$. La suite $(f_n)_{n\geq 0}$ est décroissante. On a

$$\int_{\mathbb{R}} f_n d\lambda = \lambda([n, +\infty[) = +\infty,$$

pour tout $n \in \mathbb{N}$. Mais $\lim_{n\to+\infty} f_n = 0$.

Exercice 3.11. *Mesures à densité.*

1. *Soit μ mesure sur $(\mathbb{R}, \mathcal{B}(\mathbb{R}))$ de densité $1_{[0,1]}(x)$ par rapport à la mesure de Lebesgue. Calculer $\mu([0,1]), \mu([0,2]), \mu([0,1/2]), \mu(\{1/2\})$.*

2. *Soit μ mesure sur $(\mathbb{R}, \mathcal{B}(\mathbb{R}))$ de densité $1_{x>0} e^{-x}$ par rapport à la mesure de Lebesgue. Calculer $\mu(\mathbb{R}), \mu(\{1\}), \mu([0,1]), \mu([1,+\infty[)$.*

3. *Soit μ mesure sur $(\mathbb{R}, \mathcal{B}(\mathbb{R}))$ de densité $1_{x>0}xe^{-x^2/2}$ par rapport à la mesure de Lebesgue. Calculer $\mu([0,1])$.*

Solution 3.11. *1.*

$$\mu([0,1]) = \int_{\mathbb{R}} 1_{[0,1]}(x)1_{[0,1]}(x)dx = \int_0^1 1dx = 1.$$

$$\mu([0,2]) = \int_{\mathbb{R}} 1_{[0,2]}(x)1_{[0,1]}(x)dx = \int_0^1 1dx = 1.$$

$$\mu([0,1/2]) = \int_{\mathbb{R}} 1_{[0,1/2]}(x)1_{[0,1]}(x)dx = \int_0^{1/2} 1dx = 1/2.$$

$$\mu(\{1/2\}) = \int_{\mathbb{R}} 1_{\{1/2\}}(x)1_{[0,1]}(x)dx = \int_{\mathbb{R}} 1_{\{1/2\}}(x)dx = 0$$

car $\lambda(\{1/2\}) = 0$.

2. $\mu(\mathbb{R}) = \int_{\mathbb{R}} 1_{x>0}e^{-x}dx = 1$.

$$\mu(\{1\}) = \int_{\mathbb{R}} 1_{\{1\}}(x)1_{x>0}e^{-x}dx = \int_{\mathbb{R}} 1_{\{1\}}(x)e^{-1}dx = 0$$

car $\lambda(\{1\}) = 0$.

$$\mu([0,1]) = \int_{\mathbb{R}} 1_{[0,1]}(x)1_{x>0}e^{-x}dx = \int_0^1 e^{-x}dx = 1 - e^{-1}$$

$$\mu([1,+\infty[) = \int_{\mathbb{R}} 1_{[1,+\infty]}(x)1_{x>0}e^{-x}dx = \int_1^{+\infty} e^{-x}dx = e^{-1}.$$

3.

$$\mu([0,1]) = \int_{\mathbb{R}} 1_{[0,1]}(x)1_{x>0}(x)xe^{-x^2/2}dx = \int_0^1 xe^{-x^2/2}dx = \left[-e^{-x^2/2}\right]_0^1 = (1 - e^{-1/2}).$$

Exercice 3.12. *1. Montrer que $0 \leq \frac{1}{e^1}\int_0^{e^1}(\cos(x))^2dx \leq 1$.*

2. Montrer que $0 \leq \int_0^2 \frac{e^{-x^2/2}}{\sqrt{2\pi}}dx \leq \frac{2}{\sqrt{2\pi}}$.

3. Montrer que $0 \leq \int_{\pi/3}^{\pi/2} \sin(\log(1+u))du \leq \frac{1}{2}$.

Solution 3.12. *On utilise à chaque fois la propriété de croissance de l'intégrale.*

1. Pour tout x, $0 \leq |\cos(x)| \leq 1$ donc

$$0 \leq \frac{1}{e^1}\int_0^{e^1}(\cos(x))^2dx \leq \frac{1}{e^1}\int_0^{e^1} 1dx = 1.$$

2. Pour tout $x \in [0,2]$, $0 \leq \frac{e^{-x^2/2}}{\sqrt{2\pi}} \leq \frac{e^0}{\sqrt{2\pi}} = \frac{1}{\sqrt{2\pi}}$ donc $0 \leq \int_0^2 \frac{e^{-x^2/2}}{\sqrt{2\pi}}dx \leq \frac{2}{\sqrt{2\pi}}$.

3. Pour tout $u \geq 0$, $0 \leq \log(1+u) \leq u$. Si $u \in [\pi/3; \pi/2]$ alors $0 \leq \log(1+u) \leq u \leq \pi/2$ et $\sin$ est croissante positive sur $[0; \pi/2]$. Donc

$$0 \leq \int_{\pi/3}^{\pi/2} \sin(\log(1+u))du \leq \int_{\pi/3}^{\pi/2} \sin(u)du = [-\cos(u)]_{\pi/3}^{\pi/2} = \frac{1}{2}.$$

Exercice 3.13 (Inégalité de Jensen). *Soit $(\mathbb{E}, \mathfrak{T}, \mu)$ un espace mesuré avec $\mu(\mathbb{E}) = 1$. Soit $\varphi : \mathbb{R} \to \mathbb{R}^+$ convexe et dérivable deux fois (et donc $\varphi'' \geq 0$). Soit $f : (\mathbb{E}, \mathfrak{T}) \to (\mathbb{R}, \mathcal{B}(\mathbb{R}))$ mesurable et telle que $\int_{\mathbb{E}} f(x)d\mu(x) < +\infty$.*

1. Montrer que $\forall z, y \in I$, $\varphi(y) \geq \varphi(z) + \varphi'(z)(y - z)$.

2. En prenant $z = \int_E f(t)d\mu(t)$ et $y = f(x)$ dans l'inegalité précédente, montrer que :

$$\varphi\left(\int_E f(x)d\mu(x)\right) \leq \int_E \varphi \circ f(x)d\mu(x).$$

3. En déduire que pour toute fonction $f : [0,1] \to \mathbb{R}$ telle que $\int_0^1 |f(x)|dx < +\infty$:

$$\left(\int_0^1 |f(x)|dx\right)^2 \leq \int_0^1 f(x)^2 dx.$$

Solution 3.13. *1. $\forall z, y \in I$ avec $z \leq y$, $\varphi(y) - \varphi(z) = \int_z^y \varphi'(t)dt \geq \int_z^y \varphi'(z)dt$ (car φ convexe), donc $\varphi(y) - \varphi(z) \geq \varphi'(z)(y - z)$*

2. On prend $z = \int_{\mathbb{E}} f(t)d\mu(t)$ et $y = f(x)$ dans l'inegalité précédente et on a :

$$\varphi(f(x)) \geq \varphi\left(\int_{\mathbb{E}} f(t)d\mu(t)\right) + \varphi'\left(\int_{\mathbb{E}} f(t)d\mu(t)\right)(y - z) \ .$$

On intègre ensuite par rapport à $d\mu(x)$:

$$\begin{aligned}
\int \varphi(f(x))d\mu(x) \ &\geq \ \int \varphi\left(\int_{\mathbb{E}} f(t)d\mu(t)\right)d\mu(x) \\
&\quad + \int \varphi'\left(\int_{\mathbb{E}} f(t)d\mu(t)\right)(y - z)d\mu(x) \\
&= \ \varphi\left(\int_{\mathbb{E}} f(t)d\mu(t)\right) \\
&\quad + \varphi'\left(\int_{\mathbb{E}} f(t)d\mu(t)\right)\left(\int f(x)d\mu(x) - \int f(x)d\mu(x)\right) \\
&= \ \varphi\left(\int_{\mathbb{E}} f(t)d\mu(t)\right) \ .
\end{aligned}$$

3. La fonction $\varphi : x \in [0,1] \mapsto x^2$ est convexe. Donc par le résultat précédent, pour toute fonction $f : [0,1] \to \mathbb{R}$ intégrable,

$$\left(\int_0^1 |f(x)|dx\right)^2 \leq \int_0^1 f(x)^2 dx.$$

Exercice 3.14. *Soit la suite des fonctions* $f_n : (\mathbb{R}_+, \mathcal{B}(\mathbb{R}_+), \lambda) \longrightarrow \mathbb{R}_+$ *définit par*

$$f_n(x) = 1_{[0,n[}(x)\frac{1}{E(x)!},$$

où $E(x)$ *désigne la partie entière de* $x \in \mathbb{R}$.

1. *Donner la limite simple de la suite* $(f_n)_n$.

2. *Calculer* $\int \frac{1}{E(x)!} d\lambda(x)$.

Solution 3.14. *1. Puisque la suite* $([0,n[)_{n\geqslant 1}$ *est croissante et*

$$\bigcup_{n=1}^{+\infty} [0, n[= \mathbb{R}_+,$$

d'autre part, on a

$$1_{\underline{\lim}A_n} = \liminf_n 1_{A_n} \; et \; 1_{\overline{\lim}A_n} = \limsup_n 1_{A_n}.$$

donc

$$\lim_{n \longrightarrow +\infty} 1_{[0,n[}(x) = 1_{\cup_{n=1}^{+\infty}[0,n[}(x) = 1_{\mathbb{R}_+}(x) = 1, \; pour \; tout \; x \in \mathbb{R}_+,$$

d'où

$$\lim_{n \longrightarrow +\infty} f_n(x) = \frac{1}{E(x)!}, \; pour \; tout \; x \in \mathbb{R}_+.$$

2. La suite $(f_n(x))_{n\geqslant 1}$ *est croissante pour tout* $x \in \mathbb{R}_+$. *Les fonctions positives* $x \mapsto f_n(x)$ *sont décroissantes alors mesurables. D'après le théorème de la convergence monotone on a*

$$\int \frac{1}{E(x)!} d\lambda(x) = \int \lim_{n \longrightarrow +\infty} f_n(x) d\lambda(x) = \lim_{n \longrightarrow +\infty} \int f_n(x) d\lambda(x),$$

d'autre part

$$\int f_n(x)d\lambda(x) = \int_{0,n[} \frac{1}{E(x)!} d\lambda(x) = \int_{k=0}^{n-1} \frac{1}{E(x)!} d\lambda(x)$$

$$= \sum_{k=0}^{n-1} \int_{[k,k+1[} \frac{1}{E(x)!} d\lambda(x) = \sum_{k=0}^{n-1} \int_{k,k+1[} \frac{1}{k!} \lambda([k, k+1[)$$

$$= \sum_{k=0}^{n-1} \frac{1}{k!},$$

d'où

$$\int \frac{1}{E(x)!} d\lambda(x) = \lim_{n \longrightarrow +\infty} \sum_{k=0}^{n-1} \frac{1}{k!} = \sum_{k=0}^{\infty} \frac{1}{k!} = e.$$

Exercice 3.15. *Soit* $(\mathbb{E}, \mathfrak{T}, \mu)$ *un espace mesuré.*

1. *Soi $f : \mathbb{E} \longrightarrow \overline{\mathbb{R}}_+$ une fonction mesurable. Monter que*

$$\lim_{\mu(A)\to 0} \int_A f(x)d\mu = 0 \Leftrightarrow \forall \varepsilon > 0, \exists \delta > 0 : \forall A \in \mathcal{T}, \mu(A) < \delta \Longrightarrow \int_A f d\mu < \varepsilon.$$

2. *Calculer*

$$\int_{[0,1]} -\frac{\log(1-x)}{x}dx.$$

Solution 3.15. *1. Le cas où f est bornée :*

$$\forall x \in \mathbb{E}, \exists M, f(x) \leqslant M$$

$$\int_A f d\mu \leqslant M \cdot \mu(A) \Longrightarrow m(A) < \frac{\varepsilon}{M} \Longrightarrow \int_A f d\mu < \varepsilon.$$

Le cas où f n'est pas bornée : On définit dans ce cas la suite (A_n) de la forme

$$A_n = \{x, f(x) \leqslant n\}$$

est une suite mesurable et croissante c - à-d

$$A_1 \subset A_2 \subset \ldots \subset A_n \subset \ldots, \quad \bigcup_{n=1}^{\infty} A_n = \mathbb{E}.$$

On pose $f_n = f.1_{A_n}$, alors on a

$$f_n \leq f_{n+1} \ et \ \lim_{n\to\infty} f_n = f1_{\mathbb{E}} = f$$

et en utilisant la convergence monotone, on déduit

$$\lim_{n\to\infty} \int_{\mathbb{E}} f_n d\mu = \int_{\mathbb{E}} \lim_{n\to\infty} f_n d\mu \Longrightarrow \lim_{n\to\infty} \int_{A_n} f d\mu = \int_{\mathbb{E}} f d\mu$$

$$\Longrightarrow \forall \varepsilon > 0; \quad \exists n_0 \in \mathbb{N}, n \geq n_0 \left| \int_{A_n} f d\mu - \int_{\mathbb{E}} f d\mu \right| < \varepsilon$$

$$\Longrightarrow \int_{\mathbb{E}} f d\mu < \varepsilon + \int_{A_n} f d\mu$$

$$\Longrightarrow \int_{\mathbb{E}\cap A} f d\mu < \varepsilon + \int_{A\cap A_n} f d\mu$$

$$\Longrightarrow \int_A f d\mu < \varepsilon + n \cdot \mu(A \cap A_n) \leq \varepsilon + ng(A) < \varepsilon_1, \quad \mu(A) < \frac{\varepsilon}{n}.$$

2) On calcule $\int_{[0,1]} -\frac{\log(1-x)}{x}dx$, On a

$$\log(1-x) = -\sum_{n=1}^{\infty} \frac{x^n}{n}; \forall x \in [0,1]$$

$$\int_{[0,1]} -\frac{\log(1-x)}{x}dx = \int_{[0,1]}^{\infty} \frac{\sum_{n=1}^{\infty} \frac{x^n}{n}}{x}dx = \int_{[0,1]} \sum_{n=1}^{\infty} \frac{x^{n-1}}{n}dx$$

et d'après la propriété de la convergence monotone, on a

$$\int_{[0,1]} \sum_{n=1}^{\infty} \frac{x^{n-1}}{n} dx = \sum_{n=1}^{\infty} \int_{[0,1]} \frac{x^{n-1}}{n} dx = \sum_{n=1}^{\infty} \frac{1}{n^2} = \frac{\pi^2}{6}.$$

Exercice 3.16. *Dans $(\mathbb{R}, \mathcal{B}(\mathbb{R}), \lambda)$ on définit la suite de fonctions $(f_n)_{n \geq 0}$ par*

$$f_n(x) = (1 - e^{-nx^2})1_{\mathbb{R}^+}.$$

Calculer $\lim_{n \to +\infty} \int_{\mathbb{R}^+} f_n d\lambda$.

Solution 3.16. *On considère dans $(\mathbb{R}, \mathcal{B}(\mathbb{R}), \lambda)$ la suite de fonctions $(f_n)_{n \geq 0}$ définit par*

$$f_n = \begin{cases} (1 - e^{-nx^2})1_{\mathbb{R}^+} & si\ x \in \mathbb{R}^+, \\ 0 & si\ non \end{cases}.$$

On a $f_n \geq 0, \forall n \in \mathbb{N}$, et elle est continue sur $\mathbb{R} \Rightarrow f_n$ est borélienne $\forall n \in \mathbb{N}$. Comme $e^{nx^2} \leq e^{(n+1)x^2} \Rightarrow (1 - e^{-nx^2}) \leq (1 - e^{-(n+1)x^2}) \Rightarrow f_n(x) \leq f_{n+1}(x) \Rightarrow (f_n)_{n \geq 0}$ une suite croissante. Donc d'après le TCM on a :

$$\begin{aligned} \lim_{n \to +\infty} \int_{\mathbb{R}} f_n d\lambda &= \lim_{n \to +\infty} \int_{\mathbb{R}} f_n d\lambda, \\ &= \lim_{n \to +\infty} \int_{\mathbb{R}^+} (1 - e^{-nx^2}) d\lambda(x), \\ &= \int_{\mathbb{R}^+} \lim_{n \to +\infty} (1 - e^{-nx^2}) d\lambda(x), \\ &= \int_{\mathbb{R}^+} d\lambda(x) = \int_0^{\infty} d(x) = +\infty. \end{aligned}$$

Exercice 3.17. *Soit f une fonction intégrable sur $\mathbb{R}$. Montrer que*

$$\lim_{n \to \infty} \int_{|x| \geq n} f_n(x) dx = 0.$$

Solution 3.17. *On pose pour tout $n \in \mathbb{N}$, et $x \in \mathbb{R}$:*

$$f_n(x) = f(x) \cdot 1_{]-\infty,-n] \cup [n,+\infty[}(x).$$

Alors

$$\forall n \in \mathbb{N},\ on\ a : |f_n(x)| \leq |f| \in \mathcal{L}^1,$$

et

$$\forall x \in \mathbb{R},\ on\ a\ \lim_{n \to \infty} f_n(x) = 0,$$

le théorème de la convergence dominée donne

$$\lim_{n \to \infty} \int_{\mathbb{R}} f_n(x) dx = \int_{\mathbb{R}} \lim_{n \to \infty} f_n(x) dx = 0$$

d'où le résultat.

Exercice 3.18. *Soit $f_n : \mathbb{R}_+ \to \mathbb{R}_+$ la suite de fonctions définies par*

$$f_n = \begin{cases} n^2 x & si \ 0 \leq x \leq \frac{1}{n}, \\ 2n - n^2 x & si \ \frac{1}{n} < x \leq \frac{2}{n} \ . \\ 0 & si \ non \end{cases}$$

1. *Calculer $f = \lim_{n \to +\infty} f_n$.*

2. *Calculer $\lim_{n \to +\infty} \int_0^\infty f_n dx$. Que peut-on dire ?*

Solution 3.18. *On a $f_n : \mathbb{R}_+ \to \mathbb{R}_+$ est continue sur $\mathbb{R} \ \forall n \geq 0$.*

1. *Pour $x = 0$ on a $f_n(0) = 0$, de-plus, si $x > 0 \Rightarrow \exists n_0 \in \mathbb{N}^*$ tel que : $\frac{2}{n_0} < x$. Alors $\forall n \geq n_0$, on a : $\frac{2}{n} \leq \frac{2}{n_0} < x \Rightarrow \forall n \geq n_0, f_n(x) = f_{n_0}(x) = 0 \Rightarrow \lim_{n \to +\infty} f_n = 0$. Donc $\forall x \geq 0, \lim_{n \to +\infty} f_n(0) = 0$.*

2.

$$\lim_{n \to +\infty} \int_0^\infty f_n dx = \lim_{n \to +\infty} \left(\int_0^{\frac{1}{n}} n^2 x dx + \int_{\frac{1}{n}}^{\frac{2}{n}} 2n - n^2 x dx \right) = 1 \neq \int_0^\infty \lim_{n \to +\infty} f_n dx = 0.$$

Conclusion : $(f_n)_{n \geq 0}$ n'est pas dominée par une fonction intégrable, car $f_n(\frac{1}{n}) = n \longrightarrow +\infty$.

Exercice 3.19. *Calculer les limites suivantes :*

1. $\lim_{n \to +\infty} \int_1^{+\infty} \frac{n^2+1}{x^2 n^2 + 1} dx$

2. $\lim_{n \to +\infty} \int_0^1 \frac{1}{\sqrt{x}} \sin\left(\frac{1}{nx}\right) dx$

3. $\lim_{n \to +\infty} \int_0^1 \left(1 - \frac{x}{n}\right)^n dx$

4. $\lim_{n \to +\infty} \int_{-\infty}^{+\infty} \sin\left(\frac{x}{n}\right) \frac{n}{x(1+x^2)} dx$

5. $\lim_{n \to +\infty} \int_{-\infty}^{+\infty} e^{1+\cos^{2n}(x)} e^{-|x|} dx$.

6. $\lim_{n \to +\infty} \int_0^{+\infty} \arctan(x/n) e^{-x} dx$

Solution 3.19.   *1. — Pour tout $x \geq 1$, $\frac{n^2+1}{x^2 n^2 + 1} \leq \frac{n^2+1}{x^2 n^2} \leq n^2 + n^2 x^2 n^2 \leq \frac{2}{x^2}$ qui est intégrable sur $[1; +\infty[$.*

    — Pour tout $x \geq 1$, $\frac{n^2+1}{x^2 n^2 + 1} \to \frac{1}{x^2}$.

Donc, par théorème de convergence dominée, $\int_0^{+\infty} \frac{n^2+1}{x^2 n^2 + 1} dx \to \int_0^{+\infty} \frac{1}{x^2} dx = [-1/x]_1^{+\infty} = 1$.

2. *— $\forall x \in]0, 1]$, $\left| \frac{1}{\sqrt{x}} \sin(1/nx) \right| \leq \frac{1}{\sqrt{x}}$ et $\frac{1}{\sqrt{x}}$ intégrable sur $[0, 1]$*

— $\forall x \in]0,1]$,

$$\frac{1}{\sqrt{x}}\sin(1/nx) \to 0$$

donc par convergence dominée $\lim_{n\to+\infty}\int_0^1 \frac{1}{\sqrt{x}}\sin\left(\frac{1}{nx}\right)dx = 0$

3. — $\forall x \in [0,1]$, $\left|\left(1-\frac{x}{n}\right)^n\right| \leq 1$ *et la fonction constante égale à* 1 *est intégrable sur* $[0,1]$.

— *On a* $\forall x \in [0,1]$, $\left(1-\frac{x}{n}\right)^n = \exp(n\log(1-\frac{x}{n})) = \exp(n(-x/n + o(1/n))) = \exp(-x+o(1)) \to e^{-x}$ *par continuité de la fonction exponentielle.*

Donc par convergence dominée,

$$\int_0^1 \left(1-\frac{x}{n}\right)^n dx \to \int_0^1 e^{-x}dx = 1 - e^{-1} \ .$$

4. — $\forall x \in \mathbb{R}$, $\left|\sin\left(\frac{x}{n}\right)\frac{n}{x(1+x^2)}\right| \leq \frac{1}{(1+x^2)}$ *qui est une fonction intégrable sur* $]-\infty,+\infty[$,

— $\forall x \in \mathbb{R}$, $\sin\left(\frac{x}{n}\right)\frac{n}{x(1+x^2)} \to \frac{1}{(1+x^2)}$ *car* $\sin(u) \underset{u\to 0}{\sim} u$

donc par convergence dominée,

$$\lim_{n\to+\infty}\int_{-\infty}^{+\infty}\sin\left(\frac{x}{n}\right)\frac{n}{x(1+x^2)}dx = \int_{-\infty}^{+\infty}\frac{1}{(1+x^2)}dx = [\arctan(x)]_{-\infty}^{+\infty} = \pi \ .$$

5. — $\forall x \in \mathbb{R}$,

$$e^{1+\cos^{2n}(x)}e^{-|x|} \leq e^{2-|x|}$$

qui est une fonction intégrable sur $\mathbb{R}$.

— *Pour p.t.* $x \in \mathbb{R}$, $e^{1+\cos^{2n}(x)}e^{-|x|} \to e^{1-|x|}$

donc par convergence dominée,

$$\lim_{n\to+\infty}\int_{-\infty}^{+\infty}e^{1+\cos^{2n}(x)}e^{-|x|}dx = \int_{-\infty}^{+\infty}e^{1-|x|}dx = 2e^1 \ .$$

6. — $\forall x \geq 0$, $\arctan(x/n)e^{-x} \leq (\pi/2)e^{-x}$ *qui est une fonction intégrable sur* $[0,+\infty[$.

— *Pour tout* $x \geq 0$, $\arctan(x/n)e^{-x} \to 0$

donc par convergence dominée,

$$\lim_{n\to+\infty}\int_0^{+\infty}\arctan(x/n)e^{-x}dx = 0 \ .$$

Exercice 3.20. *Pour tout* $n \in \mathbb{N}^*$, *on pose*

$$f_n(x) = ne^{-nx}, f(x) = \sum_{n=1}^{\infty} f_n(x).$$

Calculer $\int_1^{+\infty} f(x)dx$.

Solution 3.20. *On calcule $\int_1^{+\infty} f(x)dx$. On a*

$$\int_1^{+\infty} f(x)dx = \int_1^{+\infty} \sum_{n=1}^{\infty} ne^{-nx}dx = \int_1^{+\infty} \sum_{n=1}^{\infty} f_n(x)dx.$$

$(f_n)_n$ est une suite de fonctions continues donc mesurables et positives, donc d'après de théorème de la convergence monotone on a :

$$\int_1^{+\infty} \sum_{n=1}^{\infty} f_n(x)dx = \sum_{n=1}^{\infty} \int_1^{+\infty} f_n(x)dx = \sum_{n=1}^{\infty} \int_1^{+\infty} ne^{-nx}dx$$

$$= \sum_{n=1}^{\infty} e^{-n} = \frac{1}{1-e^{-1}} - 1 = \frac{1}{e-1}.$$

Exercice 3.21. *Soit μ la mesure de comptage ("Card") sur $(\mathbb{N}, \mathcal{P}(\mathbb{N}))$. Pour toute suite positive $(u_n)_{n\geq 0}$, on a : $\sum_{n\geq 0} u_n = \int_{\mathbb{N}} u_n \mu(dn)$.*

1. *Calculer $\lim_{k\to+\infty} \left[\sum_{n\geq 0} \frac{1}{3^n}\left(1 - \frac{1}{k(n+1)}\right)\right]$.*

2. *Calculer $\lim_{k\to+\infty} \left[\sum_{n\geq 0} \frac{\sin(n/k)}{2^n}\right]$.*

Solution 3.21.   1. *Pour tout n,k, $0 \leq \frac{1}{3^n}\left(1 - \frac{1}{k(n+1)}\right) \leq \frac{1}{3^n}$ qui est le terme général d'une série convergente. Pour tout n, $\frac{1}{3^n}\left(1 - \frac{1}{k(n+1)}\right) \xrightarrow[k\to+\infty]{} \frac{1}{3^n}$ donc par convergence dominée :*

$$\lim_{k\to+\infty} \left[\sum_{n\geq 0} \frac{1}{3^n}\left(1 - \frac{1}{k(n+1)}\right)\right] = \sum_{n\geq 0} \frac{1}{3^n} = \frac{3}{2} \ .$$

2. *Pour tout n,k, $\left|\frac{\sin(n/k)}{2^n}\right| \leq \frac{1}{2^n}$ qui est le terme général d'une série convergente. Pour tout n, $\frac{\sin(n/k)}{2^n} \xrightarrow[k\to+\infty]{} 0$ donc par convergence dominée :*

$$\lim_{k\to+\infty} \left[\sum_{n\geq 0} \frac{\sin(n/k)}{2^n}\right] = 0 \ .$$

Exercice 3.22.   1. *Montrer que $\forall z \geq 0,\ 0 \leq 1 - e^{-z} \leq z$.*

2. *En déduire que $\forall y > 0$, $x \mapsto \frac{1-e^{-x^2 y}}{x^2}$ est intégrable sur $[0, +\infty[$.*

3. *Pour tout $y > 0$, on pose*

$$F(y) = \int_0^{+\infty} \frac{1 - e^{-x^2 y}}{x^2}dx \ .$$

Montrer que F est dérivable sur $]0, +\infty[$. Calculer $F'(y)$. On rappelle que

$$\int_0^{+\infty} e^{-x^2}dx = \sqrt{\pi}/2 \ .$$

4. En déduire $F(y)$ à une constante près.

5. Calculer cette constante en regardant $\lim_{n \to +\infty} F(1/n)$.

Solution 3.22. *1. $0 \leq 1 - e^{-z} = \int_0^z e^{-t} dt \leq \int_0^z 1 dt = z$*

2. Par la question précédente, $\forall y > 0$, $0 \leq \frac{1-e^{-x^2 y}}{x^2} \leq y$ et $\leq \frac{1}{x^2}$ donc $0 \leq \frac{1-e^{-x^2 y}}{x^2} \leq$ $\inf(y, 1/x^2)$ donc $x \mapsto \frac{1-e^{-x^2 y}}{x^2}$ est intégrable

3. Soit $\epsilon > 0$,

  — *$\forall y > \epsilon$, $x \mapsto \frac{1-e^{-x^2 y}}{x^2}$ est intégrable*

  — *$\forall x > 0$ (et donc pour presque tout $x \geq 0$), $y \mapsto \frac{1-e^{-x^2 y}}{x^2}$ est dérivable*

  — *$\forall x > 0$, $\forall y > \epsilon$, $\frac{\partial}{\partial y}\left(\frac{1-e^{-x^2 y}}{x^2}\right) = e^{-x^2 y}$ et $|e^{-x^2 y}| \leq e^{-\epsilon x^2}$ qui est intégrable sur $[0, +\infty[$*

Donc (théorème de dérivation globale) F est dérivable sur $]\epsilon, +\infty[$ et F' vaut :

$$F'(y) = \int_0^{+\infty} e^{-x^2 y} dx$$

Cela est vrai $\forall \epsilon > 0$ donc cette dérivée est valable pour tout $y \in]0, +\infty[$. Par changement de variable ($u = \sqrt{y}x$), $F'(y) = \frac{1}{\sqrt{y}} \int_0^{+\infty} e^{-u^2} du = \frac{\sqrt{\pi}}{2\sqrt{y}}$.

4. On en déduit $F(y) = \sqrt{\pi y} + C$ pour une certaine constante C.

5. $F(1/n) = \int_0^{+\infty} f_n(x) dx$ avec $f_n(x) = \frac{1-e^{-x^2/n}}{x^2}$. Pour tout $x > 0$, $f_n(x) \to 0$. Pour tout $x > 0$, $|f_n(x)| \leq \inf(1, 1/x^2)$ (voir question 1). Donc, par théorème de convergence dominée :

$$F(1/n) \to 0$$

donc $C = 0$

Exercice 3.23. *On considère pour $n \geq 0$ la série $\sum_{k \geq 0} u_{n,k}$ avec $u_{n,k} = \frac{1}{k!}\left(\frac{2n^2+6n+1}{n^2+5n+\pi}\right)^k$.*

1. Montrer que cette série est convergente ($\forall n \geq 0$). On notera I_n sa limite.

2. Calculer $\lim_{n \to +\infty} I_n$.

Solution 3.23. *1. Pour $n \geq 0$, $0 \leq \frac{2n^2+6n+1}{n^2+5n+\pi} \leq 6n^2 + 6n + 6n^2 + n + 1 = 6$. Donc $0 \leq u_{n,k} \leq 6^k/k!$ et cette dernière quantité est le terme général d'une série convergente (quand on somme sur k)(série exponentielle). Donc $\sum_{k \geq 0} u_{n,k}$ est convergente.*

2. On sait que I_n peut être vue comme une intégrale par rapport à la mesure de comptage sur $\mathbb{N}$.

— Pour tout k, $u_{n,k} \to 2^k/k!$.

— Pour tout k, $u_{n,k} < 6^k/k!$ qui est sommable.

Donc par théorème de convergence dominée, $I_n \to \sum_{k \geq 0} 2^k/k! = e^2$.

Exercice 3.24. *On pose : $I(\alpha) = \lim_{n \to +\infty} \int_0^n \left(1 - \frac{x}{n}\right)^n e^{\alpha x} dx$ pour $n \in \mathbb{N}$ et $\alpha \in \mathbb{R}$.*

1. *On pose pour $n \in \mathbb{N}$, $f_n : \mathbb{R}^+ \to \mathbb{R}$ telle que $f_n(x) = \left(1 - \frac{x}{n}\right)^n e^{\alpha x} 1_{x \leq n}$. Montrer que $(f_n)_{n \geq 0}$ est une suite croissante de fonctions. (On pourra notamment étudier : $g_n(x) = (n+1)\ln\left(1 - \frac{x}{n+1}\right) - n\ln\left(1 - \frac{x}{n}\right)$.)*

2. *En déduire la valeur de $I(\alpha)$ en fonction de α.*

Solution 3.24.   *1. On a pour $0 \leq x \leq n$, $f_{n+1}(x)/f_n(x) = \exp(g_n(x))$.*

$$g_n'(x) = \left(\frac{1}{n} - \frac{1}{n+1}\right) \frac{x}{(1 - x/n)(1 - x/(n+1))} \geq 0$$

pour $0 \leq x \leq n$ donc g_n croissante sur $[0,n]$. $g_n(0) = 0$ donc $g_n(x) \geq 0 \; \forall x \in [0,n]$. Donc $f_{n+1}(x) \geq f_n(x) \; \forall x \in [0,n]$. C'est également vrai sur $[n, +\infty]$ donc f_n suite de fonctions croissante.

2. *On a $\int_0^n \left(1 - \frac{x}{n}\right)^n e^{\alpha x} dx = \int_0^{+\infty} f_n(x) dx$. $\forall x \geq 0$, $f_n(x) \to e^{-x + \alpha x} dx$ donc par convergence monotone, $\lim_{n \to +\infty} \int_0^{+\infty} f_n(x) dx = \int_0^{+\infty} e^{-x + \alpha x} dx$, donc :*

$$I(\alpha) = \begin{cases} +\infty & si\ \alpha \geq 1 \\ \frac{1}{1-\alpha} & sinon \ . \end{cases}$$

Exercice 3.25. *Pour tout $t \in \mathbb{R}$, on pose :*

$$F(t) = \int_0^{+\infty} e^{-x^2} \cos(xt) dx, \, F(0) = \int_0^{+\infty} e^{-x^2} dx = \frac{\sqrt{\pi}}{2}.$$

1. *Montrer que F est continue et dérivable sur $\mathbb{R}$.*

2. *Montrer que F vérifie l'équation différentielle :*

$$F'(t) + \frac{t}{2}F(t) = 0.$$

et déduire sa valeur.

Solution 3.25. *1. Montrons que F est continue et dérivable sur $\mathbb{R}$.*

i) $\forall t \in \mathbb{R}, x \in [0, +\infty[$, on pose

$$f(x,t) = e^{-x^2} \cos(xt).$$

ii) On a $\forall x \in [0, +\infty[, x \longmapsto f(x,t)$ *est continue sur* $\mathbb{R}$ *et* $\forall t \in \mathbb{R}, \forall x \in [0, +\infty[$

$$|f(x,t)| \leqslant e^{-x^2} \ et \ \int_0^{+\infty} e^{-x^2} dx = \frac{\sqrt{\pi}}{2} < +\infty,$$

donc d'après le théorème de la continuité sous l'intégrale F *est continue sur* $\mathbb{R}$

$$\forall x \in [0, +\infty[, x \longmapsto f(x,t)$$

est dérivable sur $\mathbb{R}$, *et on a*

$$\frac{\partial}{\partial t} f(x,t) = -xe^{-x^2} \sin(xt)$$

de plus

$$\left| \frac{\partial}{\partial t} f(x,t) \right| \leqslant xe^{-x^2}, \forall t \in \mathbb{R}$$

donc

$$\int_0^{+\infty} xe^{-x^2} dx = \left[-\frac{1}{2} e^{-x^2} \right]_0^{+\infty} = \frac{1}{2} < +\infty$$

d'après le théorème de la dérivabilité sous le signe intégrale F *est dérivable sur* $\mathbb{R}$ *et*

$$F'(t) = -\int_0^{+\infty} xe^{-x^2} \sin(xt) dx.$$

2. Montrons que F *vérifie l'équation différentielle :*

$$F'(t) + \frac{t}{2} F(t) = 0.$$

i) On a

$$F'(t) = -\int_0^{+\infty} xe^{-x^2} \sin(xt) dx$$

$$= \left[\frac{1}{2} e^{-x^2} \sin(xt) \right]_0^{+\infty} - \frac{1}{2} \int_0^{+\infty} e^{-x^2} t \cos(xt) dx$$

$$= -\frac{t}{2} \int_0^{+\infty} e^{-x^2} \cos(xt) dx = \frac{t}{2} F(t)$$

d'où le résultat.

ii) On déduit la valeur de $F(t)$ *: on a*

$$F'(t) + \frac{t}{2} F(t) = 0 \Longrightarrow F'(t) = -\frac{t}{2} F(t)$$

$$\Longrightarrow \frac{F'(t)}{F(t)} = -\frac{t}{2} \Longrightarrow \ln |F(t)| = -\frac{t^2}{4} + C$$

$$\Longrightarrow F(t) = Ke^{-\frac{t^2}{4}}, \ de \ plus \ F(0) = \frac{\sqrt{\pi}}{2} = K$$

Donc

$$F(t) = \frac{\sqrt{\pi}}{2} e^{-\frac{t^2}{4}}.$$

Exercice 3.26. *On considère sur $\mathbb{R}_+$ la fonction :*

$$F(t) = \int_0^{+\infty} \frac{e^{-tx^2}}{1+x^2}dx.$$

1. *Montrer que F est continue sur $\mathbb{R}^+$ et calculer $\lim_{t\to+\infty} F(t)$.*

2. *Montrer que F est dérivable sur $\mathbb{R}_+^*$ et calculer $\lim_{t\to 0^+} F'(t)$.*

Solution 3.26. *1. Montrons que F est continue sur $\mathbb{R}_+$: $\forall t \geqslant 0, \forall x \geqslant 0$, on pose*

$$f(x,t) = \frac{e^{-tx^2}}{1+x^2}$$

on a $t \longmapsto f(x,t)$ est continue sur $\mathbb{R}_+$ et

$$|f(x,t)| \leqslant \frac{1}{1+x^2}, \forall t \geqslant 0$$

et

$$\int_0^{+\infty} \frac{dx}{1+x^2} = [\arctan x]_0^{+\infty} = \frac{\pi}{2} < +\infty$$

donc d'après le théorème de la continuité sous l'intégrale F est continue sur $\mathbb{R}_+$. On calcule $\lim_{n\to+\infty} F(t)$, d'après le théorème de la convergence dominée : $\forall (t_n)_{n\in\mathbb{N}}$ suite de réels positifs qui converge vers $+\infty$

$$\lim_{n\longrightarrow+\infty} F(t_n) = \int_0^{+\infty} \lim_{n\to+\infty} \frac{e^{-t_n x^2}}{1+x^2}dx = 0.$$

2. Montrons que F est dérivable sur $\mathbb{R}_+^*$. On a $\forall t \geqslant 0, t \longmapsto f(x,t)$ est dérivable et

$$\frac{\partial}{\partial t}f(x,t) = -\frac{x^2 e^{-tx^2}}{1+x^2}.$$

De plus, $\forall a > 0, t > 0$

$$\left|\frac{\partial}{\partial t}f(x,t)\right| \leqslant \frac{x^2 e^{-ax^2}}{1+x^2} \quad avec \quad x \longmapsto \frac{x^2 e^{-ax^2}}{1+x^2} \quad intégrable,$$

$$\int_0^1 \frac{x^2 e^{-ax^2}}{1+x^2}dx < +\infty \quad et \quad \int_0^{+\infty} \frac{x^2 e^{-ax^2}}{1+x^2}dx < +\infty$$

car

$$\lim_{n\longrightarrow+\infty} \frac{x^2}{1+x^2}e^{-ax^2} = 0$$

Donc F esr dérivable sur $]\,a, +\infty\,[$ et comme a est quelconque F est dérivable sur $\mathbb{R}_+^*$ et on a :

$$F'(t) = -\int_0^{+\infty} \frac{x^2 e^{-tx^2}}{1+x^2}dx.$$

On calcule $\lim_{t\to 0^+} F'(t)$: On a $\forall\, (t_n)_n$ suite réels positifs qui converge vers 0 , et d'après le lemme de Fattou

$$\frac{\lim}{n}\left(-F'(t)\right) = \frac{\lim}{n}\int_0^{+\infty}\frac{x^2 e^{-t_n x^2}}{1+x^2}dx \geqslant \int_0^{+\infty}\frac{\lim}{n}\frac{x^2 e^{-t_n x^2}}{1+x^2}dx$$
$$= \int_0^{+\infty}\frac{x^2}{1+x^2}dx = +\infty$$

donc $F'(t)$ converge vers $-\infty$ quand $t \longrightarrow 0^+$.

Chapitre 4

Produit d'espaces mesurés.

Dans ce chapitre, on considère des intégrales sur des espaces produits, définissant ainsi des intégrales multiples. Pour intégrer sur un espace produit, il est nécessaire de considérer une tribu sur l'espace produit, la plus naturelle est la tribu produit. Considérons deux espaces mesurés $(\mathbb{E}_1, \mathfrak{T}_1, \mu_1)$ et $(\mathbb{E}_2, \mathfrak{T}_2, \mu_2)$ avec μ_1 et μ_2 deux mesures positives. Nous cherchons à munir l'espace $\mathbb{E}_1 \times \mathbb{E}_2$ d'une tribu et d'une mesure, où

$$\mathbb{E}_1 \times \mathbb{E}_2 = \{(x_1, x_2), x_1 \in \mathbb{E}_1, x_2 \in \mathbb{E}_2\}.$$

4.1 Mesure produit, définition.

Définition 4.1 (Tribu produit). *Soient $(\mathbb{E}_1, \mathfrak{T}_1)$ et $(\mathbb{E}_2, \mathfrak{T}_2)$ des espaces mesurables. On pose $\mathbb{E} = \mathbb{E}_1 \times \mathbb{E}_2$. On appelle tribu produit la tribu sur $\mathbb{E}$ engendrée par*

$$\mathfrak{T}_1 \times \mathfrak{T}_2 = \{A_1 \times A_2, A_1 \in \mathfrak{T}_1, A_2 \in \mathfrak{T}_2\}.$$

Cette tribu produit est notée $\mathfrak{T}_1 \otimes \mathfrak{T}_2 = \sigma(\mathfrak{T}_1 \times \mathfrak{T}_2)$.

Remarque 4.1. *Bien entendu, la famille $\mathfrak{T}_1 \times \mathfrak{T}_2$ des pavés à côtés mesurables n'est en général pas une tribu.*

Définition 4.2 (Mesure de Lebesgue sur $\mathcal{B}\left(\mathbb{R}^N\right)$).   *1. La mesure de Lebesgue sur $\mathcal{B}\left(\mathbb{R}^2\right)$ est la mesure $\lambda \otimes \lambda$, on la note λ_2.*

2. Par récurrence sur N, la mesure de Lebesgue sur $\mathcal{B}\left(\mathbb{R}^N\right), N \geq 3$, est la mesure $\lambda_{N-1} \otimes \lambda$, on la note λ_N.

Exemple 4.1.   *1. Un exemple fondamental est $(\mathbb{E}_1, \mathfrak{T}_1) = (\mathbb{E}_2, \mathfrak{T}_2) = (\mathbb{R}, \mathcal{B}(\mathbb{R}))$. Dans ce cas, $\mathcal{B}(\mathbb{R}) \otimes \mathcal{B}(\mathbb{R}) = \sigma(\mathcal{B}(\mathbb{R}) \times \mathcal{B}(\mathbb{R})) = \mathcal{B}\left(\mathbb{R}^2\right)$, (cette égalité n'est pas vrai en* *général pour la tribu borélienne d'un espace topologique $\mathbb{E}$ quelconque pour lequel on peut seulement affirmer que $\mathcal{B}(\mathbb{E}) \otimes \mathcal{B}(\mathbb{E}) \subseteq \mathcal{B}(\mathbb{E}^2)$, voir Exercice [4.2]).*

2. *Généralement $\mathcal{B}(\mathbb{R}^N) = \mathcal{B}(\mathbb{R}^{N-1}) \otimes \mathcal{B}(\mathbb{R})$, pour $N \geq 2$.(Voir Exercice [4.1].*

Théorème 4.1 (Mesure produit). *Soient $(\mathbb{E}_1, \mathcal{T}_1, \mu_1)$ et $(\mathbb{E}_2, \mathcal{T}_2, \mu_2)$ des espaces mesurés $\sigma-$finis, $\mathbb{E} = \mathbb{E}_1 \times \mathbb{E}_2$ et $\mathcal{T} = \mathcal{T}_1 \otimes \mathcal{T}_2$. Alors, il existe une et une seule mesure μ sur $\mathcal{T}$ vérifiant :*

$$\mu(A_1 \times A_2) = \mu_1(A_1)\mu_2(A_2), \forall A_1 \in \mathcal{T}_1, A_2 \in \mathcal{T}_2, \mu_i(A_i) < +\infty, i = 1, 2. \qquad (4.1)$$

Cette mesure est notée $\mu = \mu_1 \otimes \mu_2$. De plus, μ est $\sigma-$finie, et est appelée mesure produit.

Démonstration. **1. Existence de μ** . On va construire une mesure μ sur $\mathcal{T}$ vérifiant (4.1). Soit $A \in \mathcal{T}$. On va montrer, à l'étape 1 , que, pour tout $x_1 \in \mathbb{E}_1$, on a $1_A (x_1, \cdot) \in \mathcal{M}_+ (\mathbb{E}_2, \mathcal{T}_2)$. On pourra donc poser $f_A (x_1) = \int 1_A (x_1, \cdot) d\mu_2$, pour tout $x_1 \in \mathbb{E}_1$. L'application f_A sera donc une application de $\mathbb{E}_1$ dans $\overline{\mathbb{R}}_+$. On va montrer, à l'étape 2 , que $f_A \in \mathcal{M}_+ (\mathbb{E}_1, \mathcal{T}_1)$. On posera alors $\mu(A) = \int f_A d\mu_1$. Enfin, il restera à l'étape 3 à montrer que μ est bien une mesure vérifiant (4.1) et que μ est σ-finie.

Étape 1. Pour $A \in \mathcal{P}(\mathbb{E})$ et $x_1 \in \mathbb{E}_1$, on note $S(x_1, A) = \{x_2 \in \mathbb{E}_2, (x_1, x_2) \in A\} \subset \mathbb{E}_2$, de sorte que $1_A (x_1, \cdot) = 1_{S(x_1, A)}$. Soit $x_1 \in \mathbb{E}_1$. On pose $\Theta = \{A \in \mathcal{P}(\mathbb{E}); S(x_1, A) \in \mathcal{T}_2\}$. On remarque tout d'abord que $\Theta \supset \mathcal{T}_1 \times \mathcal{T}_2$. En effet, si $A = A_1 \times A_2$ avec $A_1 \in \mathcal{T}_1$ et $A_2 \in \mathcal{T}_2$, on a $S(x_1, A) = A_2 \in \mathcal{T}_2$ si $x_1 \in A_1$ et $S(x_1, A) = \emptyset \in \mathcal{T}_2$ si $x_1 \notin A_1$. On remarque ensuite que Θ est une tribu. En effet :

— $\emptyset \in \Theta$ car $S(x_1, \emptyset) = \emptyset \in \mathcal{T}_2$,

— Θ est stable par passage au complémentaire. En effet : $S(x_1, A^c) = (S(x_1, A))^c$ (c'est-à-dire $S(x_1, \mathbb{E} \backslash A) = \mathbb{E}_2 \backslash S(x_1, A)$). On a donc $S(x_1, A^c) \in \mathcal{T}_2$ si $A \in \Theta$, ce qui prouve que $A^c \in \Theta$.

— Θ est stable par union dénombrable. Il suffit de remarquer que

$$S\left(x_1, \bigcup_{n \in \mathbb{N}} A^{(n)}\right) = \bigcup_{n \in \mathbb{N}} S\left(x_1, A^{(n)}\right) \in \mathcal{T}_2 , \text{si } \left(A^{(n)}\right)_{n \in \mathbb{N}} \subset \Theta.$$

L'ensemble Θ est donc une tribu contenant $\mathcal{T}_1 \times \mathcal{T}_2$, et contient donc $\mathcal{T}_1 \otimes \mathcal{T}_2 = \mathcal{T}$, tribu engendrée par $T_1 \times \mathcal{T}_2$. On a donc $S(x_1, A) \in \mathcal{T}_2$ pour tout $A \in \mathcal{T}$. Pour tout $A \in \mathcal{T}$, on peut donc définir une application f_A de $\mathbb{E}_1$ dans $\overline{\mathbb{R}}_+$ en posant, pour $x_1 \in \mathbb{E}_1$,

$$f_A (x_1) = \mu_2(S(x_1, A)) = \int 1_{S(x_1, A)} d\mu_2 = \int 1_A (x_1, \cdot) d\mu_2 \in \overline{\mathbb{R}}_+. \qquad (4.2)$$

133

Étape 2. Dans cette étape, on démontre que $f_A \in \mathcal{M}_+(\mathbb{E}_1, \mathfrak{T}_1)$ pour tout $A \in \mathfrak{T}$. On note $\Sigma = \{A \in \mathfrak{T}, f_A \in \mathcal{M}_+(\mathbb{E}_1, \mathfrak{T}_1)\}$ et on va montrer que $\Sigma \supset \mathfrak{T}$ et donc que $\Sigma = \mathfrak{T}$. On suppose d'abord que μ_2 est finie. Il est facile de voir que $\sum$ contient $\mathfrak{T}_1 \times \mathfrak{T}_2$. En effet, si $A = A_1 \times A_2$ avec $A_1 \in \mathfrak{T}_1$ et $A_2 \in \mathfrak{T}_2$, on a alors $f_A = \mu_2(A_2) 1_{A_1} \in \mathcal{E}_+(\mathbb{E}_1, \mathfrak{T}_1) \subset \mathcal{M}_+(\mathbb{E}_1, \mathfrak{T}_1)$. On note maintenant $\mathcal{A}$ l'ensemble des réunions finies disjointes d'éléments de $\mathfrak{T}_1 \times \mathfrak{T}_2$ ($\mathcal{A}$ s'appelle l'algèbre engendrée par $\mathfrak{T}_1 \times \mathfrak{T}_2$). Si $A \in \mathcal{A}$, il existe donc $\left(A^{(p)}\right)_{p=1,\ldots,n} \subset \mathfrak{T}_1 \times \mathfrak{T}_2$ tel que $A^{(p)} \cap A^{(q)} = \emptyset$ si $p \neq q$ et $A = \bigcup_{p=1}^n A^{(p)}$. On a alors $f_A(x_1) = \mu_2(S(x_1, A)) = \sum_{p=1}^n \mu_2\left(S\left(x_1, A^{(p)}\right)\right) = \sum_{p=1}^n f_{A^{(p)}} \in \mathcal{M}_+(\mathbb{E}_1, \mathfrak{T}_1)$ car $A^{(p)} \in \mathfrak{T}_1 \times \mathfrak{T}_2 \subset \Sigma$. On a donc $\mathcal{A} \subset \Sigma$. On montre maintenant que Σ est une classe monotone, c'est-à-dire que :

$$\left(A^{(n)}\right)_{n \in \mathbb{N}} \subset \Sigma, A^{(n)} \subset A^{(n+1)} \forall n \in \mathbb{N} \Rightarrow \bigcup_{n \in \mathbb{N}} A^{(n)} \in \Sigma, \tag{4.3}$$

et

$$\left(A^{(n)}\right)_{n \in \mathbb{N}} \subset \Sigma, A^{(n)} \supset A^{(n+1)} \forall n \in \mathbb{N} \Rightarrow \bigcap_{n \in \mathbb{N}} A^{(n)} \in \Sigma. \tag{4.4}$$

Pour démontrer (4.3), on considère une suite $\left(A^{(n)}\right)_{n \in \mathbb{N}} \subset \Sigma$ telle que $A^{(n)} \subset A^{(n+1)}$ pour tout $n \in \mathbb{N}$. On pose $A = \bigcup_{n \in \mathbb{N}} A^{(n)}$. Soit $x_1 \in \mathbb{E}_1$; on a $\left(S\left(x_1, A^{(n)}\right)\right)_{n \in \mathbb{N}} \subset \mathfrak{T}_2$ (par l'étape 1, car $\Sigma \subset \mathfrak{T}$), $S\left(x_1, A^{(n)}\right) \subset S\left(x_1, A^{(n+1)}\right)$ pour tout $n \in \mathbb{N}$ et

$$S\left(x_1, \cup_{n \in \mathbb{N}} A^{(n)}\right) = \bigcup_{n \in \mathbb{N}} S\left(x_1, A^{(n)}\right).$$

On en déduit, par continuité croissante de μ_2, que

$$\mu_2(S(x_1, A)) = \sup_{n \in \mathbb{N}} \mu_2\left(S\left(x_1, A^{(n)}\right)\right)$$

et donc que $f_A = \sup_{n \in \mathbb{N}} f_{A^{(n)}}$, ce qui prouve que $f_A \in \mathcal{M}_+(\mathbb{E}_1, \mathfrak{T}_1)$ car $f_{A^{(n)}} \in \mathcal{M}_+(\mathbb{E}_1, \mathfrak{T}_1)$ pour tout $n \in \mathbb{N}$. On a donc $A = \bigcup_{n \in \mathbb{N}} A^{(n)} \in \Sigma$. La démonstration de (4.4) est similaire, il faut utiliser la continuité décroissante de μ_2 au lieu de la continuité croissante. C'est pour utiliser la continuité décroissante de μ_2 qu'on a besoin du fait que μ_2 est finie. On a ainsi montré que Σ est une classe monotone contenant l'algèbre $\mathcal{A}$. On peut en déduire que Σ contient la tribu engendrée par $\mathcal{A}$ et donc aussi la tribu engendrée par $\mathfrak{T}_1 \times \mathfrak{T}_2$ (car $\mathfrak{T}_1 \times \mathfrak{T}_2 \subset \mathcal{A}$), c'est-à-dire que Σ contient $\mathfrak{T} = \mathfrak{T}_1 \otimes \mathfrak{T}_2$. On a bien montré, finalement, que $\Sigma = \mathfrak{T}$. Il reste maintenant à montrer que $\Sigma = T$ sans l'hypothèse μ_2 finie. Comme μ_2 est σ-finie, on peut construire une suite $(F_n)_{n \in \mathbb{N}} \subset \mathfrak{T}_2$ telle que $F_n \subset F_{n+1}$ et $\mu_2(F_n) < \infty$ pour tout $n \in \mathbb{N}$. Pour $n \in \mathbb{N}$, on définit alors la mesure $\mu_2^{(n)}$ par $\mu_2^{(n)}(A_2) = \mu_2(A_2 \cap F_n)$ pour tout $A_2 \in \mathfrak{T}_2$. La mesure $\mu_2^{(n)}$ est finie, l'étape 1 et la première partie de l'étape 2 donne donc que, pour tout $A \in \mathfrak{T}$, $f_A^{(n)} \in \mathcal{M}_+ (\mathbb{E}_1, \mathfrak{T}_1)$ où $f_A^{(n)}$ est définie par ■ avec $\mu_2^{(n)}$ au lieu de μ_2 (c'est-à-dire $f_A^{(n)} (x_1) = \mu_2^{(n)} (S (x_1, A))$ pour tout $x_1 \in \mathbb{E}_1$). On conclut alors en remarquant que $f_A^{(n)} \uparrow f_A$ quand $n \to +\infty$, ce qui donne que $f_A \in \mathcal{M}_+ (\mathbb{E}_1, \mathfrak{T}_1)$. On a donc montré que $f_A \in \mathcal{M}_+ (\mathbb{E}_1, \mathfrak{T}_1)$ pour tout $A \in \mathfrak{T}$. Ceci nous permet de définir $\mu : \mathfrak{T} \to \overline{\mathbb{R}}_+$ par :

$$\mu(A) = \int f_A d\mu_1, \text{ pour tout } A \in \mathfrak{T}. \tag{4.5}$$

Étape 3. Dans cette étape, on montre que μ, définie par (■), est une mesure sur $\mathfrak{T}$ et que μ vérifie (■) et est σ-finie. On montre d'abord que m est bien une mesure sur $\mathfrak{T}$:

 — $\mu(\emptyset) = 0$ car $f_\emptyset (x_1) = \mu_2 (S (x_1, \emptyset)) = \mu_2(\emptyset) = 0$.
 — (σ-additivité de μ) Soit $\left(A^{(n)}\right)_{n \in \mathbb{N}} \subset \mathfrak{T}$ telle que $A^{(n)} \cap A^{(m)} = \emptyset$ si $n \neq m$. On pose $A = \bigcup_{n \in \mathbb{N}} A^{(n)}$. Pour $x_1 \in \mathbb{E}_1$, on a :

$$S (x_1, A) = \bigcup_{n \in \mathbb{N}} S \left(x_1, A^{(n)}\right) \text{ et } S \left(x_1, A^{(n)}\right) \cap S \left(x_1, A^{(m)}\right) = \emptyset \text{ si } n \neq m.$$

La σ-additivité de μ_2 donne alors $\mu_2 (S (x_1, A)) = \sum_{n \in \mathbb{N}} \mu_2 \left(S \left(x_1, A^{(n)}\right)\right)$, c'est-à-dire

$$f_A (x_1) = \sum_{n \in \mathbb{N}} f_{A^{(n)}} (x_1).$$

Le théorème de convergence monotone donne alors :

$$\mu(A) = \int f_A d\mu_1 = \sum_{n \in \mathbb{N}} \int f_{A^{(n)}} d\mu_1 = \sum_{n \in \mathbb{N}} \mu \left(A^{(n)}\right),$$

ce qui donne la σ-additivité de μ. On montre maintenant que μ vérifie (■). Soient $A_1 \in \mathfrak{T}_1$ et $A_2 \in \mathfrak{T}_2$ tels que $\mu_1 (A_1) < \infty$ et $\mu (A_2) < \infty$. On pose $A = A_1 \times A_2$. On a alors $f_A = \mu_2 (A_2) 1_{A_1}$ et donc $\mu(A) = \int f_A d\mu_1 = \mu_2 (A_2) \mu_1 (A_1)$. Il reste à vérifier que μ est σ-finie. Comme μ_1 et μ_2 sont σ-finies, il existe $\left(B_1^{(n)}\right)_{n \in \mathbb{N}} \subset \mathfrak{T}_1$ et $\left(B_2^{(n)}\right)_{n \in \mathbb{N}} \subset \mathfrak{T}_2$ tels que $\mathbb{E}_1 = \bigcup_{n \in \mathbb{N}} B_1^{(n)}$, $\mathbb{E}_2 = \bigcup_{n \in \mathbb{N}} B_2^{(n)}$ et, pour tout $n \in \mathbb{N}$, $\mu_1 \left(B_1^{(n)}\right) < \infty$ et $\mu_2 \left(B_2^{(n)}\right) < \infty$. Pour $(n, m) \in \mathbb{N}^2$, on pose $C_{n,m} = B_1^{(n)} \times B_2^{(m)}$, de sorte que $\mathbb{E} = \bigcup_{(n,m) \in \mathbb{N}^2} C_{n,m}$ et $\mu (C_{n,m}) = \mu_1 \left(B_1^{(n)}\right) \times \mu_2 \left(B_2^{(m)}\right) < \infty$. Comme $\mathbb{N}^2$ est dénombrable, on en déduit que μ est σ-finie.

2. Unicité de μ. Soient μ et ν deux mesures sur $\mathfrak{T}$ vérifiant (■). Montrons que $\mu = \nu$. utiliser le lemme des classes monotones (Exercice ■). Supposons tout d'abord que μ_1 et μ_2 sont finies. On a alors (par (■)) :

$$\mu(\mathbb{E}) = \nu(\mathbb{E}) = \mu_1 (\mathbb{E}_1) \mu_2 (\mathbb{E}_2) < \infty.$$

La condition (■) donne également que $\mu = \nu$ sur $\mathfrak{T}_1 \times \mathfrak{T}_2$. On a alors aussi $\mu = \nu$ sur l'algèbre engendrée par $\mathfrak{T}_1 \times \mathfrak{T}_2$, notée $\mathcal{A}$ (cette algèbre a été définie dans la partie existence de la démonstration). En effet, si $A \in \mathcal{A}$, il existe $\left(A^{(p)}\right)_{p=1,\ldots,n} \subset \mathcal{T}_1 \times \mathcal{T}_2$ tel que $A^{(p)} \cap A^{(q)} = \emptyset$ si $p \neq q$ et $A = \bigcup_{p=1}^n A^{(p)}$. On a alors, par additivité de μ et ν, $\mu(A) = \sum_{n \in \mathbb{N}} \mu\left(A^{(n)}\right) = \sum_{n \in \mathbb{N}} \nu\left(A^{(n)}\right) = \nu(A)$. On pose maintenant $\Sigma = \{A \in \mathcal{T}, \mu(A) = \nu(A)\}$. On vient de montrer que $\Sigma \supset \mathcal{A}$. Il est d'autre part facile de voir que Σ est une classe monotone. En effet, les propriétés de continuité croissante et de continuité décroissante appliquées à μ et ν permettent facilement de vérifier (4.3) et (4.4) (on utilise ici, pour montrer (4.4), que μ et ν sont des mesures finies). Comme dans la partie existence de la démonstration, l'exercice 2.29 donne alors que Σ contient la tribu engendrée par $\mathcal{A}$ et donc que $\sum$ contient $\mathcal{T} = \mathcal{T}_1 \otimes \mathcal{T}_2$, ce qui donne $\Sigma = \mathcal{T}$ et donc $\mu = \nu$.

Dans le cas où μ_1 et μ_2 ne sont pas finies, mais σ-finies, il existe $\left(B_1^{(n)}\right)_{n \in \mathbb{N}} \subset \mathcal{T}_1$ et $\left(B_2^{(n)}\right)_{n \in \mathbb{N}} \subset \mathcal{T}_2$ t.q. $E_1 = \bigcup_{n \in \mathbb{N}} B_1^{(n)}, E_2 = \bigcup_{n \in \mathbb{N}} B_2^{(n)}$ et, pour tout $n \in \mathbb{N}, \mu_1\left(B_1^{(n)}\right) < \infty$ et $\mu_2\left(B_2^{(n)}\right) < \infty$. On peut également supposer que $B_1^{(n)} \subset B_1^{(n+1)}$ et $B_2^{(n)} \subset B_2^{(n+1)}$ pour tout $n \in \mathbb{N}$ (il suffit, par exemple, de remplacer $B_i^{(n)}$ par $\bigcup_{p=0}^n B_i^{(p)}$). Par un raisonnement analogue à celui fait dans le cas où μ_1 et μ_2 sont finies, on peut montrer que $\mu = \nu$ sur $\left\{A \in \mathcal{T}, A \subset B_1^{(n)} \times B_2^{(n)}\right\}$. On conclut alors, en utilisant la propriété de continuité croissante, que $\mu = \nu$ sur $\mathcal{T}$.

$\square$

Remarque 4.2. *Dans le théorème de la mesure produit précédent, on peut remarquer que :*

1. *$\mu(A_1 \times A_2) = \mu_1(A_1)\mu_2(A_2) = \infty$ si $A_1 \in \mathcal{T}_1$ et $A_2 \in \mathcal{T}_2$ avec $\mu_1(A_1) \neq 0$ et $\mu(A_2) = \infty$ (ou avec $\mu_1(A_1) = \infty$ et $\mu_2(A_2) \neq 0$),*

2. *$\mu(A_1 \times A_2) = 0$ si $A_1 \in \mathcal{T}_1$ et $A_2 \in \mathcal{T}_2$ avec $\mu_1(A_1) = 0$ et $\mu(A_2) = \infty$ (ou avec $\mu_1(A_1) = \infty$ et $\mu_2(A_2) = 0$). En effet, on suppose par exemple que $\mu_1(A_1) = 0$ et $\mu(A_2) = \infty$. Comme μ_2 est σ-finie, on peut construire une suite $(F_n)_{n \in \mathbb{N}} \subset \mathcal{T}_2$ t.q. $F_n \subset F_{n+1}$ et $\mu_2(F_n) < \infty$ pour tout $n \in \mathbb{N}$. On a alors, par continuité croissante de $\mu, \mu(A_1 \times A_2) = \lim_{n \to +\infty} \mu(A_1 \times (A_2 \cap F_n)) = \lim_{n \to +\infty} \mu_1(A_1)\mu_2(A_2 \cap F_n) = 0$ (on a d'ailleurs aussi $\mu_2(A_2 \cap F_n) \uparrow \infty$, ce qui permet de conclure si $0 < \mu_1(A_1) < \infty$ que $\mu(A_1 \times A_2) = \infty$). Les autres cas se traitent de manière analogue.*

Définition 4.3 (Espace mesuré produit). *L'espace $(\mathbb{E}, \mathcal{T}, \mu)$, construit dans le théorème précédent, $(\mathbb{E} = \mathbb{E}_1 \times \mathbb{E}_2, \mathcal{T} = \mathcal{T}_1 \otimes \mathcal{T}_2$ et $\mu = \mu_1 \otimes \mu_2)$, s'appelle l'espace mesuré produit des espaces $(\mathbb{E}_1, \mathcal{T}_1, \mu_1)$ et $(\mathbb{E}_2, \mathcal{T}_2, \mu_2)$.*

Exemple 4.2. *Un exemple fondamental d'espace produit est l'espace $(\mathbb{R}^2, \mathcal{B}(\mathbb{R}^2), \lambda)$, qui défini par le théorème suivant :*

Proposition. 4.1. *La tribu* $\mathfrak{T} = \mathfrak{T}_1 \otimes \mathfrak{T}_2$ *est la tribu engendrée par les projections canoniques* π_1 *et* π_2, *c'est-à-dire, la plus petite tribu sur* $\mathbb{E} = \mathbb{E}_1 \times \mathbb{E}_2$ *qui rende mesurable les deux projections canoniques*

$$\pi_1 : (\mathbb{E}_1 \times \mathbb{E}_2, \mathfrak{T}_1 \otimes \mathfrak{T}_2) \longrightarrow (\mathbb{E}_1, \mathfrak{T}_1), \pi_1(x, y) = x$$
$$\pi_2 : (\mathbb{E}_1 \times \mathbb{E}_2, \mathfrak{T}_1 \otimes \mathfrak{T}_2) \longrightarrow (\mathbb{E}_2, \mathfrak{T}_2), \pi_2(x, y) = y.$$

Démonstration. π_1 et π_2 sont mesurables car pour tout $A \in \mathfrak{T}_1$ et $B \in \mathfrak{T}_2$ on a

$$\pi_1^{-1}(A) = \{(x, y) \in \mathbb{E}_1 \times \mathbb{E}_2 : x \in A\} = A \times \mathbb{E}_2 \in \mathfrak{T}_1 \otimes \mathfrak{T}_2,$$

et aussi $\pi_2^{-1}(B) = \mathbb{E}_1 \times B \in \mathfrak{T}_1 \otimes \mathfrak{T}_2$. Soit $\mathcal{A}$ une tribu sur $\mathbb{E}_1 \times \mathbb{E}_2$ qui rende

$$\pi_1 : (\mathbb{E}_1 \times \mathbb{E}_2, \mathcal{A}) \longrightarrow (\mathbb{E}_1, \mathfrak{T}_1), \pi_1(x, y) = x$$
$$\pi_2 : (\mathbb{E}_1 \times \mathbb{E}_2, \mathcal{A}) \longrightarrow (\mathbb{E}_2, \mathfrak{T}_2), \pi_2(x, y) = y$$

mesurables. Pour tout $A \in \mathfrak{T}_1$ et $B \in \mathfrak{T}_2$,

$$A \times B = (A \times \mathbb{E}_2) \cap (\mathbb{E}_1 \times B) = \pi_1^{-1}(A) \cap \pi_2^{-1}(B) \in \mathcal{A}$$

ce qui signifier que $\mathfrak{T}_1 \times \mathfrak{T}_2 \subset \mathcal{A}$ donc $\mathfrak{T}_1 \otimes \mathfrak{T}_2 \subset \mathcal{A}$.

Proposition. 4.2. *Soient* $(\mathbb{E}, \mathfrak{T}), (\mathbb{E}_1, \mathfrak{T}_1)$ *and* $(\mathbb{E}_2, \mathfrak{T}_2)$ *trois espaces mesurables et soit l'application*

$$f = (f_1, f_2) : (\mathbb{E}, \mathfrak{T}) \longrightarrow (\mathbb{E}_1 \times \mathbb{E}_2, \mathfrak{T}_1 \otimes \mathfrak{T}_2).$$

Alors f *est mesurable si et seulement si* $f_1 : (\mathbb{E}, \mathfrak{T}) \longrightarrow (\mathbb{E}_1, \mathfrak{T}_1)$ *et* $f_2 : (\mathbb{E}, \mathfrak{T}) \longrightarrow (\mathbb{E}_2, \mathfrak{T}_2)$ *sont mesurables.*

Démonstration. Si f est mesurable, alors

$$f_1 = \pi_1 \circ f \text{ et } f_2 = \pi_2 \circ f$$

le sont aussi comme composition des fonctions mesurables.

Inversement : si f_1 et f_2 sont mesurables, alors pour tout $A_1 \in \mathfrak{T}_1$ et $A_2 \in \mathfrak{T}_2$ on a

$$f^{-1}(A_1 \times A_2) = f_1^{-1}(A_1) \cap f_2^{-1}(A_2) \in \mathfrak{T}$$

Donc puisque $\mathfrak{T}_1 \otimes \mathfrak{T}_2 = \sigma(\mathfrak{T}_1 \times \mathfrak{T}_2)$ alors f est mesurable.

Définition 4.4 (Les sections). *Pour toute partie* E *de* $\mathbb{E}_1 \times \mathbb{E}_2$ *et tout* $x \in \mathbb{E}_1$, *on pose*

$$E_x = \{y \in \mathbb{E}_2 : (x, y) \in E\}$$

On dit que E_x est la section de E selon $x \in \mathbb{E}_1$. De manière analogue, on définit la section de E selon $y \in \mathbb{E}_2$ par

$$E_y = \{x \in \mathbb{E}_1 : (x, y) \in E\}$$

Par exemple, si $E = A \times B$ où $A \subset \mathbb{E}_1$ et $B \subset \mathbb{E}_2$, pour tout $x \in \mathbb{E}_1$ on a

$$E_x = \begin{cases} \emptyset & si \quad x \notin A \\ B & si \quad x \in A \end{cases}$$

Définition 4.5. *Soit l'application $f : \mathbb{E}_1 \times \mathbb{E}_2 \longrightarrow \mathbb{E}_3$. Pour $x \in \mathbb{E}_1$ et $y \in \mathbb{E}_2$, on définit les applications partielles $f_x : \mathbb{E}_2 \longrightarrow \mathbb{E}_3$ et $f_y : \mathbb{E}_1 \longrightarrow \mathbb{E}_3$ par*

$$f_x(y) = f(x, y) \; et \; f_y(x) = f(x, y).$$

Une propriété importante de la tribu produit $\mathfrak{T} = \mathfrak{T}_1 \otimes \mathfrak{T}_2$ est d'assurer la mesurabilité des sections et les applications partielles. Plus précisément on a, la proposition suivante :

Proposition. 4.3. *Soient $(\mathbb{E}_1, \mathfrak{T}_1), (\mathbb{E}_2, \mathfrak{T}_2)$ deux espaces mesurables.*

1. *Si $E \in \mathfrak{T}_1 \otimes \mathfrak{T}_2$, alors pour tout $x \in \mathbb{E}_1$ et $y \in \mathbb{E}_2$ on a $E_x \in \mathfrak{T}_2$ et $E_y \in \mathfrak{T}_1$.*

2. *Si l'application $f : (\mathbb{E}_1 \times \mathbb{E}_2, \mathfrak{T}_1 \otimes \mathfrak{T}_2) \longrightarrow (\mathbb{R}, \mathcal{B}(\mathbb{R}))$ est mesurable, alors les applications partielles $f_x : (\mathbb{E}_2, \mathfrak{T}_2) \longrightarrow (\mathbb{R}, \mathcal{B}(\mathbb{R}))$ et $f_y : (\mathbb{E}_1, \mathfrak{T}_1) \longrightarrow (\mathbb{R}, \mathcal{B}(\mathbb{R}))$ sont mesurables.*

Démonstration. 1. Posons

$$\mathcal{A} = \{E \subset \mathbb{E}_1 \times \mathbb{E}_2 : E_x \in \mathfrak{T}_2 \text{ pour tout } x \in \mathbb{E}_1\}$$

Comme $(\mathbb{E}_1 \times \mathbb{E}_2)_x = \mathbb{E}_2 \in \mathfrak{T}_2$ pour tout $x \in \mathbb{E}_1$, on a $\mathbb{E}_1 \times \mathbb{E}_2 \in \mathcal{A}$. Si $E \in \mathcal{A}$, alors pour tout $x \in \mathbb{E}_1$ on a $(E^c)_x = (E_x)^c \in \mathcal{N}$ et par conséquent $E^c \in \mathcal{A}$. Enfin, soit $(E_n)_{n \geqslant 1}$ une suite d'éléments de $\mathcal{A}$, pour tout $x \in \mathbb{E}_1$ on a

$$\left(\bigcup_{n=1}^{+\infty} E_n \right)_x = \bigcup_{n=1}^{+\infty} (E_n)_x \in \mathfrak{T}_2,$$

et par conséquent $\bigcup_{n=1}^{+\infty} E_n \in \mathcal{A}$. Donc $\mathcal{A}$ est une tribu sur $\mathbb{E}_1 \times \mathbb{E}_2$. En outre, si $A \in \mathfrak{T}_1$ et $B \in \mathfrak{T}_2$, alors pour tout $x \in \mathbb{E}_1$,

$$(A \times B)_x = \begin{cases} \emptyset & si \quad x \notin A \\ B & si \quad x \in A \end{cases}$$

de sorte que $A \times B \in \mathcal{A}$. Comme $\mathfrak{T}_1 \otimes \mathfrak{T}_2$ est la plus petite tribu sur $\mathbb{E}_1 \times \mathbb{E}_2$ contenant les rectangles mesurables, on en déduit que $\mathfrak{T}_1 \otimes \mathfrak{T}_2 \subset \mathcal{A}$, ce qui démontre $E_x \in \mathfrak{T}_2$, $\forall x \in \mathbb{E}_1$. De même pour $E_y \in \mathfrak{T}_1$, $\forall y \in \mathbb{E}_2$.

2. $f_y : (\mathbb{E}_1, \mathfrak{T}_1) \longrightarrow (\mathbb{R}, \mathcal{B}(\mathbb{R}))$ sont mesurables.

Soit $a \in \mathbb{R}$. Comme $f : (\mathbb{E}_1 \times \mathbb{E}_2, \mathfrak{T}_1 \otimes \mathfrak{T}_2) \longrightarrow (\mathbb{R}, \mathcal{B}(\mathbb{R}))$ est mesurable, on a $f^{-1}(]a, +\infty[) \in \mathfrak{T}_1 \otimes \mathfrak{T}_2$. Pour tout $x \in \mathbb{E}_1$, on a en vertu de (1)

$$f_x^{-1}(]a, +\infty[) = (f^{-1}(]a, +\infty[)_x \in \mathfrak{T}_2,$$

et par conséquent $f_x : (\mathbb{E}_2, \mathfrak{T}_2) \longrightarrow (\mathbb{R}, \mathcal{B}(\mathbb{R}))$ est mesurable. De même $f_y : (\mathbb{E}_1, \mathfrak{T}_1) \longrightarrow (\mathbb{R}, \mathcal{B}(\mathbb{R}))$ est mesurable.

Remarque 4.3. *1. La réciproque est fausse : le fait que toutes les applications partielles soient mesurables n'implique pas forcément que f soit mesurable.*

2. Un cas particulier intéressant pour laquelle cette réciproque est vraie est donné par Exercice 4.4.

Proposition. 4.4. *Pour tout $E \in \mathfrak{T}_1 \otimes \mathfrak{T}_2$, les fonctions*

$$
\begin{aligned}
(\mathbb{E}_1, \mathfrak{T}_1) &\longrightarrow [0, +\infty] \\
x &\longmapsto \mu_2(E_x)
\end{aligned}
$$

et

$$
\begin{aligned}
(\mathbb{E}_2, \mathfrak{T}_2) &\longrightarrow [0, +\infty] \\
y &\longmapsto \mu_1(E_y),
\end{aligned}
$$

sont mesurables.

Démonstration. Démontrons la mesurabilité de l'application $x \mapsto \mu_2(E_x)$, l'autre cas se traite de même.

Supposons d'abord que μ_2 est fini. Soit $\mathcal{F}$ la classe des ensembles E de $\mathfrak{T}_1 \otimes \mathfrak{T}_2$ pour lesquels l'application $x \mapsto \mu_2(E_x)$ est $\mathfrak{T}_2$-mesurable (la quantité $\mu_2(E_x)$ est bien définie, puisque $E_x \in \mathfrak{T}_2$. Si $A \in \mathfrak{T}_1, B \in \mathfrak{T}_2, \mu_2((A \times B)_x) = \mu_2(B)1_A(x)$ et donc $A \times B \in \mathcal{F}$. En particulier, $\mathbb{E}_1 \times \mathbb{E}_2 \in \mathcal{F}$. Si, $E \in \mathfrak{T}_1 \otimes \mathfrak{T}_2, \mu_2((E^c)_x) = \mu_2(\mathbb{E}_2) - \mu_2(E_x)$ et si $(E_k)_k$ est une suite d'ensembles deux à deux disjoints de $\mathfrak{T}_1 \otimes \mathfrak{T}_2$, alors $\mu_2((\cup_k E_k)_x) = \sum_k \mu_2((E_k)_x)$. On a donc montré l'inclusion $\lambda(\{A \times B : A \in \mathfrak{T}_1, B \in \mathfrak{T}_2\}) \subset \mathcal{F}$. Bien sûr, si $A_1, A_2 \in \mathfrak{T}_1$ et $B_1, B_2 \in \mathfrak{T}_2$, on a $(A_1 \times B_1) \cap (A_2 \times B_2) = (A_1 \cap A_2) \times (B_1 \cap B_2) \in \mathfrak{T}_1 \otimes \mathfrak{T}_2$. Donc que $\mathfrak{T}_1 \otimes \mathfrak{T}_2 \subset \mathcal{F}$. Ainsi, $x \mapsto \mu_2(E_x)$ est mesurable pour tout $E \in \mathfrak{T}_1 \otimes \mathfrak{T}_2$.

Si μ_2 est une mesure σ-finie, soit $(B_k)_k$ une suite d'ensembles croissante de $\mathfrak{T}_2$ telle que

$\mu_2(B_k) < \infty$ quel que soit k et $\cup_k B_k = \mathbb{E}_2$. Pour tout k, soit ν_k la mesure sur $\mathfrak{T}_2$ définie par $\nu_k(B) = \mu_2(B \cap B_k)$. Nous venons de montrer que l'application $x \mapsto \nu_k(E_x)$ est $\mathfrak{T}_1$-mesurable $\forall k$. La mesurabilité relative à μ_2 s'obtient par passage à la limite sur k.

Proposition. 4.5. *Pour tout $E \in \mathfrak{T}_1 \otimes \mathfrak{T}_2$, on a*

$$\mu_1 \otimes \mu_2(E) = \int_{\mathbb{E}_1} \mu_2(E_x) d\mu_1 = \int_{\mathbb{E}_2} \mu_2(E_y) d\mu_1. \tag{4.6}$$

Démonstration. D'après la résultat précédent pour $E \in \mathfrak{T}_1 \otimes \mathfrak{T}_2$,

$$m_1(E) = \int_{\mathbb{E}_1} \mu_2(E_x) d\mu_1, \quad m_2(E) = \int_{\mathbb{E}_2} \mu_2(E_y) d\mu_1,$$

ont un sens car $x \mapsto \mu_2(E_x)$ est $\mathfrak{T}_1$-mesurable donc sa μ_1-intégrale existe et $y \mapsto \mu_1(E_y)$ est $\mathfrak{T}_2$-mesurable donc sa μ_2-intégrale existe. On montre maintenant qu'il s'agit de mesures :
$-m_1(\emptyset) = m_2(\emptyset) = 0$ car

$$m_1(\emptyset) = \int_{\mathbb{E}_1} \mu_2(\emptyset_x) d\mu_1 = \int_{\mathbb{E}_1} \mu_2(\emptyset) d\mu_1 = \int_{\mathbb{E}_1} 0 \, d\mu_1 = 0.$$

- Soit $E = \bigcup_{n=1}^{+\infty} E_n$ avec $E_n \in \mathfrak{T}_1 \otimes \mathfrak{T}_2$ deux à deux disjoints, on a

$$E_x = \left(\bigcup_{n=1}^{+\infty} E_n \right)_x = \bigcup_{n=1}^{+\infty} (E_n)_x$$

avec les ensembles $(E_n)_x$, $n \geq 1$, deux à deux disjoints. D'où

$$m_1(E) = \int_{\mathbb{E}_1} \mu_2(E_x) d\mu_1 = \int_{\mathbb{E}_1} \mu_2 \left(\bigcup_{n=1}^{+\infty} (E_n)_x \right) d\mu_1$$

$$= \int_{\mathbb{E}_1} \sum_{n=1}^{+\infty} \mu_2((E_n)_x) d\mu_1 = \sum_{n=1}^{+\infty} \int_{\mathbb{E}_1} \mu_2((E_n)_x) d\mu_1 = \sum_{n-1}^{+\infty} m_1(E_n),$$

où on a utilisé le théorème de convergence monotone, pour échanger $\int \sum_{n=1}^{+\infty} = \sum_{n=1}^{+\infty} \int$. De la même faç on, on a

$$m_2 \left(\bigcup_{n=1}^{+\infty} E_n \right) = \sum_{n=1}^{+\infty} m_2(E_n).$$

Les applications m_1 et m_2 sont donc deux mesures.

$$m_1(A \times B) = \int_{\mathbb{E}_1} \mu_2(A \times B)_x d\mu_1 = \int_A \mu_2(B) d\mu_1 + \int_{A^c} \mu_2(\varnothing) d\mu_1 = \int_A \mu_2(B) d\mu_1 = \mu_2(B)\mu_1(A),$$

et de même $m_2(A \times B) = \mu_1(A)\mu_2(B)$. Par l'unicité vue, la mesure cherchée est $(\mu_1 \otimes \mu_2) = m_1 = m_2$. $\qquad\square$

Corollaire 4.6. *Pour tout $E \in \mathfrak{T}_1 \otimes \mathfrak{T}_2$, on a*

$$\int_{\mathbb{E}_1} \left(\int_{\mathbb{E}_2} 1_E(x,y) d\mu_2(y) \right) d\mu_1(x) = \mu_1 \otimes \mu_2(E) = \int_{\mathbb{E}_2} \left(\int_{\mathbb{E}_1} 1_E(x,y) d\mu_1(x) \right) d\mu_2(y).$$

Démonstration. Il est clair que pour tout $(x,y) \in \mathbb{E}_1 \times \mathbb{E}_2$ on a $1_{E_x} = 1_E = 1_{E_y}$ et par définition de l'intégrale on a

$$\mu_2\left(E_x\right) = \int_{\mathbb{E}_2} 1_{E_x} d\mu_2 \text{ et } \mu_1\left(E_y\right) = \int_{\mathbb{E}_1} 1_{E_y} d\mu_1.$$

Alors d'après (4.6) on a

$$\mu_1 \otimes \mu_2(E) = \int_{\mathbb{E}_1} \mu_2\left(E_x\right) d\mu_1 = \int_{\mathbb{E}_1} \left(\int_{\mathbb{E}_2} 1_E(x,y) d\mu_2(y) \right) d\mu_1(x),$$

et

$$\mu_1 \otimes \mu_2(E) = \int_{\mathbb{E}_2} \mu_1\left(E_y\right) d\mu_2 = \int_{\mathbb{E}_2} \left(\int_{\mathbb{E}_1} 1_E(x,y) d\mu_1(x) \right) d\mu_2 \nu(y).$$

Remarque 4.4. *L'hypothèse $\sigma-$ finitude est nécessaire. En-effet, soit $(\mathbb{E}_1, \mathfrak{T}), (\mathbb{E}_2, \mathfrak{T}) = (\mathbb{R}, \mathcal{B}(\mathbb{R})), \mu_1 = \lambda$ est la mesure de Lebesgue et μ_2 la mesure de comptage (μ_2 est non $\sigma-$ finie). Soit*

$$E = \left\{ (x,y) \in \mathbb{R}^2 : x = y \right\} \in \mathfrak{T}_1 \otimes \mathfrak{T}_2 = \mathcal{B}\left(\mathbb{R}^2\right).$$

Pour tout $x \in \mathbb{E}_1$ et $y \in \mathbb{E}_2$ on a $\mu_2\left(E_x\right) = 1$ et $\lambda\left(E_y\right) = 0$, or

$$\infty = \int_{\mathbb{R}} \mu_2\left(E_x\right) d\lambda \neq \int_{\mathbb{R}} \mu_2\left(E_y\right) d\nu = 0.$$

On donne maintenant quelques propriétés de la mesure de Lebesgue sur $\mathcal{B}\left(\mathbb{R}^N\right)$. Il s'agit de propriétés élémentaires ou de généralisations simples de propriétés vues pour la mesure de Lebesgue sur $\mathcal{B}(\mathbb{R})$.

Proposition. 4.7 (Propriétés de λ_N). *Soit $N \geq 2$. On rappelle que λ_N est la mesure de Lebesgue sur $\mathcal{B}\left(\mathbb{R}^N\right)$.*

1. *La mesure λ_N est σ-finie.*

2. *Soit $A_1, \ldots, A_N \in \mathcal{B}(\mathbb{R})$. Alors, $\prod_{i=1}^N A_i \in \mathcal{B}\left(\mathbb{R}^N\right)$ et*

$$\lambda_N\left(\prod_{i=1}^N A_i \right) = \prod_{i=1}^N \lambda\left(A_i\right).$$

3. *Soit $\alpha_1, \ldots, \alpha_N \in \mathbb{R}$ et $\beta_1, \ldots, \beta_N \in \mathbb{R}$ t.q. $\alpha_i < \beta_i$ pour tout $i \in \{1, \ldots, N\}$. Alors :*

$$\lambda_N(\prod_{i=1}^N]\alpha_i, \beta_i[) = \prod_{i=1}^N \lambda(]\alpha_i, \beta_i[) = \prod_{i=1}^N \left(\beta_i - \alpha_i\right).$$

Démonstration. 1. Comme λ_N est une mesure produit, le fait que λ_N est σ-finie est (par récurrence sur N) une conséquence du théorème donnant l'existence (et l'unicité) de la mesure produit (théorème 4.1) car ce théorème donne que le produit de mesures σ-finies est σ-finie.

2. Supposons que $\lambda\left(A_i\right) < \infty$ pour tout i. Le cas général s'obtient en utilisant $A_i \cap [-p, p]$ au lieu de A_i et en faisant ensuite tendre p vers l'infini. Avec convenant $0 \times \infty = 0$, on démontre donc, par récurrence sur N, la propriété du point 2). Cette propriété est vraie pour N $= 2$. En effet, on sait que $\mathcal{B}\left(\mathbb{R}^2\right) = \mathcal{B}(\mathbb{R}) \otimes \mathcal{B}(\mathbb{R})$ et que $\lambda_2 = \lambda \otimes \lambda$. On a donc :

$$A_1, A_2 \in \mathcal{B}(\mathbb{R}), \lambda\left(A_1\right) < \infty, \lambda\left(A_2\right) < \infty$$
$$\Rightarrow A_1 \times A_2 \in \mathcal{B}\left(\mathbb{R}^2\right) \text{ et } \lambda_2\left(A_1 \times A_2\right) = \lambda\left(A_1\right)\lambda\left(A_2\right).$$

On suppose que la propriété du point 2) est vraie pour un certain N ≥ 2, et on la démontre pour N$+1$. Soit $A_1, \ldots, A_{N+1} \in \mathcal{B}(\mathbb{R})$ tel que $\lambda\left(A_i\right) < \infty$ pour tout i. On a $\prod_{i=1}^{N} A_i \in \mathcal{B}\left(\mathbb{R}^N\right)$ et $\lambda_N\left(\prod_{i=1}^{N} A_i\right) = \prod_{i=1}^{N} \lambda\left(A_i\right)$. On a aussi $\mathcal{B}\left(\mathbb{R}^{N+1}\right) = \mathcal{B}\left(\mathbb{R}^N\right) \otimes \mathcal{B}(\mathbb{R})$ et que $\lambda_{N+1} = \lambda_N \otimes \lambda$. On en déduit que $\prod_{i=1}^{N+1} A_i = \left(\prod_{i=1}^{N} A_i\right) \times A_{N+1} \in \mathcal{B}\left(\mathbb{R}^N\right) \times \mathcal{B}(\mathbb{R}) \subset \mathcal{B}\left(\mathbb{R}^N\right) \otimes \mathcal{B}(\mathbb{R}) = \mathcal{B}\left(\mathbb{R}^{N+1}\right)$ et

$$\lambda_{N+1}\left(\prod_{i=1}^{N+1} A_i\right) = \lambda_N\left(\prod_{i=1}^{N} A_i\right) \lambda\left(A_{N+1}\right) = \prod_{i=1}^{N+1} \lambda\left(A_i\right).$$

ce qui donne le point 2) avec $N + 1$ au lieu de N.

3. Cette question est une conséquence immédiate de la précédente en prenant $A_i =]\alpha_i, \beta_i[$.

4.2 Théorème de Fubini et conséquences.

Le but de cette partie est le théorème de Fubini. Ce théorème affirme essentiellement que l'intégrale sur un espace produit peut se faire coordonnée par coordonnée. On va en voir deux versions, une pour les fonctions positives (sans conditions supplémentaires) et une pour les fonctions quelconques (avec l'hypothèse supplémentaire d'intégrabilité).

Théorème 4.2. *Soient* $\left(\mathbb{E}_1, \mathfrak{T}_1, \mu_1\right), \left(\mathbb{E}_2, \mathfrak{T}_2, \mu_2\right)$ *deux espaces mesurés σ-finis et* $(\mathbb{E}, \mathfrak{T}, \mu)$ *l'espace produit. Pour toute fonction* $f : \mathbb{E} \longrightarrow \overline{\mathbb{R}_+}$ *mesurable positive, alors*

1. *les fonctions*

$$F_1 : \begin{cases} (\mathbb{E}_1, \mathfrak{T}_1) \longrightarrow \left(\overline{\mathbb{R}_+}, \mathcal{B}\left(\overline{\mathbb{R}_+}\right)\right) \\[2mm] x_1 \longmapsto \displaystyle\int_{\mathbb{E}_2} f\left(x_1, x_2\right) d\mu_2\left(x_2\right), \end{cases}$$

$$F_2 : \begin{cases} (\mathbb{E}_2, \mathfrak{T}_2) \longrightarrow \left(\overline{\mathbb{R}_+}, \mathcal{B}\left(\overline{\mathbb{R}_+}\right)\right) \\[2mm] x_2 \longmapsto \displaystyle\int_{\mathbb{E}_1} f\left(x_1, x_2\right) d\mu_1\left(x_1\right), \end{cases}$$

sont mesurables positives.

2. *On a les égalités suivantes*

$$\int_{\mathbb{E}_1 \times \mathbb{E}_2} f\, d\left(\mu_1 \otimes \mu_2\right) = \int_{\mathbb{E}_1} \left(\int_{\mathbb{E}_2} f\left(x_1, x_2\right) d\mu_2\left(x_2\right)\right) d\mu_1\left(x_1\right)$$
$$= \int_{\mathbb{E}_2} \left(\int_{\mathbb{E}_1} f\left(x_1, x_2\right) d\mu_1\left(x_1\right)\right) d\mu_2\left(x_2\right).$$

Démonstration. Pour $f = 1_E$ avec $E \in \mathfrak{T}_1 \otimes \mathfrak{T}_2$, les conditions 1) et 2) ont été établies dans le proposition 4.4 et le corollaire 4.6. Pour $f : \mathbb{E}_1 \times \mathbb{E}_2 \longrightarrow [0, +\infty]$ étagée mesurable, les résultats restent vrai par linéarité. Finalement, si $f : \mathbb{E}_1 \times \mathbb{E}_2 \longrightarrow [0, +\infty]$ mesurable, alors il existe une suite croissante $(f_n)_{n \geqslant 1}$ de fonctions étagées positives telles que

$$\lim_{n \to +\infty} f_n\left(x_1, x_2\right) = f\left(x_1, x_2\right), \text{ pour tout } \left(x_1, x_2\right) \in \mathbb{E}_1 \times \mathbb{E}_2.$$

Par le Théorème de la convergence monotone on a

$$\int_{\mathbb{E}_1} f\left(x_1, x_2\right) d\mu_1\left(x_1\right) = \lim_{n \to +\infty} \int_{\mathbb{E}_1} f_n\left(x_1, x_2\right) d\mu_1\left(x_1\right), \text{ pour tout } x_2 \in \mathbb{E}_2.$$

Donc la fonction $x_2 \longmapsto \int_{\mathbb{E}_1} f\left(x_1, x_2\right) d\mu_1\left(x_1\right)$ est mesurable comme la limite simple d'une suite de fonctions mesurables. Par le même raisonnement, on voit que la fonction $x_1 \longmapsto \int_{\mathbb{E}_2} f\left(x_1, x_2\right) d\mu_2\left(x_2\right)$ est mesurable. les égalités dans 2) sont vraies pour les fonctions f_n donc pour f par passage à la limite croissante en appliquant deux fois le Théorème de la convergence monotone.

Corollaire 4.8. *Soient* $(\mathbb{E}_1, \mathfrak{T}_1, \mu_1)$ *et* $(\mathbb{E}_2, \mathfrak{T}_2, \mu_2)$ *des espaces mesurés* σ-*finis. On note* $(\mathbb{E}, \mathfrak{T}, \mu)$ *l'espace produit. Soit* $f : \mathbb{E} \to \mathbb{R}$ *une fonction* $\mathfrak{T}$-*mesurable. Alors :*

$$f \in \mathcal{L}^1_{\mathbb{R}}(\mathbb{E}, \mathfrak{T}, \mu) \Leftrightarrow \int \left(\int |f| d\mu_2\right) d\mu_1 < +\infty \Leftrightarrow \int \left(\int |f| d\mu_1\right) d\mu_2 < +\infty. \tag{4.7}$$

Démonstration. Le corollaire découle immédiatement du théorème (4.7) appliqué à la fonction $|f|$ qui appartient à $\mathcal{M}_+(\mathbb{E}, \mathfrak{T})$. Dans (4.7), la notation $\left(\int |f| d\mu_2\right) d\mu_1$ signifie :

$$\left(\int |f(x_1, x_2)| \, d\mu_2(x_2) \right) d\mu_1(x_1).$$

La notation est similaire en inversant les rôles de μ_1 et μ_2.

Voici une conséquence immédiate du théorème (4.2) pour la mesurabilité :

Proposition. 4.9. *Soient* $(\mathbb{E}_1, \mathfrak{T}_1)$ *et* $(\mathbb{E}_2, \mathfrak{T}_2)$ *deux espaces mesurables. On pose* $\mathbb{E} = \mathbb{E}_1 \times \mathbb{E}_2$ *et* $\mathfrak{T} = \mathfrak{T}_1 \otimes \mathfrak{T}_2$. *Soit* $f \in \mathcal{M}(\mathbb{E}, \mathfrak{T})$. *Alors :*

1. $f(x_1, \cdot) \in \mathcal{M}(\mathbb{E}_2, \mathfrak{T}_2)$, *pour tout* $x_1 \in \mathbb{E}_1$,

2. $f(\cdot, x_2) \in \mathcal{M}(\mathbb{E}_1, \mathfrak{T}_1)$, *pour tout* $x_2 \in \mathbb{E}_2$.

Démonstration. On a $f = f^+ - f^-$ et que $f^+, f^- \in \mathcal{M}_+(\mathbb{E}, \mathfrak{T})$. D'après théorème (4.2), pour tout $x_1 \in \mathbb{E}_1, f^+(x_1, \cdot) \in \mathcal{M}_+(\mathbb{E}_2, \mathfrak{T}_2)$ et $f^-(x_1, \cdot) \in \mathcal{M}_+(\mathbb{E}_2, \mathfrak{T}_2)$. Comme $f(x_1, \cdot) = f^+(x_1, \cdot) - f^-(x_1, \cdot)$, on en déduit que $f(x_1, \cdot) \in \mathcal{M}(\mathbb{E}_2, \mathfrak{T}_2)$. En changeant les rôles de $(\mathbb{E}_1, \mathfrak{T}_1)$ et $(\mathbb{E}_2, \mathfrak{T}_2)$, on montre aussi que $f(\cdot, x_2) \in \mathcal{M}(\mathbb{E}_1, \mathfrak{T}_1)$, pour tout $x_2 \in \mathbb{E}_2$.

Remarque 4.5. *La réciproque de la proposition précédente est fausse. Un exemple est donné dans l'exercice 4.11.*

Le théorème de Fubini-Tonelli (4.2) ne s'applique qu'à des fonctions mesurables positives. Pour des fonctions quelconques (cas de fonctions réelles ou complexes), on a le résultat suivant :

Théorème 4.3 (Fubini). *Soient* $(\mathbb{E}_1, \mathfrak{T}_1, \mu_1)$ *et* $(\mathbb{E}_2, \mathfrak{T}_2, \mu_2)$ *des espaces mesurés* σ*-finis, et* $(\mathbb{E}, \mathfrak{T}, \mu)$ *l'espace produit. Soit* f *une fonction* $\mathfrak{T}$*-mesurable de* $\mathbb{E}$ *dans* $\mathbb{R}$ *c'est-à-dire* $f \in \mathcal{M}(\mathbb{E}, \mathfrak{T})$) *et intégrable pour la mesure* μ,(*c'est-à-dire* $f \in \mathcal{L}^1(\mathbb{E}, \mathfrak{T}, \mu)$. *Alors :*

1. $f(x_1, \cdot) \in \mathcal{L}^1(\mathbb{E}_2, \mathfrak{T}_2, \mu_2)$ *pour presque tout* $x_1 \in \mathbb{E}_1$.

2. On pose $\varphi_f(x_1) = \int f(x_1, \cdot) \, d\mu_2$ *pour* $x_1 \in \mathbb{E}_1$ *tel que* $f(x_1, \cdot) \in \mathcal{L}^1(\mathbb{E}_2, \mathfrak{T}_2, \mu_2)$. *La fonction* φ_f *est définie p.p. sur* $\mathbb{E}_1$ *(et à valeurs dans* $\mathbb{R}$ *).*

3. $\varphi_f \in L^1(\mathbb{E}_1, \mathfrak{T}_1, \mu_1)$ *(au sens : il existe* $g \in \mathcal{L}^1(\mathbb{E}_1, \mathfrak{T}_1, \mu_1)$ *tel que* $f = g$ *p.p.).*

4. $\int f d\mu = \int \varphi_f d\mu_1 = \int \left(\int f(x_1, x_2) \, d\mu_2(x_2) \right) d\mu_1(x_1),$

5. les mêmes résultats sont vrais en inversant les rôles de μ_1 *et* μ_2, *de sorte que :*

$$\int \left(\int f(x_1, x_2) \, d\mu_2(x_2) \right) d\mu_1(x_1) = \int \left(\int f(x_1, x_2) \, d\mu_1(x_1) \right) d\mu_2(x_2).$$

Démonstration. Comme $f \in \mathcal{M}(\mathbb{E}, \mathfrak{T})$, on a $f^+, f^- \in \mathcal{M}_+(\mathbb{E}, \mathfrak{T})$. On peut donc appliquer le théorème de Fubini-Tonelli à f^+ et f^-. Il donne :

a. $f^+(x_1, \cdot), f^-(x_1, \cdot) \in \mathcal{M}_+(\mathbb{E}_2, \mathfrak{T}_2)$, pour tout $x_1 \in \mathbb{E}_1$,

b. $\varphi_{f^+}, \varphi_{f^-} \in \mathcal{M}_+(\mathbb{E}_1, \mathfrak{T}_1)$ avec $\varphi_{f^\pm}(x_1) = \int f^\pm(x_1, \cdot)\, d\mu_2$ pour tout $x_1 \in \mathbb{E}_1$.

c. $\int f^\pm d\mu = \int \varphi_{f^\pm} d\mu_1$.

De *a.* donne que $f(x_1, \cdot) = f^+(x_1, \cdot) - f^-(x_1, \cdot) \in \mathcal{M}(\mathbb{E}_2, \mathfrak{T}_2)$ (noter que f, f^+ et f^- sont à valeurs dans $\mathbb{R}$). Comme $\int f^+ d\mu < \infty$ et $\int f^- d\mu < \infty$ (car $f \in \mathcal{L}^1(\mathbb{E}, \mathfrak{T}, \mu)$), le *c.* donne que $\varphi_{f^+} < \infty$ p.p. (sur $\mathbb{E}_1$) et que $\varphi_{f^-} < \infty$ p.p. (sur $\mathbb{E}_1$). On a donc $f^+(x_1, \cdot) \in \mathcal{L}^1(\mathbb{E}_2, \mathfrak{T}_2, \mu_2)$ et $f^-(x_1, \cdot) \in \mathcal{L}^1(\mathbb{E}_2, \mathfrak{T}_2, \mu_2)$ pour presque tout $x_1 \in \mathbb{E}_1$. On en déduit donc que $f(x_1, \cdot) = f^+(x_1, \cdot) - f^-(x_1, \cdot) \in \mathcal{L}^1(\mathbb{E}_2, \mathfrak{T}_2, \mu_2)$ pour presque tout $x_1 \in \mathbb{E}_1$.

La fonction φ_f est donc définie p.p. sur $\mathbb{E}_1$ et on a $\varphi_f = \varphi_{f^+} - \varphi_{f^-}$ p.p. (on a $\varphi_f(x_1) = \varphi_{f^+}(x_1) - \varphi_{f^-}(x_1)$ en tout point x_1 tel que $\varphi_{f^+}(x_1) < \infty$ et $\varphi_{f^-}(x_1) < \infty$). Comme $\varphi_{f^+} < \infty$ et $\varphi_{f^-} < \infty$ p.p, on peut trouver $A \in \mathfrak{T}_1$ tel que $\mu_1(A) = 0$ et $\varphi_{f^+} < \infty$ et $\varphi_{f^-} < \infty$ sur $A^c = \mathbb{E}_1 \backslash A$. En posant $g = \varphi_{f^+} - \varphi_{f^-}$ sur A^c et $g = 0$ sur A, on a donc $g \in \mathcal{M}(\mathbb{E}_1, \mathfrak{T}_1)$, $g = \varphi_f$ p.p. et $g \in \mathcal{L}^1(\mathbb{E}_1, \mathfrak{T}_1, \mu_1)$ car $\int |g| d\mu_1 \le \int \varphi_{f^+} d\mu_1 + \int \varphi_{f^-} d\mu_1 < \infty$. Ceci donne le 3. (le fait que φ_f appartienne à $L^1(\mathbb{E}_1, \mathfrak{T}_1, \mu_1)$) et donne aussi 4. car :

$$\int \varphi_f d\mu_1 = \int g\, d\mu_1 = \int \varphi_{f^+} d\mu_1 - \int \varphi_{f^-} d\mu_1$$
$$= \int f^+ d\mu - \int f^- d\mu = \int f d\mu.$$

Enfin, comme pour le théorème de Fubini-Tonelli, le 5. s'obtient en changeant les rôles de μ_1 et μ_2.

Le théorème de Fubini est souvent utilisé sous la forme du corollaire suivant :

Corollaire 4.10. *Soient* $(\mathbb{E}_1, \mathfrak{T}_1, \mu_1)$ *et* $(\mathbb{E}_2, \mathfrak{T}_2, \mu_2)$ *des espaces mesurés* σ-*finis, et* $(\mathbb{E}, \mathfrak{T}, \mu)$ *l'espace produit. Soit f une fonction* $\mathfrak{T}$-*mesurable de* $\mathbb{E}$ *dans* $\mathbb{R}$, *tel que :*

$$\int \left(\int |f(x_1, x_2)|\, d\mu_2(x_2) \right) d\mu_1(x_1) < +\infty$$

ou

$$\int \left(\int |f(x_1, x_2)|\, d\mu_1(x_1) \right) d\mu_2(x_2) < +\infty$$

Alors :

$$\int \left(\int f(x_1, x_2)\, d\mu_2(x_2) \right) d\mu_1(x_1) = \int \left(\int f(x_1, x_2)\, d\mu_1(x_1) \right) d\mu_2(x_2).$$

Démonstration. Le corollaire est une conséquence immédiate du théorème de Fubini et de l'équivalence (4.7).

Remarque 4.6. *Bien sûr, le cas des applications à valeurs complexes peut être abordé en décomposant l'application sur $\mathbb{E}_1 \times \mathbb{E}_2$ en sa partie réelle et sa partie imaginaire.*

4.3 Exercices avec solutions.

Exercice 4.1. *Montrer que, pour tout $n \geq 2$, on a*

$$\mathcal{B}\left(\mathbb{R}^n\right) = \mathcal{B}\left(\mathbb{R}^{n-1}\right) \otimes \mathcal{B}(\mathbb{R}).$$

Solution 4.1. *On note $\mathfrak{T} = \mathcal{B}\left(\mathbb{R}^{n-1}\right) \otimes \mathcal{B}(\mathbb{R})$, c'est-à-dire la tribu (sur $\mathbb{R}^n$) engendrée par*

$$\left\{ A \times B; A \in \mathcal{B}\left(\mathbb{R}^{n-1}\right), B \in \mathcal{B}(\mathbb{R}) \right\}.$$

1. Montrons que $\mathcal{B}\left(\mathbb{R}^n\right) \subset \mathfrak{T}$. Soit O un ouvert de $\mathbb{R}^n$. On va montrer que $O \in \mathfrak{T}$. On suppose $O \neq \emptyset$ (on sait déjà que $\emptyset \in T$). Pour tout $x = (x_1, \ldots, x_n)^t \in O$, il existe $r > 0$ tel que $\prod_{i=1}^n] x_i - r, x_i + r[\subset O$. Comme les rationnels sont denses dans $\mathbb{R}$, on peut trouver, pour tout $i \in \{1, \ldots, n\}$, $y_i \in \mathbb{Q} \cap] x_i - r, x_i [$ et $z_i \in \mathbb{Q} \cap] x_i, x_i + r [$. On a donc $x \in \prod_{i=1}^n] y_i, z_i [\subset O$. On note alors $I = \{(y, z) \in \mathbb{Q}^{2n}; \prod_{i=1}^n] y_i, z_i [\subset O\}$ (avec $y = (y_1, \ldots, y_n)^t$ et $z = (z_1, \ldots, z_n)^t$). Pour tout $x \in O$, il existe donc $(y, z) \in I$ tel que $x \in \prod_{i=1}^n] y_i, z_i [$. On en déduit que $O = \bigcup_{(y,z) \in I} \prod_{i=1}^n] y_i, z_i [$. L'ensemble $\prod_{i=1}^{n-1}] y_i, z_i [$ est un ouvert de $\mathbb{R}^{n-1}$, il appartient donc à $\mathcal{B}\left(\mathbb{R}^{n-1}\right)$ (qui est la tribu engendrée par les ouverts de $\mathbb{R}^{n-1}$). L'ensemble $] y_n, z_n [$ appartient à $\mathcal{B}(\mathbb{R})$. Donc, $\prod_{i=1}^n] y_i, z_i [\in \mathcal{B}\left(\mathbb{R}^{n-1}\right) \times \mathcal{B}(\mathbb{R})$. Comme I est au plus dénombrable (car $\mathbb{Q}^{2n}$ est dénombrable), on en déduit que $O \in \mathfrak{T}$. On a ainsi montré que $\mathfrak{T}$ est une tribu contenant tous les ouverts de $\mathbb{R}^n$, et donc contenant la tribu engendrée par les ouverts de $\mathbb{R}^n$ (c'est-à-dire $\mathcal{B}\left(\mathbb{R}^n\right)$). Donc, $\mathcal{B}\left(\mathbb{R}^n\right) \subset \mathfrak{T}$.

2. Montrons que $\mathcal{B}\left(\mathbb{R}^n\right) \supset \mathfrak{T}$. Soit A un ouvert de $\mathbb{R}^{n-1}$ et $\mathfrak{T}_1 = \{B \in \mathcal{B}(\mathbb{R}), A \times B \in \mathcal{B}\left(\mathbb{R}^n\right)\}$. On montre d'abord que $\mathfrak{T}_1$ est une tribu sur $\mathbb{R}$:

- *$\emptyset \in \mathfrak{T}_1$ car $A \times \emptyset = \emptyset \in \mathcal{B}\left(\mathbb{R}^n\right)$.*
- *Soit $B \in \mathfrak{T}_1$, on a donc $B^c \in \mathcal{B}(\mathbb{R})$ et $A \times B^c = A \times (\mathbb{R} \backslash B) = (A \times \mathbb{R}) \backslash (A \times B)$. Or, $(A \times \mathbb{R})$ est un ouvert de $\mathbb{R}^n$ (car A est un ouvert de $\mathbb{R}^{n-1}$ et $\mathbb{R}$ est un ouvert de $\mathbb{R}$), on a donc $(A \times \mathbb{R}) \in \mathcal{B}\left(\mathbb{R}^n\right)$. D'autre part, $(A \times B) \in \mathcal{B}\left(\mathbb{R}^n\right)$ (car $B \in \mathfrak{T}_1$). Donc, $A \times B^c = (A \times \mathbb{R}) \backslash (A \times B) \in \mathcal{B}\left(\mathbb{R}^n\right)$. Ce qui prouve que $B^c \in \mathfrak{T}_1$ et donc que $\mathfrak{T}_1$ est stable par passage au complémentaire.*

— *Si* $(B_p)_{p \in \mathbb{N}} \subset \mathfrak{T}_1$, *on a* $A \times \left(\bigcup_{p \in \mathbb{N}} B_p \right) = \bigcup_{p \in \mathbb{N}} A \times B_p \in \mathcal{B}(\mathbb{R}^n)$ (*car* $A \times B_p \in \mathcal{B}(\mathbb{R}^n)$ *pour tout* $p \in \mathbb{N}$). *Donc,* $\cup_{p \in \mathbb{N}} B_p \in \mathfrak{T}_1$.

Montrons que $\mathfrak{T}_1$ *contient les ouverts de* $\mathbb{R}$. *Soit* B *un ouvert de* $\mathbb{R}$. *On a donc* $B \in \mathcal{B}(\mathbb{R})$ *et, comme* $A \times B$ *est un ouvert de* $\mathbb{R}^n$, *on a* $A \times B \in \mathcal{B}(\mathbb{R}^n)$. *On a donc* $B \in \mathfrak{T}_1$. $\mathfrak{T}_1$ *est donc une tribu contenant les ouverts de* $\mathbb{R}$, *donc contenant* $\mathcal{B}(\mathbb{R})$. *Donc,* $\mathfrak{T}_1 = \mathcal{B}(\mathbb{R})$. *La conséquence de ce résultat est :*

$$A \text{ ouvert de } \mathbb{R}^{n-1} \text{ et } B \in \mathcal{B}(\mathbb{R}) \Rightarrow A \times B \in \mathcal{B}(\mathbb{R}^n). \tag{4.8}$$

Soit $B \in \mathcal{B}(\mathbb{R})$ *et*

$$\mathfrak{T}_2 = \left\{ A \in \mathcal{B}\left(\mathbb{R}^{n-1}\right), A \times B \in \mathcal{B}(\mathbb{R}^n) \right\}.$$

On va montrer que $\mathfrak{T}_2 = \mathcal{B}(\mathbb{R}^{n-1})$. *On commence par remarquer que* (4.8) *donne que* $\mathfrak{T}_2$ *contient les ouverts de* $\mathbb{R}^{n-1}$. *En effet, soit* A *un ouvert de* $\mathbb{R}^{n-1}$, *la propriété* (4.8) *donne que* $A \times B \in \mathcal{B}(\mathbb{R}^n)$, *et donc* $A \in \mathfrak{T}_2$. *On montre maintenant que* $\mathfrak{T}_2$ *est une tribu (on en déduira que* $\mathfrak{T}_2 = \mathcal{B}(\mathbb{R}^{n-1})$ *) :*

— $\emptyset \in \mathfrak{T}_2$ *car* $\emptyset \times B = \emptyset \in \mathcal{B}(\mathbb{R}^n)$.

— *Soit* $A \in \mathfrak{T}_2$, *on a* $A^c \in \mathcal{B}(\mathbb{R}^{n-1})$ *et* $A^c \times B = (\mathbb{R}^{n-1} \times B) \setminus (A \times B)$. *La propriété* (4.8) *donne* $(\mathbb{R}^{n-1} \times B) \in \mathcal{B}(\mathbb{R}^n)$ *car* $\mathbb{R}^{n-1}$ *est un ouvert de* $\mathbb{R}^{n-1}$. *D'autre part,* $(A \times B) \in \mathcal{B}(\mathbb{R}^n)$ (*car* $A \in \mathfrak{T}_2$). *Donc,* $A^c \times B \in \mathcal{B}(\mathbb{R}^n)$. *Ce qui prouve que* $A^c \in \mathfrak{T}_2$.

— *Si* $(A_p)_{p \in \mathbb{N}} \subset \mathfrak{T}_2$, *on a* $\left(\bigcup_{p \in \mathbb{N}} A_p \right) \times B = \bigcup_{p \in \mathbb{N}} (A_p \times B) \in \mathcal{B}(\mathbb{R}^n)$ (*car* $A_p \times B \in \mathcal{B}(\mathbb{R}^n)$ *pour tout* $p \in \mathbb{N}$). *Donc,* $\cup_{p \in \mathbb{N}} A_p \in \mathfrak{T}_2$.

$\mathfrak{T}_2$ *est donc une tribu (sur* $\mathbb{R}^{n-1}$ *) contenant les ouverts de* $\mathbb{R}^{n-1}$, *ce qui prouve que* $\mathfrak{T}_2 \supset \mathcal{B}(\mathbb{R}^{n-1})$ *et donc, finalement,* $\mathfrak{T}_2 = \mathcal{B}(\mathbb{R}^{n-1})$. *On a donc obtenu le résultat suivant :*

$$\mathrm{A} \in \mathcal{B}\left(\mathbb{R}^{n-1}\right), B \in \mathcal{B}(\mathbb{R}) \Rightarrow A \times B \in \mathcal{B}(\mathbb{R}^n). \tag{4.9}$$

On montre maintenant que $\mathfrak{T} \subset \mathcal{B}(\mathbb{R}^n)$ *(et donc que* $\mathfrak{T} = \mathcal{B}(\mathbb{R}^n)$ *). Grâce à* (4.9)*, on a* $\{A \times B; A \in \mathcal{B}(\mathbb{R}^{n-1}), B \in \mathcal{B}(\mathbb{R})\} \subset \mathcal{B}(\mathbb{R}^n)$. *On en déduit que* $\mathfrak{T} \subset \mathcal{B}(\mathbb{R}^n)$. *On a donc bien* $\mathfrak{T} = \mathcal{B}(\mathbb{R}^n)$.

Exercice 4.2. *Lorsque* $\mathbb{E}_1$ *et* $\mathbb{E}_2$ *sont des espaces topologiques.*

a. On a toujours l'inclusion

$$\mathcal{B}(\mathbb{E}_1) \otimes \mathcal{B}(\mathbb{E}_2) \subseteq \mathcal{B}(\mathbb{E}_1 \times \mathbb{E}_2).$$

b. Si $\mathbb{E}_1$ *et* $\mathbb{E}_2$ *sont tous deux à base dénombrable d'ouverts (en particulier si* $\mathbb{E}_1$ *et* $\mathbb{E}_2$ *sont des espaces métriques séparables), alors l'inclusion précédente deviens une égalité.*

Solution 4.2. *a) Par définition de la topologie produit, $\pi_i : \mathbb{E}_1 \times \mathbb{E}_2 \to \mathbb{E}_i$ est continue pour $i = 1, 2$ ($i = 1$: si O_1 est un ouvert de $\mathbb{E}_1$, $\pi_1^{-1}(O_1) = O_1 \times \mathbb{E}_2$ est un ouvert de $\mathbb{E}_1 \times \mathbb{E}_2$), et par conséquent π_i est borélienne. Or la plus petite tribu qui rende mesurables π_1 et π_2 est $\mathcal{B}(\mathbb{E}_1) \otimes \mathcal{B}(\mathbb{E}_2)$, d'où le résultat.*

b) Pour tout $i = 1, 2$, soit $\mathcal{L}_i = \left(U_n^{(i)} \right)_{n \in \mathbb{N}}$ une base dénombrable d'ouverts de $\mathbb{E}_i$, c'est-à-dire que tout ouvert de $\mathbb{E}_i$ peut s'écrire comme réunion (forcément dénombrable, donc) d'éléments de $\mathcal{L}_i$. Par définition de la topologie produit, tout ouvert Ω de $\mathbb{E}_1 \times \mathbb{E}_2$ est une réunion (quelconque, cette fois) de produits d'ouverts

$$\Omega = \bigcup_{j \subset J} O_j^{(1)} \times O_j^{(2)},$$

où J est un ensemble d'indices quelconque et pour tous i, j, $O_j^{(i)}$ est un ouvert de $\mathbb{E}_i$. Comme $O_j^{(i)}$ est un ouvert de $\mathbb{E}_i$, $O_j^{(i)}$ s'écrit comme réunion d'éléments de $\mathcal{L}_i$, c'est-à-dire qu'il existe une partie $K_j^{(i)}$ de $\mathbb{N}$ telle que

$$O_j^{(i)} = \bigcup_{h \subset K_j^{(i)}} U_h^{(i)},$$

et ainsi

$$O_j^{(1)} \times O_j^{(2)} = \left(\bigcup_{h \in K_j^{(1)}} U_h^{(1)} \right) \times \left(\bigcup_{k : \in K_j^{(2)}} U_k^{(2)} \right) = \bigcup_{(h,k) \in K_j^{(1)} \times K_j^{(2)}} U_h^{(1)} \times U_k^{(2)}.$$

En conclusion,

$$\Omega = \bigcup_{(h,k) \in K_j^{(1)} \times K_j^{(2)}} U_h^{(1)} \times U_k^{(2)},$$

qui est une réunion dénombrable de produits d'ouverts car $\cup_{j \in J} K_j^{(1)} \times K_j^{(2)} \subseteq \mathbb{N}^2$. Comme un produit d'ouverts est élément de $\mathcal{B}(\mathbb{E}_1) \otimes \mathcal{B}(\mathbb{E}_2)$, c'est le cas également de Ω, par stabilité des tribus par réunion dénombrable. Ainsi les ouverts de $\mathbb{E}_1 \times \mathbb{E}_2$ sont des éléments de la tribu $\mathcal{B}(\mathbb{E}_1) \otimes \mathcal{B}(\mathbb{E}_2)$, et par conséquent la plus petite tribu contenant les ouverts de $\mathbb{E}_1 \times \mathbb{E}_2$, à savoir $\mathcal{B}(\mathbb{E}_1 \times \mathbb{E}_2)$, est incluse dans $\mathcal{B}(\mathbb{E}_1) \otimes \mathcal{B}(\mathbb{E}_2)$.

Exercice 4.3. *Soit $N \geq 2$. On rappelle que λ_N est la mesure de Lebesgue sur $\mathcal{B}(\mathbb{R}^N)$.*

1. *Soit K est un compact de $\mathbb{R}^N$ (noter que $K \in \mathcal{B}(\mathbb{R}^N)$). Montrer que $\lambda_N(K) < +\infty$.*

2. *Soit O un ouvert non vide de $\mathbb{R}^N$. Montrer que $\lambda_N(O) > 0$.*

3. *Soit f, g deux fonctions continues de $\mathbb{R}^N$ à $\mathbb{R}$. Montrer que $f = g$ p.p. (c'est-à-dire λ_N-p.p.) implique $f(x) = g(x)$ pour tout $x \in \mathbb{R}^N$.*

Solution 4.3. *1. Comme K est compact, il est borné. Il existe donc $a \in \mathbb{R}_+^*$ tel que*

$$\mathrm{K} \subset \prod_{i=1}^{\mathrm{N}}] - a, a[.$$

On en déduit que

$$\lambda_{\mathrm{N}}(\mathrm{K}) \leq \lambda_{\mathrm{N}}\left(\prod_{i=1}^{\mathrm{N}}] - a, a[\right) = \prod_{i=1}^{\mathrm{N}} \lambda(] - a, a[) = (2a)^{\mathrm{N}} < \infty.$$

2. Soit $x = (x_1, \dots, x_{\mathrm{N}})^t \in \mathrm{O}$. Comme O est ouvert, il existe $\varepsilon > 0$ tel que

$$\prod_{i=1}^{\mathrm{N}}]x_i - \varepsilon, x_i + \varepsilon[\subset \mathrm{O}.$$

On a donc

$$\lambda_{\mathrm{N}}(\mathrm{O}) \geq \lambda_{\mathrm{N}}\left(\prod_{i=1}^{\mathrm{N}}]x_i - \varepsilon, x_i + \varepsilon[\right) = \prod_{i=1}^{\mathrm{N}} \lambda(]x_i - \varepsilon, x_i + \varepsilon[) = (2\varepsilon)^{\mathrm{N}} > 0.$$

3. Soit $\mathrm{O} = \{f \neq g\} = \left\{x \in \mathbb{R}^{\mathrm{N}}; f(x) \neq g(x)\right\}$. Comme f et g sont continues, O est ouvert. Comme $f = g$ p.p., on a nécessairement $\lambda_{\mathrm{N}}(\mathrm{O}) = 0$. Enfin, la question précédente donne alors que $\mathrm{O} = \emptyset$ et donc que $f(x) = g(x)$ pour tout $x \in \mathbb{R}^{\mathrm{N}}$.

Exercice 4.4. *Soient $(\mathbb{E}_1, \mathfrak{T}_1)$ et $(\mathbb{E}_2, \mathfrak{T}_2)$ deux espaces mesurables. On pose $\mathbb{E} = \mathbb{E}_1 \times \mathbb{E}_2$ et $\mathfrak{T} = \mathfrak{T}_1 \otimes \mathfrak{T}_2$. Soient $\mathrm{F}_1 \in \mathcal{M}(\mathbb{E}_1, \mathfrak{T}_1)$ et $\mathrm{F}_2 \in \mathcal{M}(\mathbb{E}_2, \mathfrak{T}_2)$. On définit $f : \mathbb{E} \to \mathbb{R}$ par*

$$f(x_1, x_2) = \mathrm{F}_1(x_1)\,\mathrm{F}_2(x_2),$$

pour tout $(x_1, x_2) \in \mathbb{E}$. Montrer que f est $\mathfrak{T}$-mesurable (c'est-à-dire $f \in \mathcal{M}(\mathbb{E}, \mathfrak{T})$).

Solution 4.4. *On procède en trois étapes.*

étape 1. On prend d'abord $\mathrm{F}_1 = 1_{A_1}$ et $\mathrm{F}_2 = 1_{A_2}$ avec $A_1 \in \mathfrak{T}_1$ et $A_2 \in \mathfrak{T}_2$. On a alors $f = 1_{\mathrm{A}_1 \times \mathrm{A}_2} \in \mathcal{M}(\mathbb{E}, \mathfrak{T})$ car

$$\mathrm{A}_1 \times \mathrm{A}_2 \in \mathfrak{T}_1 \times \mathfrak{T}_2 \subset \mathfrak{T}_1 \otimes \mathfrak{T}_2 = \mathfrak{T}.$$

étape 2. On prend maintenant $\mathrm{F}_1 \in \mathcal{E}(\mathbb{E}_1, \mathfrak{T}_1)$ et $\mathrm{F}_2 \in \mathcal{E}(\mathbb{E}_2, \mathfrak{T}_2)$. Il existe alors $a_1^{(1)}, \dots, a_n^{(1)} \in \mathbb{R}, \mathrm{A}_1^{(1)}, \dots, \mathrm{A}_n^{(1)} \in \mathfrak{T}_1, a_1^{(2)}, \dots, a_m^{(2)} \in \mathbb{R}$ et $\mathrm{A}_1^{(2)}, \dots, \mathrm{A}_m^{(2)} \in \mathfrak{T}_2$ t.q. :

$$\mathrm{F}_1 = \sum_{i=1}^{n} a_i^{(1)} \mathrm{A}_i^{(1)} \ et \ \mathrm{A}_i^{(1)} \cap \mathrm{A}_k^{(1)} = \emptyset \ si \ i \neq k,$$

$$\mathrm{F}_2 = \sum_{j=1}^{m} a_j^{(2)} \mathrm{A}_j^{(2)} \ et \ \mathrm{A}_j^{(2)} \cap \mathrm{A}_k^{(1)} = \emptyset \ si \ j \neq k.$$

On a alors

$$f = \sum_{i=1}^{n} \sum_{j=1}^{m} a_i^{(1)} a_j^{(2)} 1_{A_i^{(1)} \times A_j^{(2)}} \in \mathcal{E}(\mathbb{E}, \mathfrak{T}) \subset \mathcal{M}(\mathbb{E}, \mathfrak{T}).$$

étape 3. On prend enfin $F_1 \in \mathcal{M}(\mathbb{E}_1, \mathfrak{T}_1)$ *et* $F_2 \in \mathcal{M}(\mathbb{E}_2, \mathfrak{T}_2)$. *Il existe* $\left(F_n^{(1)}\right)_{n \in \mathbb{N}}$ *suite de* $\mathcal{E}(\mathbb{E}_1, \mathfrak{T}_1)$ *et* $\left(F_n^{(2)}\right)_{n \in \mathbb{N}}$ *suite de* $\mathcal{E}(\mathbb{E}_2, \mathfrak{T}_2)$ *t.q.* $F_n^{(1)}(x_1) \to F_1(x_1)$ *pour tout* $x_1 \in \mathbb{E}_1$ *et* $F_n^{(2)}(x_2) \to F_2(x_2)$ *pour tout* $x_2 \in \mathbb{E}_2$. *On en déduit que* $f_n(x_1, x_2) = F_n^{(1)}(x_1) F_n^{(2)}(x_2) \to f(x_1, x_2)$ *pour tout* $(x_1, x_2) \in \mathbb{E}$ *et donc que* $f \in \mathcal{M}(\mathbb{E}, \mathfrak{T})$ *car* $f_n \in \mathcal{M}(\mathbb{E}, \mathfrak{T})$ *pour tout* $n \in \mathbb{N}$ *(étape 2).*

Exercice 4.5 (Principe de Cavalieri). *Soit* $(\mathbb{E}, \mathfrak{T}, \mu)$ *un espace mesuré σ-finis. Pour toute fonction mesurable* $f : \mathbb{E} \to [0, \infty]$, *montrer que*

$$\int_{\mathbb{E}} f d\mu = \int_0^{\infty} \mu(\{f > t\}) dt.$$

Solution 4.5. *Soit* $\mathbb{F} = \mathbb{E} \times \mathbb{R}$ *avec la tribu* $\mathfrak{T} \otimes \mathcal{B}(\mathbb{R})$ *et la mesure* $\nu = \mu \otimes \lambda$. *Définissons une fonction* $\xi : \mathbb{F} \to \mathbb{R}$ *par*

$$\xi(x, t) = 1_{[0, f(x))}(t) = 1_{\{f > t\}}(x) = \begin{cases} 1 \ si \ f(x) > t \\ 0 \ si \ f(x) \le t \end{cases}$$

Observons que pour tout x,

$$f(x) = \int_0^{f(x)} dt = \int_{\mathbb{R}_+} 1_{[0, f(x))}(t) dt = \int_{\mathbb{R}_+} \xi(x, t) dt,$$

et donc

$$\int_{\mathbb{E}} f d\mu = \int_{\mathbb{E}} \left(\int_{\mathbb{R}_+} \xi(x, t) dt \right) d\mu(x)$$

D'autre part,

$$\mu(\{f > t\}) = \int_{\mathbb{E}} 1_{\{f > t\}}(x) d\mu(x) = \int_{\mathbb{E}} \xi(x, t) d\mu(x).$$

On vérifie que ξ *est mesurable sur* $\mathbb{F}$, *on a donc par Fubini-Tonelli*

$$\int_{\mathbb{E}} f d\mu = \int_{\mathbb{E}} \left(\int_{\mathbb{R}_1} \xi(x, t) dt \right) d\mu(x) = \int_{\mathbb{R}_+} \left(\int_{\mathbb{E}} \xi(x, t) d\mu(x) \right) dt$$

$$= \int_{\mathbb{R}_+} \mu(\{f > t\}) dt.$$

Exercice 4.6. *Soit* μ_1 *et* μ_2 *des mesures σ-finies, non nulles, sur* $(\mathbb{R}, \mathcal{B}(\mathbb{R}))$ *et tel que*

$$\mu_1 \otimes \mu_2 \left(\mathbb{R}^2 \backslash D \right) = 0, \quad où \ D = \{(x, x), x \in \mathbb{R}\}.$$

Montrer qu'il existe $a, \alpha, \beta \in \mathbb{R}$ *tel que* $\mu_1 = \alpha \delta_a$ *et* $\mu_2 = \beta \delta_a$, *où* δ_a *est la mesure de Dirac en* a.

Solution 4.6. *On a $\mathbb{R}^2\backslash D$ est un ouvert de $\mathbb{R}^2$, donc appartient à $\mathcal{B}(\mathbb{R}^2)$. la quantité $\mu_1 \otimes \mu_2(\mathbb{R}^2\backslash D)$ est donc bien définie. La construction de la mesure $\mu_1 \otimes \mu_2$ donne par :*

$$\mu_1 \otimes \mu_2\left(\mathbb{R}^2\backslash D\right) = \int \mu_2(\mathbb{R}\backslash\{x\})d\mu_1(x).$$

Cette égalité est aussi une conclusion du théorème de Fubini-Tonelli avec $f = 1_A, A = \mathbb{R}^2\backslash D$. De l'hypothèse $\mu_1 \otimes \mu_2(\mathbb{R}^2\backslash D) = 0$, on déduit donc que $\mu_2(\mathbb{R}\backslash\{x\}) = 0$ μ_1-p.p.. Comme $\mu_1(\mathbb{R}) \neq 0$, il existe donc $a \in \mathbb{R}$ tel que $\mu_2(\mathbb{R}\backslash\{a\}) = 0$. Ceci donne que $\mu_2 = \alpha\delta_a$ avec $\alpha = \mu_2(\{a\})$. Comme $\mu_2 \neq 0$, on a $\alpha > 0$. Dans la construction de la mesure $\mu_1 \otimes \mu_2$, on aurait pu inverser les rôles de μ_1 et μ_2. On aurait obtenu la même mesure $\mu_1 \otimes \mu_2$. On a donc aussi :

$$\mu_1 \otimes \mu_2\left(\mathbb{R}^2\backslash D\right) = \int \mu_1(\mathbb{R}\backslash\{x\})d\mu_2(x).$$

Cette égalité est aussi une conclusion du théorème de Fubini-Tonelli, avec $f = 1_A, A = \mathbb{R}^2\backslash D$. Comme $\mu_2 = \alpha\delta_a$, on a donc $\mu_1 \otimes \mu_2(\mathbb{R}^2\backslash D) = \alpha\mu_1(\mathbb{R}\backslash\{a\})$. De l'hypothèse $\mu_1 \otimes \mu_2(\mathbb{R}^2\backslash D) = 0$, on déduit donc $\mu_1(\mathbb{R}\backslash\{a\}) = 0$, ce qui donne $\mu_1 = \beta\delta_a$ avec $\beta = \mu_1(\{a\})$. (On peut aussi remarquer que, comme $\mu_1 \neq 0$, on a $\beta > 0$.)

Exercice 4.7. *Soit $(\mathbb{E}, \mathfrak{T}, \mu)$ un espace mesuré σ-fini, et $f : \mathbb{E} \to \mathbb{R}_+$ une application mesurable. On pose $F = 1_A$ avec*

$$A = \{(t, x) \in \mathbb{R} \times \mathbb{E}, 0 < t < f(x)\}.$$

1. *Montrer que F est $\mathcal{B}(\mathbb{R}) \otimes \mathfrak{T}$ - mesurable.*

2. *Montrer que $\int f d\mu = \int_0^{+\infty} \mu(\{x \in \mathbb{E}, f(x) > t\})dt$ et que $\lambda \otimes \mu(A) = \int f d\mu$.*

3. *Montrer que*
$$\int f d\mu = \int_0^{+\infty} \mu(\{x \in \mathbb{E}, f(x) \geq t\})dt.$$

Solution 4.7. *Soit $(\mathbb{E}, \mathfrak{T}, \mu)$ un espace mesuré σ-fini.*

1. *Comme $f \in \mathcal{M}_+$, il existe $(f_n) \in \mathcal{E}_+$ tel que $f_n \uparrow f$ quand $n \to +\infty$. On a alors $A = \bigcup_{n\in\mathbb{N}} A_n$ avec $A_n = \{(t, x) \in \mathbb{R}_+ \times \mathbb{R}; 0 < t < f_n(x)\}$. Pour montrer que F est mesurable (ce qui équivalent à montrer que $A \in \mathcal{B}(\mathbb{R}) \otimes \mathfrak{T}$), il suffit donc de montrer que $A_n \in \mathcal{B}(\mathbb{R}) \otimes \mathfrak{T}$ pour tout $n \in \mathbb{N}$. Soit donc $n \in \mathbb{N}$. Il existe $a_1, \ldots, a_p \in \mathbb{R}_+^*$ et $B_1, \ldots, B_p \in \mathfrak{T}$ tel que $B_i \cap B_j = \emptyset$ si $i \neq j$ et $f_n = \sum_{i=1}^p a_i 1_{B_i}$. On a donc $A_n = \bigcup_{i=1}^p]0, a_i[\times B_i \in \mathcal{B}(\mathbb{R}) \otimes \mathfrak{T}$ car $]0, a_i[\times B_i \in \mathcal{B}(\mathbb{R}) \times \mathfrak{T} \subset \mathcal{B}(\mathbb{R}) \otimes \mathfrak{T}$ pour tout i.*

2. *On peut appliquer le théorème de Fubini-Tonelli à la fonction F, il donne :*

$$\int F d(\lambda \otimes A) = \int \left(\int F(t, x)d\lambda(t)\right) d\mu(x) = \int \left(\int F(t, x)d\mu(x)\right) d\lambda(t). \qquad (4.10)$$

Pour $x \in \mathbb{E}$, $\int \mathrm{F}(t,x)d\lambda(t) = \lambda(]0, f(x)[) = f(x)$. Pour $t \in \mathbb{R}$. Si $t \leq 0$, on a $\mathrm{F}(t,\cdot) = 0$. Donc, $\int \mathrm{F}(t,x)d\mu(x) = 0$. Si $t > 0$, on a $\mathrm{F}(t,\cdot) = 1_{\{f > t\}}$. Donc, $\int \mathrm{F}(t,x)d\mu(x) = \mu(\{f > t\})$. On déduit donc de (4.10) :

$$\int \mathrm{F}d(\lambda \otimes \mathrm{A}) = \int f(x)d\mu(x) = \int_{\mathbb{R}_+} \mu(\{f > t\})d\lambda(t) = \int_0^\infty \mu(\{x \in \mathbb{E}, f(x) > t\})dt.$$

Comme $\mathrm{F} = 1_{\mathrm{A}}$, on a aussi $\int \mathrm{F}d(\lambda \otimes \mu) = \lambda \otimes \mu(\mathrm{A})$.

3. *On reprend le raisonnement de la question précédente en remplaç ant F par $\mathrm{G} = 1_{\mathrm{B}}$ avec $\mathrm{B} = \{(t,x) \in \mathbb{R} \times \mathbb{E}, 0 < t \leq f(x)\}$. On remarque d'abord que B est $\mathcal{B}(\mathbb{R}) \otimes \mathfrak{T}$-mesurable. En effet, on a $\mathrm{B} = \bigcap_{n \in \mathbb{N}^*} \mathrm{B}_n$ avec $\mathrm{B}_n = \{(t,x) \in \mathbb{R} \times \mathbb{E}, 0 < t < f_n(x)\}$ et $f_n = f + \frac{1}{n}$. Comme $f_n \in \mathcal{M}_+$, la première question donne $\mathrm{B}_n \in \mathcal{B}(\mathbb{R}) \otimes \mathfrak{T}$. On en déduit que $\mathrm{B} \in \mathcal{B}(\mathbb{R}) \otimes \mathfrak{T}$. On peut maintenant appliquer le théorème de Fubini-Tonelli à la fonction G, il donne :*

$$\int \left(\int \mathrm{G}(t,x)d\lambda(t) \right) d\mu(x) = \int \left(\int \mathrm{G}(t,x)d\mu(x) \right) d\lambda(t). \qquad (4.11)$$

Pour $x \in \mathbb{E}$, $\int \mathrm{G}(t,x)d\lambda(t) = \lambda(]0, f(x)]) = f(x)$. Pour $t \in \mathbb{R}$. Si $t \leq 0$, on a $\mathrm{G}(t,\cdot) = 0$. Donc, $\int \mathrm{G}(t,x)d\mu(x) = 0$. Si $t > 0$, on a $\mathrm{G}(t,\cdot) = 1_{\{f \geq t\}}$. Donc, $\int \mathrm{G}(t,x)d\mu(x) = \mu(\{f \geq t\})$. On déduit donc de (4.11) :

$$\int f(x)d\mu(x) = \int_0^\infty \mu(\{x \in \mathbb{E}, f(x) \geq t\})dt.$$

Exercice 4.8. *Soient $a, b \in]0, +\infty[$ tels que $a < b$. Justifier l'existence de l'intégrale*

$$\int_{]0,+\infty[} \frac{e^{-at} - e^{-bt}}{t}dt.$$

Représenter cette intégrale comme une intégrale double et la calculer explicitement en fonction, de a et b (justifier soigneusement sa répons).

Solution 4.8. *La fonction $t \in]0, +\infty[\longrightarrow t^{-1}\left(e^{-at} - e^{-bt}\right)$. est continue positive, donc mesurable positive et l'intégrale*

$$I = \int_{]0,+\infty[} \frac{e^{-at} - e^{-bt}}{t}dt,$$

est donc bien définie. On remarque ensuite que

$$\forall t \in]0, +\infty[, \frac{e^{-at} - e^{-bt}}{t} = \int_{]0,+\infty[} e^{-tu}du.$$

On pose $f : (t, u) \subset]0, +\infty[\times]0, +\infty[\longrightarrow e^{-tu}$. C'est une fonction continue donc $\mathcal{B}(]0, +\infty[\otimes [a, b])$ mesurable. Le théorème de Fubini positif s'applique et on a

$$I = \int_{]0,+\infty[} \left(\int_{[a,b]} e^{-tu} du \right) dt = \int_{[a,b]} \left(\int_{]0,+\infty[} e^{-tu} dt \right) du$$

$$= \int_{[a,b]} \frac{du}{u} = \log a - \log b.$$

Exercice 4.9. *Utiliser le théorème de lFubini pour calculer l'intégrale*

$$\int_a^b dx \int_0^1 y^x dy, 0 < a < b,$$

et déduire la valeur de

$$\int_0^1 \frac{y^b - y^a}{\ln y} dy.$$

Solution 4.9. *Pour tout $x \in [a, b], y \in [0, 1[$, on pose $f(x, y) = y^x$. On a f est mesurable (continue) et positive et :*

$$\int_a^b dx \int_0^1 y^x dy = \int_a^b dx \left[\frac{y^{x+1}}{x+1} \right]_0^1 = \int_a^b \frac{dx}{x+1} = \ln \frac{b+1}{a+1}.$$

D'après le théorème de Fubini Tonelli, on a

$$\int_a^b dx \int_0^1 y^x dy = \int_0^1 dy \int_a^b y^x dx = \int_0^1 dy \int_a^b e^{x \ln y} dx$$

$$= \int_0^1 dy \left[\frac{e^{x \ln y}}{\ln y} \right]_a^b = \int_0^1 \frac{y^b - y^a}{\ln y} dy.$$

D'où

$$\int_0^1 \frac{y^b - y^a}{\ln y} dy = \ln \frac{b+1}{a+1}.$$

Exercice 4.10. *Soit l'espace $L^1(\mathbb{R}, \mathcal{B}(\mathbb{R}), \lambda)$. Pour $(x, y) \in \mathbb{R}^2$, on pose :*

$$f(x, y) = \begin{cases} \frac{1}{(x+1)^2} & si \ x > 0 \ et \ x < y \le 2x \\ -\frac{1}{(x+1)^2} & si \ x > 0 \ et \ 2x < y \le 3x \\ 0 & si \ x > 0 \ et \ y \notin]x, 3x[\\ 0 & si \ x \le 0. \end{cases}$$

1. *Montrer que $f : \mathbb{R}^2 \to \mathbb{R}$ est $\mathcal{B}(\mathbb{R}^2)$ - mesurable.*

2. *Montrer que pour tout $y \in \mathbb{R}, f(., y) \in L^1(\mathbb{R}, \mathcal{B}(\mathbb{R}))$. On pose $\varphi(y) = \int f(x, y) d\lambda(x)$. Montrer que $\varphi \in L^1(\mathbb{R}, \mathcal{B}(\mathbb{R}))$.*

3. *Montrer que pour tout $x \in \mathbb{R}, f(x, .) \in L^1(\mathbb{R}, \mathcal{B}(\mathbb{R}), \lambda)$. On pose $\psi(x) = \int f(x, y) d\lambda(y)$. Montrer que $\psi \in L^1(\mathbb{R}, \mathcal{B}(\mathbb{R}), \lambda)$.*

4. *Montrer que $\int \varphi d\lambda \neq \int \psi d\lambda$ (φ et ψ sont définies dans les questions précédentes).*

5. *Pourquoi le théorème de Fubini ne s'applique-t-il pas ici ?*

Solution 4.10.   *1. On pose* $A = \{(x,y)^t \in \mathbb{R}^2; x > 0, x < y \leq 2x\}$ *et, pour* $n \in \mathbb{N}^*$, $A_n = \left\{(x,y)^t \in \mathbb{R}^2; x > 0, x < y < 2x + \frac{1}{n}\right\}$. A_n *est, pour tout* $n \in \mathbb{N}^*$, *un ouvert de* $\mathbb{R}^2$, *il appartient donc à* $\mathcal{B}(\mathbb{R}^2)$. *On en déduit que* $A = \bigcap_{n \in \mathbb{N}^*} A_n \in \mathcal{B}(\mathbb{R}^2)$. *De même, en posant*

$$B = \left\{(x,y)^t \in \mathbb{R}^2; x > 0, 2x < y \leq 3x\right\}$$

et, pour

$$n \in \mathbb{N}^*, \ B_n = \left\{(x,y)^t \in \mathbb{R}^2; x > 0, 2x < y < 3x + \frac{1}{n}\right\},$$

on montre que $B = \bigcap_{n \in \mathbb{N}^*} B_n \in \mathcal{B}(\mathbb{R}^2)$. *On pose maintenant* $g(x,y) = \frac{1}{(|x|+1)^2}$ *pour* $(x,y)^t \in \mathbb{R}^2$. *La fonction* g *est continue de* $\mathbb{R}^2$ *dans* $\mathbb{R}$, *elle est donc mesurable (* $\mathbb{R}^2$ *et* $\mathbb{R}$ *étant munis de la tribu borélienne). On remarque maintenant que* $f = g1_A - g1_B$. *On en déduit que* f *est mesurable (car* f *est une somme de produits de fonctions mesurables).*

2. *Soit* $y \in \mathbb{R}$. *La fonction* $f(\cdot, y)$ *est mesurable de* $\mathbb{R}$ *dans* $\mathbb{R}$ *et* $\in \mathcal{L}^1((\mathbb{R}, \mathcal{B}(\mathbb{R}), \lambda)$ *(et donc à* $L^1(\mathbb{R}, \mathcal{B}(\mathbb{R}), \lambda)$ *en confondant* $f(\cdot, y)$ *avec sa classe dans* $L^1(\mathbb{R}, \mathcal{B}(\mathbb{R}), \lambda)$*) car* $\int |f(., y)| d\lambda = 0$ *si* $y \leq 0$ *et* $\int |f(., y)| d\lambda \leq y$ *si* $y > 0$ *car* $f(x,y) = 0$ *si* $x \notin [0, y]$ *et* $|f(x,y)| \leq 1$ *pour tout* x, y. *On peut définir* $\varphi(y)$. *Pour* $y \leq 0$, *on a* $\varphi(y) = 0$ *et pour* $y > 0$, *on a :*

$$\varphi(y) = \int f(\cdot, y) d\lambda = -\int_{\frac{y}{3}}^{\frac{y}{2}} \frac{1}{(x+1)^2} dx + \int_{\frac{y}{2}}^{y} \frac{1}{(x+1)^2} dx$$
$$= -\frac{3}{y+3} + \frac{4}{y+2} - \frac{1}{y+1}$$
$$= \frac{2y}{(y+3)(y+2)(y+1)}.$$

La fonction φ *est continue donc mesurable de* $\mathbb{R}$ *dans* $\mathbb{R}$. *elle prend ses valeurs dans* $\mathbb{R}_+$, *on peut donc calculer son intégrale sur* $\mathbb{R}$:

$$\int \varphi d\lambda = \lim_{n \to +\infty} \int_0^n \left(-\frac{3}{y+3} + \frac{4}{y+2} - \frac{1}{y+1}\right) dy = -3\ln 3 + 4\ln(2).$$

Ceci donne bien, en particulier, $\varphi \in L^1(\mathbb{R}, \mathcal{B}(\mathbb{R}), \lambda)$ *(en confondant* φ *avec sa classe dans* $L^1(\mathbb{R}, \mathcal{B}(\mathbb{R}), \lambda)$ *).*

3. *Soit* $x \in \mathbb{R}$. *La fonction* $f(x, \cdot)$ *est mesurable de* $\mathbb{R}$ *dans* $\mathbb{R}$ *et* $\in \mathcal{L}^1(\mathbb{R}, \mathcal{B}(\mathbb{R}), \lambda)$ *(et donc à* $L^1(\mathbb{R}, \mathcal{B}(\mathbb{R}), \lambda)$ *en confondant* $f(x, \cdot)$ *avec sa classe dans* $L^1(\mathbb{R}, \mathcal{B}(\mathbb{R}), \lambda)$*) car*

154

$\int |f(x,\cdot)|d\lambda = 0$ *si* $x \le 0$ *et* $\int |f(x,\cdot)|d\lambda \le 3x$ *si* $x > 0$ *car* $f(x,y) = 0$ *si* $y \notin [0,3x]$ *et* $|f(x,y)| \le 1$ *pour tout* x,y. *On peut donc définir* $\psi(x)$. *Pour* $x \le 0$, *on a* $\psi(x) = 0$ *et pour* $x > 0$, *on a* :

$$\psi(x) = \int f(x,\cdot)d\lambda = \int_x^{2x} \frac{1}{(x+1)^2}dy - \int_{2x}^{3x} \frac{1}{(x+1)^2}dy = 0$$

On a donc $\psi \in \mathrm{L}^1(\mathbb{R}, \mathcal{B}(\mathbb{R}), \lambda)$ *et* $\int \psi(x)dx = 0$.

4. *On a déjà montré que* $\int \varphi d\lambda = -3\ln 3 + 4\ln(2) \ne 0 = \int \psi d\lambda$.

5. *Le théorème de Fubini ne s'applique pas ici car la fonction* f *n'est pas intégrale pour la mesure produit, c'est-à-dire la mesure de Lebesgue sur* $\mathbb{R}^2$, *notée* λ_2. *On peut d'ailleurs le vérifier en remarquant (par le théorème de Fubini-Tonelli) que* :

$$\int |f|d\lambda_2 = \int \left(\int |f(x,y)|d\lambda(y) \right) d\lambda(x) = \int_0^\infty \frac{2x}{(x+1)^2}dx = \infty.$$

Exercice 4.11. *Pour* $\mathrm{B} \subset \mathbb{R}^2$, *on note* $t(\mathrm{B})$ *l'ensemble des* $x_1 \in \mathbb{R}$ *tel que* $(x_1, 0) \in \mathrm{B}$. *On pose*

$$\mathfrak{T} = \left\{ \mathrm{B} \subset \mathbb{R}^2, t(\mathrm{B}) \in \mathcal{B}(\mathbb{R}) \right\}.$$

Soit $\theta \in]0, \frac{\pi}{2}[$. *Pour* $x = (x_1, x_2)^t \in \mathbb{R}^2$, *on pose*

$$g(x) = (x_1\cos\theta - x_2\sin\theta, x_1\sin\theta + x_2\cos\theta)^t.$$

1. *Montrer que* $\mathfrak{T}$ *est une tribu contenant* $\mathcal{B}(\mathbb{R}^2)$.

2. *Soit* $A \subset \mathbb{R}$ *tel que* $A \notin \mathcal{B}(\mathbb{R})$. *On pose* $B = A \times \{0\}$.

   (a) *Montrer que* $\mathrm{B} \notin \mathcal{B}(\mathbb{R}^2)$.

   (b) *On pose* $f = 1_{\mathrm{R}} \circ g$. *Montrer que la fonction* f *n'est pas une fonction borélienne de* $\mathbb{R}^2$ *dans* $\mathbb{R}$ *mais que les fonctions* $f(x_1, \cdot)$ *et* $f(\cdot, x_2)$ *sont boréliennes de* $\mathbb{R}$ *dans* $\mathbb{R}$, *pour tout* $x_1, x_2 \in \mathbb{R}$.

Solution 4.11. 1. *On a* $\mathbb{R}^2 \in \mathfrak{T}$ (*car* $t(\mathbb{R}^2) = \mathbb{R} \in \mathcal{B}(\mathbb{R})$), $\mathfrak{T}$ *est stable par union dénombrable (si* $B_n \in \mathrm{T}$ *pour tout* $n \in \mathbb{N}$, *on a* $t\left(\bigcup_{n \in \mathbb{N}} B_n\right) = \bigcup_{n \in \mathbb{N}} t(B_n) \in \mathcal{B}(\mathbb{R})$ *par stabilité de* $\mathcal{B}(\mathbb{R})$ *par union dénombrable) et* $\mathfrak{T}$ *est stable par passage au complémentaire (si* $\mathrm{B} \in \mathfrak{T}$, *on a* $t(\mathrm{B}^c) = t(\mathrm{B})^c \in \mathcal{B}(\mathbb{R})$ *par stabilité de* $\mathcal{B}(\mathbb{R})$ *par passage au complémentaire).*

Pour montrer que $\mathfrak{T} \supset \mathcal{B}(\mathbb{R}^2)$, *on pose*

$$\mathcal{C} = \{A_1 \times A_2, \ A_1, \ A_2 \in \mathcal{B}(\mathbb{R})\}.$$

On sait que $\mathcal{C}$ engendre $\mathcal{B}\left(\mathbb{R}^2\right)$. On remarque maintenant que $\mathcal{C} \subset \mathfrak{T}$ (car si A_1, $A_2 \in \mathcal{B}(\mathbb{R})$, on a $t\left(A_1 \times A_2\right) = A_1$ ou $\emptyset$ selon que $0 \in A_2$ ou $0 \notin A_2$). La tribu $\mathfrak{T}$ contenant $\mathcal{C}$, elle contient nécessairement la tribu engendrée par $\mathcal{C}$, c'est-à-dire $\mathcal{B}\left(\mathbb{R}^2\right)$.

2.　(a) *Comme $t(\,B) = A \notin \mathcal{B}(\mathbb{R})$, on a $B \notin \mathfrak{T}$ et donc $B \notin \mathcal{B}\left(\mathbb{R}^2\right)$ car $\mathfrak{T} \supset \mathcal{B}\left(\mathbb{R}^2\right)$.*

　　(b) *La fonction g est linéaire bijective de $\mathbb{R}^2$ dans $\mathbb{R}^2$. On note h sa fonction réciproque. La fonction h est donc aussi linéaire. La fonction h est donc borélienne (car continue) et on a $1_{\mathrm{B}} = f \circ h$. Comme $B \notin \mathcal{B}\left(\mathbb{R}^2\right)$, la fonction 1_{B} n'est pas borélienne. On en déduit que f n'est pas borélienne (si f était borélienne, on aurait 1_{B} borélienne car composée de fonctions boréliennes). Soit $x_1 \in \mathbb{R}$. On va montrer que la fonction $f\left(x_1, \cdot\right)$ est borélienne. On pose $x_2 = -x_1 \frac{\sin\theta}{\cos\theta}$. On distingue alors deux cas possibles :*

Premier cas. On suppose que $x_1 \cos\theta - x_2 \sin\theta \notin A$. La fonction $f\left(x_1, \cdot\right)$ est alors la fonction nulle (c'est-à-dire que $f\left(x_1, x\right) = 0$ pour tout $x \in \mathbb{R}$). La fonction $f\left(x_1, \cdot\right)$ est donc borélienne.

Second cas. On suppose que $x_1 \cos\theta - x_2 \sin\theta \in A$. La fonction $f\left(x_1, \cdot\right)$ est alors la fonction nulle partout sauf au point x_2 où elle vaut 1 (c'est-à-dire que $f\left(x_1, x\right) = 1_{\{x_2\}}(x)$ pour tout $x \in \mathbb{R}$). La fonction $f\left(x_1, \cdot\right)$ est donc borélienne.

De manière analogue on peut montrer que $f\left(\cdot, x_2\right)$ est borélienne pour tout $x_2 \in \mathbb{R}$.

Exercice 4.12. *Montrer que*

1. *pour tout $y > 0$,*

$$\int_0^\infty \frac{1}{\left(1+y\right)\left(1+x^2 y\right)} dx = \frac{\pi}{2} \frac{1}{\sqrt{y}(1+y)}.$$

2.

$$\int_0^\infty \left(\int_0^\infty \frac{1}{\left(1+y\right)\left(1+x^2 y\right)} dx \right) dy = \frac{\pi^2}{2}.$$

3. *pour tout $x > 0, x \neq 1$:*

$$\int_0^\infty \frac{1}{\left(1+y\right)\left(1+x^2 y\right)} dy = \frac{2\log(x)}{x^2 - 1}.$$

4.

$$\int_0^\infty \frac{2\log(x)}{x^2 - 1} dx = \frac{\pi^2}{4}.$$

Solution 4.12.   *1. pour tout $y > 0$,*

$$\int_0^\infty \frac{1}{(1+y)(1+x^2y)}dx = \frac{1}{(1+y)}\left[\frac{1}{\sqrt{y}}\arctan(x\sqrt{y})\right]_0^{+\infty}$$
$$= \frac{\pi}{2}\frac{1}{\sqrt{y}(1+y)}.$$

2. Pour tout $x > 0, x \neq 1$:

$$\int_0^\infty \int_0^\infty \frac{1}{(1+y)(1+x^2y)}dxdy = \int_0^\infty \frac{\pi}{2}\frac{1}{\sqrt{y}(1+y)}dy$$
$$= \int_0^\infty \frac{\pi}{2}\frac{1}{1+u^2)}2du$$
$$= \pi[\arctan(u)]_0^{+\infty} = \frac{\pi^2}{2},$$

où l'on a fait un changement de variable en $u = \sqrt{y}, du = \frac{1}{2\sqrt{y}}dy$.

3. Pour tout $x > 0, x \neq 1$, on a par décomposition en éléments simples :

$$\int_0^\infty \frac{1}{(1+y)(1+x^2y)}dy = \frac{1}{1-x^2}\int_0^\infty \left(\frac{1}{1+y} - \frac{x^2}{1+x^2y}\right)dy$$
$$= \frac{1}{1-x^2}\left[\log(1+y) - \log\left(1+x^2y\right)\right]_0^{+\infty}$$
$$= \frac{1}{1-x^2}\log\left(\frac{1}{x^2}\right)$$
$$= \frac{2\log(x)}{1-x^2}$$

4. Par Fubini-Tonelli et puisque $\int_0^\infty \frac{1}{(1+y)(1+x^2y)}dy = \frac{2\log(x)}{x^2-1}$ pour $x \in [0,+\infty[$:

$$\int_0^\infty \int_0^\infty \frac{1}{(1+y)(1+x^2y)}dxdy = \int_0^\infty \int_0^\infty \frac{1}{(1+y)(1+x^2y)}dydx$$
$$\frac{\pi^2}{2} = \int_0^\infty \frac{2\log(x)}{x^2-1}dx$$
$$\frac{\pi^2}{4} = \int_0^\infty \frac{\log(x)}{x^2-1}dx.$$

Exercice 4.13. *On rappelle que : $\int_0^{+\infty} e^{-x^2}dx = \frac{\sqrt{\pi}}{2}$. En utilisant le changement de variable $u = x+y$, $v = x-y$, calculer :*

$$\int_{\mathbb{R}\times\mathbb{R}} e^{-(x+y)^2}e^{-(x-y)^2}dxdy.$$

Solution 4.13. *Changement de variable :*

$$\begin{cases} u = x+y \\ v = x-y \end{cases} \Rightarrow \begin{cases} x = \frac{u+v}{2} \\ y = \frac{u-v}{2}. \end{cases}$$

L'application : $\varphi : \mathbb{R}^2 \to \mathbb{R}^2 (u,v) \mapsto \left(\frac{u+v}{2}, \frac{u-v}{2}\right)$ est bijective. On calcule le jacobien (c'est à dire que l'on écrit dans une matrice les dérivées partielles de φ en u et v) :

$$J(u,v) = \begin{pmatrix} 1/2 & 1/2 \\ 1/2 & -1/2 \end{pmatrix}.$$

On fait le changement de variable dans l'intégrale et on utilise Fubini-Tonelli :

$$\int_{\mathbb{R}\times\mathbb{R}} e^{-(x+y)^2} e^{-(x-y)^2} dxdy = \int_{\mathbb{R}\times\mathbb{R}} e^{-u^2} e^{-v^2} |\det(J(u,v))| dudv$$

$$= \frac{1}{2} \int_{\mathbb{R}\times\mathbb{R}} e^{-u^2} e^{-v^2} dudv$$

$$= \frac{1}{2}\sqrt{\pi} \int_{\mathbb{R}} e^{-u^2} du = \frac{\pi}{4}.$$

Exercice 4.14. *Soit $f : \mathbb{R}^2_* \to \mathbb{R}$, définie par*

$$f(x,y) = \frac{x^2 - y^2}{(x^2 + y^2)^2}.$$

1. Montrer que

$$\int_{-1}^{1} \left(\int_{-1}^{1} f(x,y)dx \right) dy \neq \int_{-1}^{1} \left(\int_{-1}^{1} f(x,y)dy \right) dx.$$

[Indication : On trouve la primitive de $\frac{1}{(1+t^2)^2}$ en intégrant par parties $\frac{1}{1+t^2}$.

2. Pour $0 < \epsilon \leq 1$ et $S_\epsilon = \{(x,y) \in \mathbb{R}^2, \epsilon \leq x^2 + y^2 \leq 1\}$, calculer

$$\int_{S_\epsilon} |f| d\lambda_2$$

[Indication : Utiliser les coordonnées polaires.]

3. En déduire que la question 1. n'est pas en contradiction avec le théorème de Fubini-Tonelli.

Solution 4.14. *1.*

$$\int_{-1}^{1} \left(\int_{-1}^{1} f(x,y)dx \right) dy = \int_{-1}^{1} \left[\frac{-x}{x^2 + y^2} \right]_{-1}^{1} dy$$

$$= \int_{-1}^{1} \frac{-2}{1 + y^2} dy$$

$$= -2 \arctan(y)\big|_{-1}^{1} = -\pi.$$

comme $x \mapsto f(x,y)$ est intégrable sur $[-1,1]$ pour $y \neq 0$. De même,

$$\int_{-1}^{1} \left(\int_{-1}^{1} f(x,y)dy \right) dx = \int_{-1}^{1} \left[\frac{y}{x^2 + y^2} \right]_{-1}^{1} dy$$

$$= \int_{-1}^{1} \frac{2}{1 + x^2} dy$$

$$= 2 \arctan(y)\big|_{-1}^{1} = \pi.$$

Puisque $\pi \neq -\pi$, le résultat en découle.

2. *On pose $x = r\cos t, y = r\sin t$. Ceci définit un C^1 entre $[\sqrt{\epsilon}, 1] \times [0, 2\pi[$ et S_ϵ avec $|\det J| = r$. Donc*

$$
\begin{aligned}
\int_{S_\epsilon} |f| d\lambda_2 &= \int_{[\sqrt{\epsilon},1]\times[0,2\pi[} |f(r\cos t, r\sin t)| d\lambda_2 \\
&= \int_{[\sqrt{\epsilon},1]\times[0,2\pi[} \left| \frac{\cos^2 t - \sin^2 t}{r^2} \right| r \, d\lambda_2 \\
&= \int_{[\sqrt{\epsilon},1]} r^{-1} dr \int_{[0,2\pi[} |\cos(2t)| dt \\
&= 4\ln(r)\big|^1_{\sqrt{\epsilon}} = -4\ln(\sqrt{\epsilon}),
\end{aligned}
$$

puisque par symétrie

$$
\int_{[0,2\pi[} |\cos(2t)| dt = 8 \int_{[0,\frac{\pi}{4}[} \cos(2t) dt = 4\sin(2t)\big|_0^{\frac{\pi}{4}} = 4.
$$

3. *D'après la question 2, $\lim_{\epsilon \to 0} \int_{S_\epsilon} |f| d\lambda_2 = +\infty$. Ainsi $\|f\|_1 = +\infty$ et $f \in L^1(B(0,1))$, donc $f \in L^1([-1,1]^2)$. Comme l'intégrabilité de f est une des hypothèses du théorème de Fubini, celui-ci ne s'applique pas.*

Bibliographie

[1] S.K. Berberian, Measure and Integration. Chelsea Publishing Company, 1970.

[2] V. I. Bogachev, Measure theory. Vol. I. Springer-Verlag, Berlin, 2007.

[3] M. Bouyssel, Intégrale de Lebesgue, mesure et intégration. Cépaduès, 1996.

[4] A. Bouziad et J. Calbrix, Théorie de la Mesure et de l'intégration, 185. Puli. univ. Rounen, 1993.

[5] H. Brezis, Functional analysis, Sobolev spaces and partial differential equations, Springer New York Dordrecht Heidelberg London, 2011.

[6] M. Briane, G. Pagès, Théorie de l'intégration, 5ème édition. Coll. Vuibert Supérieur, Ed. Vuibert, 2012.

[7] D.L. Cohn, Measure Theory. Birkhauser, Boston, 1980.

[8] T. Gallout, R. Herbin, Mesure, intégration, probabilités - Cours avec plus de 300 exercices corrigés - 2e édition, Ellipses, 2022.

[9] L. C. Evans, R. F. Gariepy, Measure theory and fine properties of functions. Studies in Advanced Mathematics. CRC Press, Boca Raton, FL, 1992.

[10] A. Gramain, Intégration. Collection Méthodes. Hermann, Paris, 1988.

[11] P. R. Halmos, Measure theory, Springer-Verlag New York Inc., 1974.

[12] E. Laamri, Mesure, intégration, convolution et transformée de Fourrier des fonctions, Sciences Sup, Dunod, 2007.

[13] W. Rudin. Analyse réelle et complexe. 3ème édition, Dunod, 1998.

[14] P. Krée, Intégration et théorie de la Mesure : une approche géométrique, ellipses édition marketing S.A., 1997.

[15] M.E. Taylor, Measure theory and integration, tome 76 de Graduate Studies in Mathematics. American Mathematical Society, Providence, RI, 2006.

yes
I want morebooks!

Buy your books fast and straightforward online - at one of world's fastest growing online book stores! Environmentally sound due to Print-on-Demand technologies.

Buy your books online at
www.morebooks.shop

Kaufen Sie Ihre Bücher schnell und unkompliziert online – auf einer der am schnellsten wachsenden Buchhandelsplattformen weltweit! Dank Print-On-Demand umwelt- und ressourcenschonend produziert.

Bücher schneller online kaufen
www.morebooks.shop

Printed by Books on Demand GmbH, Norderstedt / Germany